ORGANISCHE CHEMIE

Kommentare und Lösungen

Schroedel

Organische Chemie

Kommentare und Lösungen

Herausgegeben und bearbeitet von:
Oberstudiendirektor Dr. Karl Risch,
Prof. Dr. Hatto Seitz
unter Mitarbeit der Verlagsredaktion

Fotos:
Umschlaghintergrund:
Polyurethan-Hartschaumstoff (Bayer AG)
Umschlagvordergrund (von links):
Acetylsalicylsäure (Bayer AG)
Latentwärmespeicher (BASF AG)
Zuckerkristalle und Vitamin-A-Kugeln (BASF AG)

Zeichnungen:
Günter Markgräfe

Druck 3 / 2006

Einbandgestaltung:
Janssen Kahlert Design & Kommunikation GmbH
Gesamtherstellung:
Druckhaus „Thomas Müntzer“ GmbH, Bad Langensalza

ISBN 978-3-507-10617-8
alt 3-507-10617-5

INHALT

		Kommentare und Lösungen	Organische Chemie
	Erläuterung zum Gebrauch der Kommentare und Lösungen	8	

Grundlagen zur Organischen Chemie

		Kommentare und Lösungen	Organische Chemie
1.	**Entwicklung der Organischen Chemie**	8	8
1.1.	Bedeutung organischer Verbindungen	9	9
1.2.	Vielfalt und Systematik organischer Verbindungen	9	10
2.	**Modelle zur chemischen Bindung**	10	12
2.1.	Licht und Elektronen	10	12
2.2.	Atomorbitale	11	13
2.3.	VB-Modell für Einfachbindungen	12	14
2.4.	VB-Modell für Mehrfachbindungen	13	16
2.5.	MO-Modell für zweiatomige Moleküle	13	18
2.6.	MO-Modell für organische Moleküle	13	19
2.7.	Polare Atombindung	14	20
2.8.	Silicium- und Kohlenstoffverbindungen	14	21
2.9.	Zwischenmolekulare Wechselwirkungen	15	22
3.	**Verlauf und Klassifizierung organischer Reaktionen**	17	24
3.1.	Energetik	17	24
3.2.	Theorie des Übergangszustands	18	26
3.3.	Mechanismus einer Reaktion	19	27
3.4.	Reaktionstypen	20	28

Analysemethoden

		Kommentare und Lösungen	Organische Chemie
4.	**Trennung von Stoffgemischen**	22	30
4.1.	Der reine Stoff	22	30
4.2.	Löslichkeit von Stoffen	23	31
4.3.	Kristallisation	23	32
4.4.	Extraktion	23	33
4.5.	Destillationsverfahren	24	34
4.6.	Chromatographische Verfahren	25	36
4.6.1	*Dünnschichtchromatographie*	25	37
4.6.2	*Säulen- und Gaschromatographie*	25	38
4.6.3	*Gel- und Ionenaustauschchromatographie*	26	39

5.	**Klassische Methoden zur Formelermittlung**	27	40
5.1.	Verhältnisformel	27	40
5.2.	Summenformel	28	42
5.3.	Konstitutionsformel	30	44
5.4.	Strukturformel	30	45
5.5.	Isomeriearten	30	46
	Zusätzliche Aufgaben	32	47
6.	**Photometrie, Spektroskopie, Röntgenstrahlenbeugung**	33	48
6.1.	Absorption im sichtbaren Bereich	33	48
6.2.	Photometrie	34	49
6.3.	Ultraviolett-Spektroskopie	34	50
6.4.	Infrarot-Spektroskopie	34	51
6.5.	Massenspektrometrie	36	54
6.6.	Protonenresonanz-Spektroskopie	38	56
6.6.1.	*Chemische Verschiebung*	39	57
6.6.2.	*Spin-Spin-Kopplung*	40	58
6.7.	Röntgenstrukturanalyse	41	59
	Zusätzliche Aufgaben	42	60

Kohlenwasserstoffe und Reaktionsmechanismen

7.	**Alkane und Cycloalkane**	44	62
7.1.	Homologe Reihe der Alkane	44	62
7.2.	Alkane mit verzweigter Kohlenstoffkette	45	63
7.3.	Konformation von Alkanen	45	64
7.4.	Cycloalkane	46	65
7.5.	Radikalische Substitution	47	66
	Zusätzliche Aufgaben	47	67
8.	**Alkene und Alkine**	50	68
8.1.	Hydrierung und Hydroxylierung	51	69
8.2.	Elektrophile Addition von Halogenen	52	70
8.3.	Elektrophile Addition von Säuren und Wasser	53	72
8.4.	Diene	54	73
8.5.	Acetylen	55	74
	Zusätzliche Aufgaben	56	75
9.	**Aromatische Kohlenwasserstoffe**	57	76
9.1.	Benzol und Homologe	57	76
9.2.	Aromatischer Zustand	58	77
9:3.	Elektrophile Substitution	58	78
9.4.	Elektrophile Zweitsubstitution	59	80
9.5.	Mehrkernige Aromaten und Heteroaromaten	59	81
9.6.	Radikalische Addition und Substitution	60	82
	Zusätzliche Aufgaben	61	83

Funktionelle Gruppen und Reaktionsmechanismen

10.	**Halogenkohlenwasserstoffe**	64	84
10.1.	Bedeutung und Vorkommen	64	85
10.2.	Nucleophile Substitution	64	86
10.3.	Eliminierung	65	87
10.4.	Metallorganische Verbindungen	66	88
11.	**Alkohole, Phenole und Ether**	66	90
11.1.	Alkohole	66	90
11.1.1.	*Homologe Reihe der Alkohole*	67	91
11.1.2.	*Nucleophile Substitution und Eliminierung*	68	92
11.2.	Phenole	68	94
11.3.	Ether	70	96
	Zusätzliche Aufgaben	71	97
12.	**Aldehyde und Ketone**	76	98
12.1.	Unterscheidung von Aldehyden und Ketonen	76	99
12.2.	Oxidation von Alkoholen zu Aldehyden und Ketonen	77	100
12.3.	Reduktion der Carbonylgruppe	78	101
12.4.	Nucleophile Addition	78	102
12.5.	Aldolreaktion	80	104
12.6.	Iodoform-Reaktion	82	105
12.7.	Polymere Aldehyde	82	106
	Zusätzliche Aufgaben	83	107
13.	**Carbonsäuren und Derivate**	85	108
13.1.	Monocarbonsäuren	85	108
13.2.	Dicarbonsäuren	86	110
13.3.	Veresterung durch nucleophile Substitution	86	111
13.4.	Carbonsäurederivate	87	112
13.5.	Spiegelbildisomerie	88	114
14.	**Amine und Aminocarbonsäuren**	92	116
14.1.	Basizität und nucleophile Eigenschaften der Amine	93	117
14.2.	Struktur von Aminosäuren	93	118
14.3.	Säure-Base-Eigenschaften von Aminocarbonsäuren	94	119

Naturstoffe und Biochemie

15.	**Kohlenhydrate**	96	120
15.1.	Glucose	96	121
15.2.	Weitere Monosaccharide	98	122
15.3.	Disaccharide	99	123
15.4.	Polysaccharide	99	124
16.	**Polypeptide und Proteine**	100	126
16.1.	Peptidbindung	100	126
16.2.	Klassifizierung und Eigenschaften von Proteinen	101	127

16.3.	Primär- und Sekundärstruktur	101	128
16.4.	Tertiär- und Quartärstruktur	101	130
16.5.	Enzyme	102	132
17.	**Nucleinsäuren**	104	134
17.1.	Aufbau der Nucleinsäuren	104	134
17.2.	DNS-Doppelhelix	104	135
17.3.	Proteinbiosynthese	104	136
17.4.	Chemische Evolution	105	136
18.	**Lipide**	105	138
18.1.	Fette und Wachse	105	138
18.2.	Isoprenoide Naturstoffe	106	140
19.	**Energie und Stoffwechsel**	107	142
19.1.	Coenzyme	107	142
19.2.	Glykolyse und alkoholische Gärung	108	144
19.3.	Citratzyclus	109	145
19.4.	Atmungskette	109	146
19.5.	Fettsäureabbau	110	147
19.6.	Vitamine	111	148

Rohstoffe, Syntheseprodukte, Umwelt

20.	**Erdöl, Erdgas, Kohle**	112	150
20.1.	Destillation von Erdöl	112	150
20.2.	Thermisches und katalytisches Cracken	112	151
20.3.	Benzin	113	152
20.4.	Petrochemische Grundstoffe	114	153
20.5.	Chemische Grundstoffe aus Kohle	115	154
20.6.	Ethen als Basis großtechnischer Synthesen	116	155
21.	**Kunststoffe und Textilfasern**	116	156
21.1.	Polykondensation	116	156
21.2.	Polymerisation	117	158
21.3.	Polyaddition	118	160
21.4.	Silicone	120	161
21.5.	Struktur und Eigenschaften von Kunststoffen	120	162
21.6.	Verarbeitung von Kunststoffen	120	163
22.	**Farbstoffe und Textilfärbung**	121	164
22.1.	Struktur und Farbe	121	164
22.2.	Lumineszenz	122	165
22.3.	Synthese von Farbmitteln	122	166
22.4.	Indikator-Farbstoffe	123	168
22.5	Färbung von Textilfasern	125	169
22.5.1.	*Direkt- und Küpenfärbung*	125	170
22.5.2.	*Entwicklungs- und Dispersionsfarbstoffe*	125	171
22.5.3.	*Saure und basische Farbstoffe*	126	172
22.5.4.	*Metallkomplex- und Reaktivfarbstoffe*	126	173

		Kommentare und Lösungen	Organische Chemie
23.	**Tenside**	127	174
23.1.	Seifen	127	174
23.2.	Synthetische Tenside	127	175
23.3.	Wirkungsweise von Tensiden	128	176
23.4.	Organische Kolloide	128	177
23.5.	Waschmittel	129	178
24.	**Arzneimittel**	130	180
24.1.	Sulfonamide und Penicilline	130	181
24.2.	Schmerzmittel	131	182
24.3.	Schlafmittel und Drogen	131	183
25.	**Chemie und Umwelt**	132	184
25.1.	Luftverunreinigung	132	184
25.2.	Photochemische Smogbildung durch Autoabgase	132	185
25.3.	Umweltrisiko durch Fluorchlorkohlenwasserstoffe	133	186
25.4.	Cancerogene Chemikalien	133	187
25.5.	Chemischer Pflanzenschutz	133	188
25.6.	Untersuchung organischer Gewässerverschmutzung	134	190
25.7.	Waschmittel und Umwelt	134	191

GRUNDLAGEN ZUR ORGANISCHEN CHEMIE

1 Entwicklung der Organischen Chemie

Im einführenden Kapitel zur „Organischen Chemie“ werden zunächst einige wichtige historische Epochen angesprochen: die „vis vitalis-Theorie“, der Beginn der „Strukturtheorie“ und der „Stereochemie“ sowie die klassische und quantenmechanische Deutung der Atombindung. Es wird ferner auf die Bedeutung organischer Verbindungen, den Kohlenstoffkreislauf, die Sonderstellung des Kohlenstoffs und die Systematisierung der Kohlenstoffverbindungen eingegangen.

Kommentare und Lösungen

8.1 —

8.2 Die Bedeutung der Harnstoff-Synthese wird nicht nur aus dem Brief von *Wöhler* an *Berzelius* deutlich, sondern geht auch aus vielen anderen Mitteilungen hervor. Zum Beispiel schreibt *J. v. Liebig* 1837 sinngemäß:
„Die erstaunliche und unerklärliche Darstellung von Harnstoff ohne Hilfe der lebenden Zelle, die wir *Wöhler* verdanken, muß als eine jener Entdeckungen betrachtet werden, mit denen eine neue Ära der Naturwissenschaft eingeleitet wird.
Von einigen Historikern und Chemikern wurden gegen die Harnstoff-Synthese, als bedeutende Entdeckung zur Überwindung des Vitalismus, auch Einwände erhoben z.B.: *D. McKlie*, Nature, 153, 608 (1944). Die Ablehnung des Vitalismus wird dabei keiner einzelnen, sensationellen Synthese zugesprochen, sondern der sich allmählich erhöhenden Anzahl widersprüchlicher Beobachtungen. Unumstritten ist dagegen in der Literatur die große Bedeutung der Harnstoff-Synthese für das Phänomen Isomerie, die zuvor nur an wenigen Beispielen bekannt war (z. B. 1824 *Liebig* und *Wöhler*, Knallsäure, HNCO, und Cyansäure, HOCN). Von Kritikern *Wöhler's* wurde eingewendet, daß die Harnstoff-Synthese nicht von Elementen ausging. Als eigentlich erste Synthese organischer Verbindungen wurde daher von Kritikern eher die Darstellung von Essigsäure durch *Kolbe* 1845 und die Herstellung von Methan durch *Berthelot* 1856 angesehen:

a) Essigsäure-Synthese

$$C + 2\,S \xrightarrow{\Delta} CS_2$$
$$CS_2 \xrightarrow{Cl_2,\,\Delta} CCl_4$$
$$CCl_4 \xrightarrow{\text{glühende Röhre}} C_2Cl_4$$
$$C_2Cl_4 \xrightarrow{h\cdot f/H_2O} Cl_3C{-}COOH$$
$$Cl_3C{-}COOH \xrightarrow{\text{Reduktion}} H_3C{-}COOH$$

b) Methan-Synthese

$$CS_2 + 2\,H_2S \xrightarrow{\text{erhitztes Kupfer}} \underset{\text{(gasförmiges Hauptprodukt)}}{CH_4} + 4\,S$$

8.3 —

LV 8.1 Beim langsamen Eindampfen der Lösung bilden sich intermediär wahrscheinlich Isocyansäure (H—N=C=O) und Ammoniak, die zu Harnstoff weiterreagieren. Daneben entsteht Kaliumsulfat.

a) Die Harnstoff-Lösung zeigt im Gegensatz zur Ausgangslösung keine elektrische Leitfähigkeit.

b) Durch Alkohol läßt sich Harnstoff vom Kaliumsulfat abtrennen.

c) ϑ_m (Harnstoff) = 132 °C

1.1 Bedeutung organischer Verbindungen

Kommentare und Lösungen

9.1 Am Kohlenstoffkreislauf zeigt sich auch die enge Beziehung zwischen Anorganischer und Organischer Chemie: Aus anorganischem Kohlenstoffdioxid und Wasser entstehen organische Verbindungen.
Das CO_2-Problem zeigt, daß auch harmlose „Abgase" zu einer ernsten Bedrohung der Lebensverhältnisse auf der Erde führen können. Mögliche Auswirkungen des CO_2-Anstiegs: Wüstengebiete wandern polwärts, Trockenzonen vergrößern sich, landwirtschaftlich nutzbare Flächen werden kleiner, vermehrtes Pflanzenwachstum. Der größte Anteil an CO_2-Emissionen stammt aus der Verbrennung fossiler Stoffe (Öl, Kohle, Gas, Holz). Bis zum Jahr 2005 soll die CO_2-Emission – bezogen auf das Jahr 1990 – um 25% zurückgeschraubt werden. Methan ist nach CO_2 der Klimafeind Nr. 2.

9.2 Die Tabelle zeigt den geringen Anteil des Elements Kohlenstoff am Aufbau der Erdrinde und seinen hohen Anteil in der belebten Natur.

1.2 Vielfalt und Systematik organischer Verbindungen

Kommentare und Lösungen

10.1 Die Cycloaliphaten bezeichnet man auch als Alicyclen (aliphos = Fett).

10.2 —

10.3 —

10.4 —

11.1 —

2 Modelle zur chemischen Bindung

Im Mittelpunkt dieses Kapitels steht die kovalente Bindung in organischen Molekülen und ihre Beschreibung nach dem Valenzbindungsmodell und dem Molekülorbitalmodell. Die Darstellung dieser Bindungsmodelle erfolgt an einfachen organischen und bekannten anorganischen Molekülen.

2.1 Licht und Elektronen

Elektromagnetische Strahlung und Elektronen lassen sich durch die Begriffe „Welle" und „Teilchen" nicht klassifizieren. Sie sind weder Wellen mit kontinuierlicher Energieverteilung noch auf Bahnen sich bewegende Korpuskel. Das Wellenmodell und das Teilchenmodell können jedoch herangezogen werden, um bestimmte Eigenschaften des Lichtes und der Elektronen auf völlig voneinander abweichende, aber jeweils zweckmäßige Art zu beschreiben.

Kommentare und Lösungen

12.1 Es ist jeweils nur eine Schwingungsebene dargestellt. Die Abbildung entspricht daher linear polarisiertem Licht. Die Abszisse ist die Ausbreitungsrichtung der Lichtwelle.

12.2 —

12.3 Führt man den Versuch mit Photozellen aus verschiedenen Metallen durch und trägt jeweils die Frequenz des eingestrahlten Lichtes gegen die kinetische Energie der Photoelektronen auf, so erhält man parallele Geraden. Die Ordinatenabschnitte entsprechen der Elektronenaustrittsarbeit des Metalls. Die Steigung *h* der Geraden ist unabhängig vom Metall und unabhängig von der Frequenz der Strahlung. Das Planck'sche Wirkungsquantum *h* ist daher eine Naturkonstante.

A 12.1 Durch Verlängerung der Geraden erhält man die Schnittpunkte mit der Ordinate. Aus den Koordinaten der Schnittpunkte mit Abszisse und Ordinate läßt sich die Steigung berechnen:

$$h = \frac{1{,}95\ \text{eV}}{4{,}7 \cdot 10^{14}\,\text{s}^{-1}} = \frac{1{,}95 \cdot 1{,}6 \cdot 10^{-19}\ \text{J}}{4{,}7 \cdot 10^{14}\,\text{s}^{-1}} = 6{,}6 \cdot 10^{-34}\ \text{J} \cdot \text{s}$$

Ergänzungen

Planck'sches Wirkungsquantum

Aufgabe: Berechnen Sie mit Hilfe der Steigung der Geraden in Abb. 12.3 das *Planck'sche* Wirkungsquantum *h*.

Lösung. Grundlage: 1 eV ist die kinetische Energie, die ein Elektron im Vakuum aufnimmt, wenn es die Potentialdifferenz 1 Volt durchläuft.

$$E_{\text{kin.}} = E_{\text{elek.}} = Q \cdot U \Rightarrow$$

$$1\ \text{eV} = e_0 \cdot 1\ \text{V} = 1{,}6 \cdot 10^{-19}\ \text{A} \cdot \text{s} \cdot 1\ \text{V} = 1{,}6 \cdot 10^{-19}\ \text{J}$$

Bei Verlängerung der Geraden läßt sich die Steigung aus den Koordinaten der Schnittpunkte mit der Abszisse und mit der Ordinate berechnen:

$$h = \frac{1{,}95\ \text{eV}}{4{,}7 \cdot 10^{14} \cdot \text{s}^{-1}} = \frac{1{,}95 \cdot 1{,}6 \cdot 10^{-19}\ \text{J}}{4{,}7 \cdot 10^{14} \cdot \text{s}^{-1}}$$
$$= 6{,}6 \cdot 10^{-34}\ \text{J} \cdot \text{s}$$

Photoelektrischer Effekt

Versuch. Eine abgeschmirgelte Zinkplatte wird mit einem Elektroskop leitend verbunden. Die Platte wird mit Hilfe eines Doppelnetzgerätes ($\pm 2{,}5$ kV) positiv bzw. negativ geladen und dann mit einer UV-Lampe bestrahlt. Bei positiver Aufladung bleibt der Ausschlag des Elektroskops erhalten, bei negativer Aufladung nimmt der Ausschlag ab, da Elektronen die Zinkplatte verlassen.

2.2 **Atomorbitale**

Kommentare und Lösungen

13.1/13.2/13.3 —

A 13.1

a) Lithium-Atom: $1s^2\ 2s^1$

Phosphor-Atom:

$1s^2\ 2s^2\ 2p_x^2\ 2p_y^2\ 2p_z^2\ 3s^2\ 3p_x^1\ 3p_y^1\ 3p_z^1$

b) Fluor-Atom, Argon-Atom

Ergänzungen

Wellenmechanik

Der Vergleich der dreidimensionalen Schwingung eines Elektrons mit der eindimensionalen Schwingung einer Saite oder auch mit der zweidimensionalen Schwingung einer Membran ist geeignet, um durch Analogieschlüsse eine sehr vereinfachte Vorstellung vom Aufbau der Elektronenhülle zu erhalten.

Die *Schrödinger*-Gleichung ist eine Differentialgleichung zweiten Grades, in der die Wellenfunktion ψ des Elektrons mit einer Gesamtenergie E, seiner potentiellen Energie V und der Summe der nach den drei Raumkoordinaten gebildeten partiellen Ableitungen der Funktion ψ in Beziehung gesetzt ist:

$$\frac{\partial^2\psi}{\partial x^2}+\frac{\partial^2\psi}{\partial y^2}+\frac{\partial^2\psi}{\partial z^2}+\frac{8\pi^2 m}{h}$$
$$+[E-V(x,y,z)]\cdot\psi(x,y,z)=0$$

Die Gesamtenergie E des Elektrons kann nur definierte Werte (Eigenwerte) annehmen, zu denen jeweils eine bestimmte Wellenfunktion ψ (Eigenfunktion) als Lösung der *Schrödinger*-Gleichung gehört. Diese ψ-Funktionen und damit auch die zugehörigen Atomorbitale sind durch die Quantenzahlen n, l und m charakterisiert.

Die *Quantisierung der Energie* ergibt sich nicht aus der Wellengleichung sondern erst durch die Randbedingungen. Bei der schwingenden Saite ist die Randbedingung, daß die Enden der Saite fest sind. Es sind daher nur Schwingungen möglich, für deren Wellenlänge gilt:

$$\lambda_n=\frac{2\cdot l}{n};\quad n\in\mathbb{N}$$

(siehe Abb. 13.2). Bei der *Schrödinger*-Gleichung sind die Randbedingungen, daß ψ stetig und eindeutig ist. Außerdem ist die Wahrscheinlichkeit, ein Elektron eines Atoms überhaupt irgendwo anzutreffen gleich 1.

In der oben formulierten *Schrödinger*-Gleichung ist die Lage des Elektrons durch *kartesische Koordinaten* widergegeben. Für die praktische Anwendung ist es zweckmäßiger stattdessen *Polarkoordinaten* zu verwenden. Statt $\psi(x,y,z)$ erhält man so eine Wellenfunktion $\psi(r,\theta,\varphi)$, die sich in einen von r abhängigen *Radialteil* $\psi(r)$ und einen von θ und φ abhängigen *Winkelteil* $\psi(\theta,\varphi)$ zerlegen läßt:

$$\psi(r,\theta,\varphi)=\psi(r)\cdot\psi(\theta,\varphi)$$

Während die Wellenfunktion ψ keine anschauliche Bedeutung hat, kann das Absolutquadrat $|\psi|^2$ als *Wahrscheinlichkeitsdichte* aufgefaßt werden.

$|\psi|^2\cdot dV$ ist dann die Wahrscheinlichkeit, ein Elektron im Volumenelement dV anzutreffen.

Die Winkelteile $\psi(\theta,\varphi)$ sind unabhängig von der Hauptquantenzahl und bestimmen die Form der Atomorbitale. Die Radialteile $\psi(r)$ beschreiben, wie sich die Wellenfunktion ψ mit dem Abstand r des Elektrons vom Atomkern ändert. Für das 1*s* Atomorbital des Wasserstoffs ist $\psi(r)$ in Kernnähe am größten und geht mit steigendem r gegen 0. Entsprechend ist auch die Wahrscheinlichkeitsdichte, $|\psi(r)|^2$, in Kernnähe am größten und geht mit $r\to\infty$ ebenfalls gegen 0.

Von der Wahrscheinlichkeitsdichte $|\psi(r)|^2$ muß man die Wahrscheinlichkeit, ein Elektron in einem bestimmten Abstand r vom Kern anzutreffen, unterscheiden. Diese *radiale Aufenthaltswahrscheinlichkeit* hat für das 1*s*-Orbital bei r = 0,0529 nm ein Maximum. Zur Erklärung dieses Maximums stelle man sich die Oberflächen konzentrischer Kugeln um den Atomkern vor. Um die Wahrscheinlichkeit zu berechnen, das Elektron auf einer Kugeloberfläche mit dem Radius r anzutreffen, muß $|\psi(r)|^2$ mit der Oberfläche der Kugel $4\pi r^2$ multipliziert werden. Da die Wahrscheinlichkeitsdichte $|\psi(r)|^2$ mit steigendem Abstand r abnimmt, $4\pi r^2$ jedoch mit steigendem Radius ansteigt, hat die Funktion $|\psi(r)|^2\cdot 4\pi r^2$ ein Maximum.

Radialteile **a)**, *Wahrscheinlichkeitsdichten* **b)** *und radiale Aufenthaltswahrscheinlichkeiten* **c)** *in Abhängigkeit von r für verschiedene Atomorbitale des Wasserstoffatoms.*

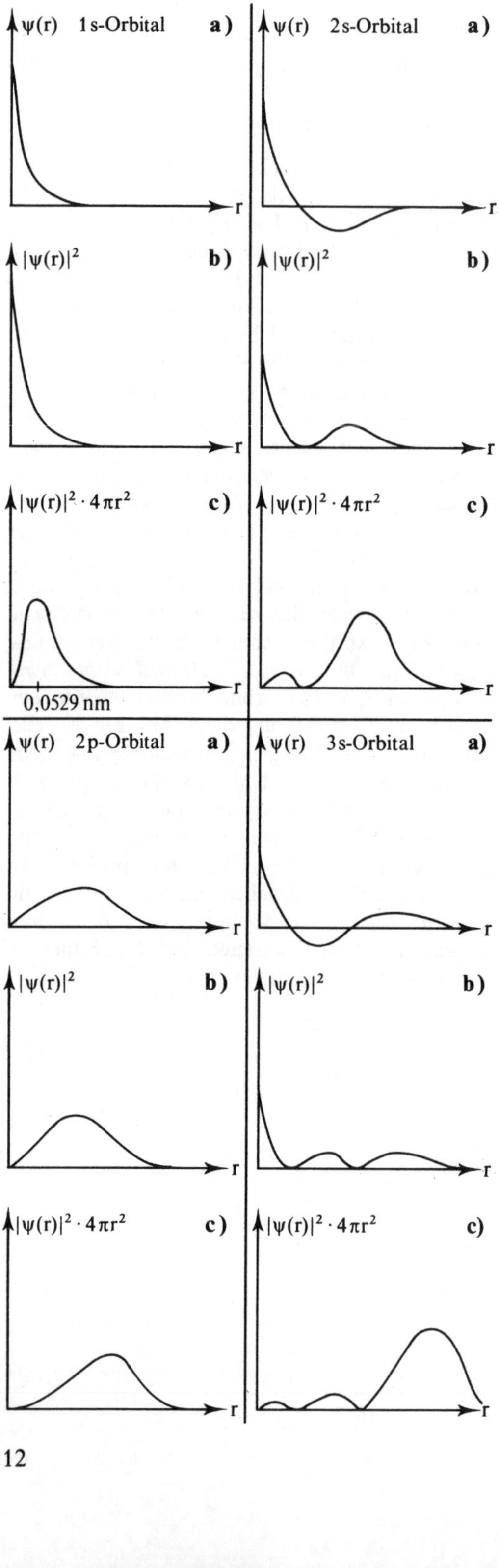

2.3 VB-Modell für Einfachbindungen

Das Valenzbindungsmodell ist geeignet, Atombindungen anschaulich darzustellen. Mit Hilfe gerichteter Atomorbitale und geeigneter Hybridorbitale lassen sich Bindungswinkel und Bindungslängen deuten. Unter Berücksichtigung der Elektronegativität der Bindungspartner sind Aussagen über die Polarität der Bindung möglich. Zum Verständnis und als Formulierungshilfe wird bei Bindungen angegeben, welche Atomorbitale überlappen. Auf diese Art lassen sich beispielsweise die C—H-Bindungen im Ethan als $\sigma(sp^3\text{-}s)$-Bindungen von den $\sigma(sp^2\text{-}s)$-Bindungen im Ethen und Benzol und von den $\sigma(sp\text{-}s)$-Bindungen im Ethin unterscheiden.

Kommentare und Lösungen

14.1 Einfach besetzte $1s$-Atomorbitale der Wasserstoffatome überlappen zu einer $\sigma(1s\text{-}1s)$-Bindung.

14.2 Fluor hat im Grundzustand die Elektronenkonfiguration $1s^2 2s^2 2p^5$. In Abb. 14.2 ist das $2p_x$ Orbital mit einem Elektron besetzt. Im Fluormolekül bilden die beiden einfach besetzten $2p$-Atomorbitale ein $\sigma(2p\text{-}2p)$-Bindung.

14.3 Die Atome im Wasserstoffmolekül sind nicht in Ruhe, sondern schwingen um einen Gleichgewichtsabstand (Grundschwingung vgl. S. 51). Mit steigender Temperatur nimmt der mittlere Abstand der Atome zu. Zur Verringerung des Abstandes muß gegen die große Abstoßung der Atomkerne untereinander Arbeit verrichtet werden.

A 14.1

F: $1s^2\ 2s^2\ 2p_x^2\ 2p_y^2\ 2p_z^1$

O: $1s^2\ 2s^2\ 2p_x^2\ 2p_y^1\ 2p_z^1$

Cl: $1s^2\ 2s^2\ 2p_x^2\ 2p_y^2\ 2p_z^2\ 3s^2\ 3p_x^2\ 3p_y^2\ 3p_z^1$

Ne: $1s^2\ 2s^2\ 2p_x^2\ 2p_y^2\ 2p_z^2$

A 14.2

a) Im Chlormolekül überlappen die beiden einfach besetzten $3p$-Atomorbitale zweier Chloratome zu einer $\sigma(3p-3p)$-Bindung.

b) Edelgase haben nur doppelt besetzte Atomorbitale und gehen daher untereinander keine Bindungen ein.

15.1/15.2/15.3 —

A 15.1 Bei der ebenen und der pyramidalen Struktur sind jeweils zwei Isomere möglich.

2.4 VB-Modell für Mehrfachbindungen

Kommentare und Lösungen

16.1/16.2/16.3 —

16.4 Da π-Bindungen schwächer als σ-Bindungen sind, ist die mittlere Bindungsenthalpie einer C=C-Doppelbindung nicht doppelt so groß wie die mittlere Bindungsenthalpie einer C—C-Einfachbindung. Mit geringerer Bindungslänge wird außerdem die Abstoßung der positiv geladenen Atomkerne größer, so daß der rechnerische Anteil *einer* π-Bindung in C≡C-Dreifachbindungen kleiner ist als der Anteil der π-Bindung in C=C-Doppelbindungen. Bei C—H-Bindungen hängen die Bindungslänge und die Bindungsenthalpie von der Hybridisierung des Kohlenstoffatoms ab. In der Reihe sp^3-Hybrid, sp^2-Hybrid, *sp*-Hybrid nimmt der Anteil des *s*-Atomorbitals an der Hybridisierung zu (vergleiche Tab. 74.4). Je höher der *s*-Anteil ist, desto geringer ist der mittlere Abstand der Elektronen vom Atomkern. In der Reihenfolge $\sigma(sp^3\text{-}s)$-Bindung, $\sigma(sp^2\text{-}s)$-Bindung, $\sigma(sp\text{-}s)$-Bindung sinkt daher die C—H-Bindungslänge, während die C—H-Bindungsenthalpie größer wird.

A 16.1

Bindungsart	mittlere Bindungsenthalpie in $kJ \cdot mol^{-1}$	rechnerischer Anteil der σ-Bindung in $kJ \cdot mol^{-1}$	rechnerischer Anteil einer π-Bindung in $kJ \cdot mol^{-1}$
C—C	348	348	—
C=C	614	348	266
C≡C	839	348	245,5

17.1 Die C—H-Bindungslänge im Benzol beträgt 0,108 nm.

17.2 —

17.3 Für Stabilitätsvergleiche von ähnlich gebauten mesomeren Verbindungen gilt als Faustregel, daß eine Verbindung um so stabiler ist, je mehr energiearme mesomere Grenzformeln formuliert werden können. Ein Beispiel ist die relative Stabilität der σ-Komplexe bei der elektrophilen Zweitsubstitution von Aromaten (siehe Abb. 80.2). Besonders günstig ist es, wenn wie beim Benzol oder wie beim Carboxylat-Ion äquivalente energiearme Grenzformeln möglich sind.

2.5 MO-Modell für zweiatomige Moleküle

Bei der MO-Methode werden die Elektronen eines Moleküls Molekülorbitalen zugeordnet. Nach dem MO-Modell lassen sich besonders die Farbe und die magnetischen Eigenschaften von Molekülen erklären. Zur Wechselwirkung mit elektromagnetischer Strahlung vgl. Seite 50. Nachteilig gegenüber dem VB-Modell ist, daß sich die Bindungen nicht mit den üblichen Valenzstrichformeln darstellen lassen.

Kommentare und Lösungen

18.1/18.2 —

A 18.1

a) Für das O_2-Molekül ist die Elektronenverteilung angegeben. Die beiden π*-MO sind entartet und werden daher einzeln mit Elektronen besetzt.

b) Im O_2-Molekül liegen 5 doppelt besetzte bindende MO sowie 2 doppelt besetzte und 2 einfach besetzte antibindende MO vor. Die Bindungsordnung ist daher: $5-(2+2\cdot\frac{1}{2})=2$.

Im F_2-Molekül sind die beiden π*-MO im Unterschied zum O_2 beide doppelt besetzt. Bindungsordnung: $5-4=1$.

c) Im Ne_2-Molekül wären alle Molekülorbitale doppelt besetzt. Die Bindungsordnung wäre daher: $5-5=0$. Es liegt demnach keine Bindung vor.

A 18.2 Im H_2-Molekül und im F_2-Molekül liegen keine einfach besetzten Orbitale vor, diese Stoffe sind daher diamagnetisch. Im O_2-Molekül sind die beiden π*-MO einfach besetzt, O_2 ist daher paramagnetisch. Anmerkung: Der experimentell feststellbare Paramagnetismus des Sauerstoffs läßt sich durch das VB-Modell nicht erklären.

2.6 MO-Modell für organische Moleküle

Kommentare und Lösungen

19.1 —

19.2 Nichtbindende Beziehungen treten immer dann auf, wenn ein p_z-Atomorbital in einer Knotenebene liegt. Dies läßt sich dadurch erklären, daß die Aufenthaltswahrscheinlichkeit eines Elektrons in einer Knotenebene gleich 0 ist und daher auch keine Wechselwirkung mit einem benachbarten p_z-Atomorbital auftreten kann.

19.3/19.4 —

2.7 Polare Atombindung

Kommentare und Lösungen

Früher wurde als Einheit für die Größe des Dipolmoments auch 1 *Debye* verwendet.
(1 C · m = 3 · 10^{29} D).

20.1 Durch vektorielle Addition der einzelnen Bindungsmomente erhält man annähernd das Gesamtmoment eines Moleküls. Dies läßt sich am Beispiel des Wassermoleküls graphisch zeigen. Mit dem Bindungsmoment einer O—H-Bindung von $5 \cdot 10^{-30}$ C · m (vgl. 98.4) und dem Bindungswinkel von 104,5° ergibt sich graphisch das Gesamtmoment $\vec{\mu}(H_2O) \approx 6{,}2 \cdot 10^{-30}$ C · m.

20.2 Der induktive Effekt ist ähnlich wie die Elektronegativität keine direkt meßbare Größe. Die in 20.2 angegebene Reihenfolge ergibt sich indirekt durch *Vergleich der Acidität von Carsonsäuren*, die am α-C-Atom durch die entsprechenden Reste substituiert sind (vgl. S. 109):

-X	pK_s ($X{-}CH_2COOH$)	-X	pK_s ($X{-}CH_2COOH$)
$-NO_2$	1,68	$-COOC_2H_5$	3,55
$-\overset{\oplus}{N}(CH_3)_3$	1,83	$-OCH_3$	3,53
$-\overset{\oplus}{N}H_3$	2,34	$-COCH_3$	3,58
$-CN$	2,43	$-OH$	3,88
$-COOH$	2,85	$-C_6H_5$	4,31
$-F$	2,23	$-OCH{=}CH_2$	4,35
$-Cl$	2,86	$-H$	4,76
$-Br$	2,91	$-CH_3$	4,87
$-I$	3,17	$-CO_2^{\ominus}$	5,69

Eine andere Methode, die Hinweise auf die Größe induktiver Effekte gibt, ist die *Protonenresonanzspektroskopie* (Vgl. Kap. 6.6.). Man untersucht z. B. die Abhängigkeit der chemischen Verschiebung der Wasserstoffatomkerne in Ethylderivaten CH_3CH_2X in Abhängigkeit vom Substituenten X.

A 20.1 $\vec{\mu} = Q \cdot l = 1{,}6 \cdot 10^{-19}\,C \cdot 0{,}1 \cdot 10^{-9}\,m$

$\vec{\mu} = 1{,}6 \cdot 10^{-29}\,C \cdot m$

A 20.2 N_2O_4 und CH_4 haben kein permanentes Dipolmoment, weil sich die Bindungsmomente im Molekül gegenseitig aufheben. Alle anderen Moleküle sind permanente Dipole. Beim H_2O_2 bilden die beiden OH-Gruppen zueinander einen Winkel von 93,5°. Allerdings ist die Potentialschwelle für die innere Rotation um die O—O-Bindung sehr niedrig.
Weitere Aufgaben zum Dipolmoment vgl. A 83.10 und A 83.11.

V 20.3 Der Versuch kann auch einfach mit einem direkt aus dem Wasserhahn austretenden laminaren Wasserstrahl ausgeführt werden. Um durch Reiben ein starkes inhomogenes elektrisches Feld zu erhalten, empfiehlt es sich verschiedene Kunststoffe auszuprobieren. Glasstäbe lassen sich schlecht aufladen, zum Reiben verwendet man am besten Seide. Vgl. auch Kommentar zu V 23.1.

2.8 Silicium- und Kohlenstoffverbindungen

Der Vergleich zwischen Kohlenstoff- und Siliciumverbindungen ist theoretisch interessant und von allgemeiner Bedeutung. Da sich die unterschiedlichen Eigenschaften dieser Verbindungen durch die chemische Bindung verstehen läßt, wird eine vergleichende Betrachtung in diesem Kapitel eingeschoben.

Kommentare und Lösungen

21.1 Das C-Atom im CO_2 ist *sp*-hybridisiert. SiO_2 ist ein polymerer, sehr harter Feststoff mit sehr hoher Schmelztemperatur. Die Si-Atome sind sp^3-hybritisiert.

21.2 Aufgrund der Elektronegativitätswerte von C, Si und H ergeben sich unterschiedliche Polaritäten der Bindungen:

$$\overset{\delta^+}{Si} \rightarrow \overset{\delta^-}{H}; \quad \overset{\delta^-}{C} \leftarrow \overset{\delta^+}{H}$$

EN 1,9 2,2   2,6 2,2

A 21.1 *Energetisch:* Schwache Si—H-Bindung, starke C—H-Bindung. Die Reaktion führt zu festen Si—O-Bindungen.

A 21.2

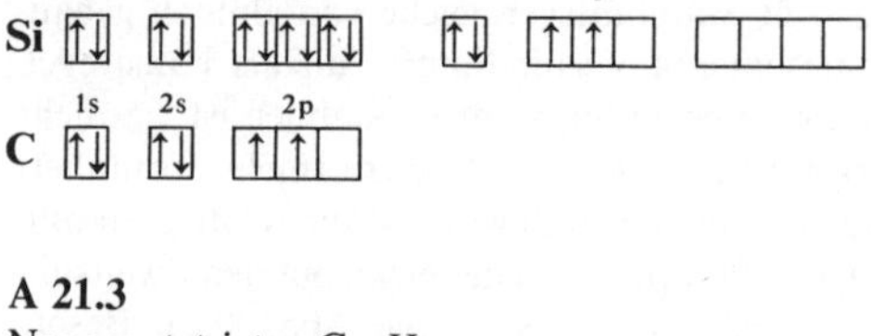

A 21.3
Nonacontatrictan $C_{390}H_{782}$
Cyclooctaoctacontadictan $C_{288}H_{578}$

LV 21.4

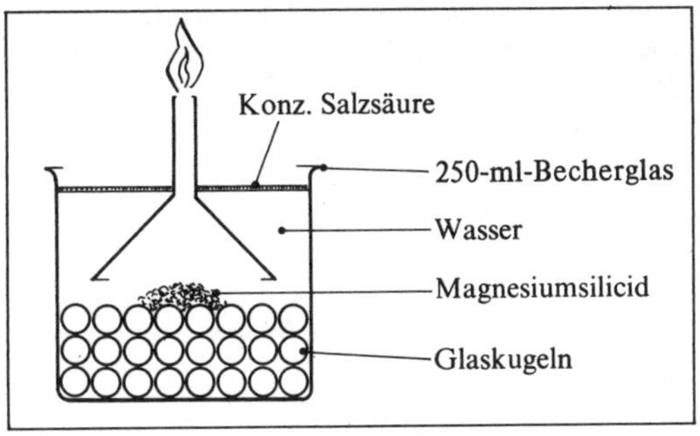

$Mg_2Si(s) + 4HCl(aq) \rightarrow 2MgCl_2(aq) + SiH_4(g)$

Die Reaktion verläuft nicht einheitlich. Neben Monosilan entstehen auch höhere Silane und Wasserstoff. Bei der Verbrennung eines Silans entsteht Siliciumdioxid und Wasser:

$SiH_4(g) + 2O_2(g) \rightarrow SiO_2(s) + 2H_2O(g)$

Kinetisch: Das größere Si-Atom ist durch die H-Atome nur mäßig abgeschirmt und wird daher leicht angegriffen. Wegen der Größe des Si-Atoms ist die Si—H-Bindung polarer als die nahezu unpolare C—H-Bindung. Da das Siliciumatom im Gegensatz zum Kohlenstoffatom in der Bindung zum Wasserstoffatom positiviert ist, werden Silane leicht nucleophil von Wasser angegriffen:

$SiH_4(g) + 2H_2O(l) \rightarrow SiO_2(s) + 4H_2(g)$

Ein weiterer Grund für die Reaktivität von Siliciumverbindungen ist die Fähigkeit des Siliciums im Gegensatz zu Kohlenstoff die Koordinationszahl von vier auf sechs erhöhen zu können. Substitutionsreaktionen, die meist über Zwischenstufen oder Übergangszustände mit mehr als vier Liganden verlaufen, sind daher bei Siliciumverbindungen leichter möglich als bei Kohlenstoffverbindungen.

2.9 Zwischenmolekulare Wechselwirkungen

Wegen ihrer allgemeinen Bedeutung werden die intermolekularen Bindungen in diesem Kapitel zusammenfassend behandelt. Wasserstoffbrückenbindungen und VAN-DER-WAALS-Bindungen sind verantwortlich für Stoffeigenschaften wie Schmelz- und Siedetemperatur, Löslichkeit und Adsorption. Fast alle Trennmethoden beruhen auf unterschiedlichen zwischenmolekularen Wechselwirkungen der zu trennenden Stoffe. Intermolekulare und intramolekulare Bindungen bilden darüberhinaus neben dem kovalenten Bindungsgerüst die Grundlage für die Struktur biologisch wichtiger Makromoleküle.

Kommentare und Lösungen

22.1 Wasserstoffbrücken sind normalerweise linear. Um den kovalenten Bindungsanteil darzustellen, ist das an der Wasserstoffbrücke beteiligte freie Elektronenpaar des Sauerstoffatoms punktiert dargestellt.

22.2 —

22.3 Charakteristisch für zwischenmolekulare Wechselwirkungen sind ihre *kleinen Wirkungsradien* und ihre verglichen mit kovalenten Bindungen *niedrigen Bindungsenthalpien.* Die Tabelle zeigt, daß die Bindungsenthalpien von Wasserstoffbrückenbindungen in der Größenordnung von $20\ kJ \cdot mol^{-1}$ liegt. Dagegen ist der Beitrag eines Kohlenstoffatoms einschließlich seiner Wasserstoffatome zur VAN-DER-WAALS-Bindung zwischen Kohlenwasserstoffmolekülen etwa $1\ kJ \cdot mol^{-1}$.

23.1 Die Abb. zeigt schematisch, wie ein unpolares Molekül durch den temporären Dipol eines Nachbarmoleküls polarisiert wird. Zwischen den Molekülen liegt anschließend eine VAN-DER-WAALS-Bindung vor.

23.2/23.3 —

V 23.1 Im Cyclohexan wird auf Grund der geringen Polarisierbarkeit nur ein schwacher Dipol induziert. Cyclohexan wird daher wenn überhaupt nur schwach abgelenkt. In den Iod-Molekülen wird dagegen ein starker Dipol induziert. Die Dipolmoleküle werden im elektrischen Feld ausgerichtet und dann angezogen. Die Ablenkung des Strahls ist um so größer, je konzentrierter die Iod-Lösung ist. Geeignete Konzentration: etwa $1\ g \cdot l^{-1}$.
Die auslaufende Lösung kann in einer großen Abdampfschale aufgefangen werden und läßt sich später für den gleichen Versuch wiederverwenden. Es ist vorteilhaft, sich vor dem Versuch durch Ablenkung eines Wasserstrahls zu vergewissern, daß durch Reiben tatsächlich eine genügend große Oberflächenladung entstanden ist.
Durch Vergleich der Ablenkung von Cyclohexan mit der starken Ablenkung von Cyclohexen läßt sich sehr gut die hohe *Polarisierbarkeit von π-Elektronen* demonstrieren.

Ergänzungen

Bei den VAN-DER-WAALS-Wechselwirkungen unterscheidet man Orientierungskräfte, Induktionskräfte und Dispersionskräfte. Der Beitrag der verschiedenen Wechselwirkungen zum gesamten Anziehungspotential ist unterschiedlich. *Orientierungseffekte* überwiegen nur bei sehr starkem, permanentem Dipolmoment. *Induktionseffekte* sind generell gering; *Dispersionseffekte* immer bedeutend. So überwiegt z. B. der Dispersionseffekt den Orientierungseffekt beim HCl. Selbst an Wasserstoffbrückenbindungen sind Dispersionseffekte beteiligt. Dispersionskräfte sind im Lehrbuch mit Hilfe temporärer Dipole erläutert.

Solche Anziehungskräfte sind quantenmechanischer Natur, bei unpolaren Molekülen sind sie die einzigen Anziehungskräfte.

Art der Wechselwirkung	Wechselwirkung zwischen	Anziehungspotential zweier Moleküle A und B
Orientierungskräfte (Keesom 1912)	permanenten Dipolen (temp. abhängig)	$E_{pot} \sim \frac{\vec{\mu}(A)^2 \cdot \vec{\mu}(B)^2}{T \cdot r^6}$
Induktionskräfte (Debye 1920)	permanenten und induz. Dipolen (temp. unabh.)	$E_{pot} \sim \frac{\vec{\mu}(A)^2 \cdot \alpha(B)}{r^6}$
Dispersionskräfte (London 1930)	temporären Dipolen (temp. unabh.)	$E_{pot} \sim \frac{\alpha(A) \cdot \alpha(B)}{r^6}$
$\vec{\mu}$ = Dipolmoment	α = Polarisierbarkeit	

VAN-DER-WAALS-Radien und kovalente Radien
VAN-DER-WAALS-Radien geben näherungsweise die Grenze an, über die Atome oder Atomgruppen nicht komprimiert werden können. Kovalente Radien dienen dagegen zur näherungsweisen Berechnung von Bindungslängen.

Atom	VAN-DER-WAALS-Radius in nm	kovalenter Radius in nm
C	0,16	0,077
H	0,12	0,037
O	0,14	0,066
N	0,15	0,070
F	0,14	0,064
Cl	0,18	0,099
Br	0,20	0,114
I	0,21	0,133

Beispiel:

1. *Berechnung der O—H-Bindungslänge* (Summe der kovalenten Radien von Sauerstoff und Wasserstoff):

l (O—H) = 0,066 nm + 0,037 nm = 0,103 nm

2. *Berechnung des O···H-Abstands in einer H-Brücke ohne kovalenten Bindungsanteil* (Summe der VAN-DER-WAALS-Radien von Sauerstoff und Wasserstoff):

l (O···H) = 0,14 nm + 0,12 nm = 0,26 nm

Der experimentell ermittelte Abstand von 0,18 nm weist auf den kovalenten Anteil hin.

3 Verlauf und Klassifizierung organischer Reaktionen

In diesem Kapitel werden theoretische Grundlagen, die zum Verständnis organisch chemischer Reaktionen erforderlich sind, kurz zusammengefaßt. Es werden ferner die verschiedenen Möglichkeiten der Klassifizierung organischer Reaktionen beschrieben.

3.1 Energetik

Kommentare und Lösungen

24.1 Das Modellbeispiel soll verdeutlichen, daß derjenige Zustand eines Systems am wahrscheinlichsten ist, für den es die meisten Realisierungsmöglichkeiten gibt.

V 24.1 Die Temperaturerniedrigung bei diesem Versuch beträgt etwa 10 °C. Reaktionsschema:

$$H_3A(aq) + NaHCO_3(aq) \rightarrow H_2ANa(aq) + H_2O(l) + CO_2$$

Citronensäure
H_3A

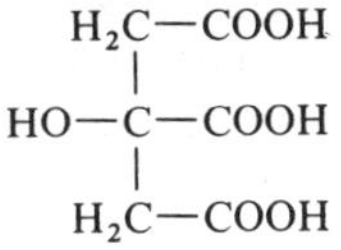

V 24.2 Beim Spannen eines Gummifadens wird die Ordnung der Moleküle erhöht, die Entropie nimmt also ab. Entgegen der Erwartung, daß sich Stoffe beim Erwärmen ausdehnen, verkürzt sich der gespannte Gummifaden bei Temperaturerhöhung, da die Ordnung hierbei teilweise aufgehoben wird und die Entropie zunimmt. Die anfangs zu beobachtende Verkürzung wird nach kurzer Zeit durch die bei allen Stoffen übliche, mit dem Erwärmen zunehmende Ausdehnung, überkompensiert. Der Gummifaden wird immer länger und reißt schließlich.
Eine andere Möglichkeit der Demonstration des Entropieeffekts besteht darin, daß man ein Naturkautschukband (etwa 20 cm × 3 cm) ausdehnt und den ausgedehnten Zustand unter Eiswasser einfriert. Erwärmt man das ausgedehnte Band (mit dem Fön, über Wasserdampf, auf warme Heizplatte legen), so erfolgt Verkürzung.

25.1 $\sum S^0_m(P)$, $\sum S^0_m(E)$: Summe der *molaren Standardentropien* der Produkte (P) bzw. der Edukte (E);
$\sum \Delta_f H^0_m(P)$, $\sum \Delta_f H^0_m(E)$: Summe der *molaren Standardbildungsenthalpien* der Produkte (P) bzw. der Edukte (E).
Aus der molaren Standardreaktionsentropie $\Delta_R S^0_m$ und der molaren Standardreaktionsenthalpie $\Delta_R H^0_m$ erhält man nach der *Gibbs-Helmholtz*-Gleichung die *freie molare Standardreaktionsenthalpie* $\Delta_R G^0_m$ (*Gibbs*-Enthalpie):

$$\Delta_R G^0_m = \Delta_R H^0_m - T \cdot \Delta_R S^0_m.$$

Die freie molare Standardreaktionsenthalpie kann auch direkt aus tabellierten *freien molaren Standardbildungsenthalpien* der Produkte, $\Delta_f G^0_m(P)$, und Edukte $\Delta_f G^0_m(E)$, berechnet werden.

25.2 Unter Standardbedingungen liegen nur geringe Mengen Dipeptid im Gleichgewicht vor: ($\Delta_R G^0_m = 17{,}6\ kJ \cdot mol^{-1}$).
Nach Verdünnung auf $c = 0{,}1\ mol \cdot l^{-1}$ verschiebt sich das Gleichgewicht erwartungsgemäß weiter auf die Seite der Aminosäuren ($\Delta_R G^0_m = 23{,}3\ kJ \cdot mol^{-1}$).

Freie Standardbildungsenthalpien in wäßriger Lösung

Stoff	ΔG^0_f in $kJ \cdot mol^{-1}$
D, L-Alanin	−373,6
Glycin	−372,8
D, L-Alanin-Glycin	−491,6
$H_2O(l)$	−237,2

25.3 Die Werte für die Gleichgewichtskonstante K werden vorgegeben und $\Delta_R G^0_m$ nach der Beziehung $\Delta_R G^0_m = -5{,}7 \cdot \lg K$ berechnet.

Für die Reaktion $A \rightleftharpoons B$ ist nach dem MWG:

$$K = \frac{c(B)}{c(A)}$$

Durch Einsetzen der Konzentrationen

$$c(B) = \frac{n(B)}{V} \quad \text{und} \quad c(A) = \frac{n(A)}{V}$$

erhält man:

$$K = \frac{n(B)}{n(A)}$$

Die Stoffmengen $n(A)$ und $n(B)$ können durch die Stoffmengenanteile x ersetzt werden:

$$x(A) = \frac{n(A)}{n(A)+n(B)}; \quad x(B) = \frac{n(B)}{n(B)+n(A)}$$

Da die Summe der Stoffmengenanteile gleich 1 ist, erhält man folgende Gleichungen:

(1) $x(B) = K \cdot x(A)$

(2) $x(A) + x(B) = 1$

Setzt man (1) in (2) ein, so bekommt man:

$$x(A) = \frac{1}{1+K}$$

Beispiel: $K = 0{,}33$; damit ergibt sich:

$$x(A) = \frac{1}{1{,}33} = 0{,}752$$

Der Anteil von A im Gleichgewicht beträgt also 75,2 %.

A 25.1 Thermodynamische Daten:

Stoff	$\Delta_f H^0_m$ in $kJ \cdot mol^{-1}$	$\Delta_f G^0_m$ in $kJ \cdot mol^{-1}$	S^0_m in $J \cdot K^{-1}\, mol^{-1}$
$C_2H_6(g)$	− 85	− 33	230
$O_2(g)$	0	0	205
$CO_2(g)$	−393	−394	214
$H_2O(l)$	−285	−237	70
$H_2O(g)$	−242	−229	189
$CH_4(g)$	− 75	− 51	186
$C_2H_2(g)$	+227	+209	201
$H_2(g)$	0	0	131

zu **a)** und **b)**: Es handelt sich um heterogene Gleichgewichte. Die flüssige Phase tritt in der Gleichgewichtskonstanten nicht auf.

Mit $\Delta_f G^0_m$-Werten erhält man:

a) $\Delta_R G^0_m = -229\ kJ \cdot mol^{-1} - (-237)\ kJ \cdot mol^{-1}$
$= +8\ kJ \cdot mol^{-1}$

$$K_p = 10^{-\frac{8\ kJ \cdot mol^{-1}}{5{,}7\ kJ \cdot mol^{-1}}} = 3{,}9 \cdot 10^{-2}\ bar = 39\ hPa$$

b) $\Delta G^0_R = 4 \cdot (-394)\ kJ \cdot mol^{-1} + 6 \cdot (-237\ kJ \cdot mol^{-1})$
$- 2 \cdot (-33\ kJ \cdot mol^{-1})$
$= -2932\ kJ \cdot mol^{-1}$

$K_p \approx 10^{514}\ bar^{-5} \approx 10^{517}\ hPa^{-5}$

Der Wert von K_p zeigt, daß praktisch kein Gleichgewicht vorliegt; die Reaktion läuft vollständig ab.

c) $\Delta G^0_R = 209\ kJ \cdot mol^{-1} - 2 \cdot (-51\ mol^{-1})$
$= 311\ kJ \cdot mol^{-1}$

$$K_p = 10^{-\frac{311\ kJ \cdot mol^{-1}}{5{,}7\ kJ \cdot mol^{-1}}} = 2{,}7 \cdot 10^{-55}\ bar^2 = 2{,}7 \cdot 10^{-49}\ hPa^2$$

Der Wert von K_p zeigt, daß praktisch kein Gleichgewicht vorliegt; die Reaktion läuft nicht ab.

3.2 Theorie des Übergangszustands

Zum Verständnis der Geschwindigkeit chemischer Reaktionen sind vor allem zwei Theorien von Bedeutung: Die aus der kinetischen Gastheorie entwickelte *Stoßtheorie* und die *Theorie des Übergangszustands*. Obwohl die Stoßtheorie und die damit verbundene *Arrhenius-Aktivierungsenergie* noch heute nützlich sind, wird in der modernen Chemie weitgehend die tieferführende Theorie des Übergangszustands angewandt. Beide Theorien gehen davon aus, daß die Umwandlung von Edukten zu Produkten über einen Zustand höchster Energie führt. Nach der Stoßtheorie wird dieser durch Kollision von Teilchen mit ausreichender kinetischer Energie erreicht. Die Theorie des Übergangszustands faßt das reagierende System nicht als selbständige Teilchen auf sondern als eine komplexe Einheit mit beschränkter Lebensdauer. Dieser Übergangszustand wird durch thermodynamische Größen, die *Aktivierungsentropie* ΔS^{+} und die *Aktivierungsenthalpie* ΔH^{+} beschrieben. Zwischen der Aktivierungsenthalpie und der Aktivierungsenergie besteht die Beziehung:

$\Delta H^{+} = E_a - \Delta nRT$;

da meist $\Delta nRT \ll E_a$ ist, ist $\Delta H^{+} \approx E_a$.

Kommentare und Lösungen

26.1 Teilchen, die den Übergangszustand erreichen, müssen eine Energie besitzen, die gleich oder größer ist als eine bestimmte Mindestenergie. Ihr Anteil entspricht $e^{-\frac{E_a}{RT}}$.

Beispiel: $T = 300\ K$, $E_a = 25\ kJ \cdot mol^{-1}$

Mit $RT = 2493\ kJ \cdot mol^{-1}$ erhält man:

$$e^{-\frac{25 \cdot 10^3\ kJ \cdot mol^{-1}}{2493\ kJ \cdot mol^{-1}}} = 4{,}4 \cdot 10^{-5}$$

Das Beispiel zeigt, daß von 100000 Zusammenstößen nur etwa 4–5 eine Energie besitzen, die größer oder gleich der Mindestenergie ist.

Langsame Reaktionen (E_a groß) erfahren bei Erhöhung der Temperatur einen relativ größeren Geschwindigkeitszuwachs als schnelle Reaktionen.

26.2 In der üblichen Terminologie stellt die Reaktionskoordinate eine Größe dar, die den Fortgang der Reaktion vom Beginn bis zum Ende wiedergibt. Betrachtet man das Diagramm von rechts nach links, so erhält man das Bild für eine endergonische Reaktion. Bei mehrstufigen Reaktionen ist die Anzahl der Übergangszustände gleich der Anzahl der Teilschritte (s. 27.2). Die Anzahl der *Zwischenstufen,* die Energieminima entsprechen, ist um eins kleiner als die Anzahl der Teilschritte. Zwischenstufen, die isolierbar sind, bezeichnet man als Zwischenprodukte. Für Betrachtungen, bei denen man die Entropieänderungen vernachlässigen kann, gibt man nur Enthalpiediagramme an.

26.3 Im Sinne der Stoßtheorie nach ARRHENIUS entspricht einem engen Gebirgspaß ein kleiner PZ-Term (sterisch ungünstig, geringe Wahrscheinlichkeit, P und Z folglich niedrig).

Ergänzung

Nach der Stoßtheorie lautet die *Arrhenius*-Gleichung:

$$k = P \cdot Z \cdot e^{-\frac{E_a}{RT}}.$$

Darin bedeutet k die Geschwindigkeitskonstante, P der sterische Faktor, Z die Stoßfrequenz, E_a die Aktivierungsenergie, R die allgemeine Gaskonstante und T die absolute Temperatur.
Nach der Theorie des Übergangszustands ist die Geschwindigkeitskonstante durch die *Eyring*-Gleichung (1935) gegeben:

$$k = \frac{k_B \cdot T}{h} \cdot e^{-\frac{\Delta G_m^{\ddagger}}{R \cdot T}} = \text{konst.} \cdot e^{\frac{\Delta S_m^{\ddagger}}{R}} \cdot e^{-\frac{\Delta H_m^{\ddagger}}{R \cdot T}}$$

Hierbei ist k_B die Boltzmannkonstante, h das Plancksche Wirkungsquantum, R die molare Gaskonstante, $\Delta G_m^{\ddagger}$ die freie molare Aktivierungsenthalpie, $\Delta H_m^{\ddagger}$ die molare Aktivierungsenthalpie und $\Delta S_m^{\ddagger}$ die molare Aktivierungsentropie.

3.3 Mechanismus einer Reaktion

Nach allgemeinen Überlegungen zum Begriff „Reaktionsmechanismus" wird die Chlorierung des Methans besprochen. Dieses Beispiel bietet sich als Einstieg an, da Methan ein sehr einfaches Molekül ist. Alternativ könnte man auch die Veresterung oder die alkalische Hydrolyse eines Halogenalkans besprechen.

Einige wichtige Kriterien, die ein Reaktionsmechanismus erfüllen muß, sind:

1. Die Entstehung der Produkte soll so einfach wie möglich erklärt werden.

2. Postulierte Zwischenstufen müssen nachweisbar sein.

3. Die Auswirkung veränderter Reaktionsbedingungen müssen erklärt bzw. richtig vorausgesagt werden.

4. Der vorgeschlagene Reaktionsmechanismus muß mit der Kinetik übereinstimmen.

Kommentare und Lösungen

27.1 Ein denkbar einfacher Mechanismus für die Chlorierung von Methan wäre auch die Kollision eines Methan- und Chlormoleküls unter gleichzeitiger Spaltung und Bildung von Bindungen:

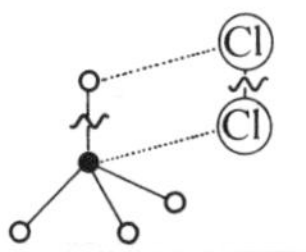

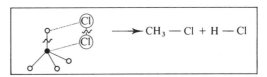

Ein solcher Vierzentren-Mechanismus ist unwahrscheinlich, da die Aktivierungsentropie hierfür sehr groß ist (genaue Orientierung = hohe Ordnung) und weil es für ein Chlormolekül schwierig ist, einem Methanmolekül auf diese Weise so nahe zu kommen, daß sich eine C—Cl-Bindung bilden kann.
Eine Kettenreaktion besteht aus vielen Einzelschritten. In jedem dieser Schritte wird ein reaktives Teilchen produziert, das selbst Ausgangspunkt des nächsten Schrittes ist. Das Wort „Kette" hat nichts mit Molekülkette zu tun, es bedeutet einfach die Wiederholung einzelner Reaktionsschritte. Theoretisch reicht für die beschriebene Kettenreaktion ein einziges Chloratom und damit ein Lichtquant aus. Praktisch benötigt man jedoch mehrere Radikale, da diese teilweise rekombinieren und die Kette abbrechen. Die Reaktionsmischung wird deshalb bis zum Ablauf der Reaktion bestrahlt.

Pro absorbiertes Lichtquant können bis zu 10000 Moleküle Chlormethan gebildet werden, die Quantenausbeute ϕ ist 10^4.
Unter der *Quantenausbeute* einer Reaktion versteht man das Verhältnis von der Stoffmenge des gebildeten Produkts zur Anzahl der benötigten Lichtquanten. Durch Messung der Quantenausbeute erhält man Auskunft über die Länge einer Reaktionskette. Voraussetzung für die photochemische Spaltung eines Chlormoleküls ist die Absorption eines Lichtquants. Die Berechnung der hierfür erforderlichen Wellenlänge des Lichts erfolgt in A 67.6. Zur Energetik der Halogenierung von Methan siehe 66.3.

27.2 Alternative Darstellung:

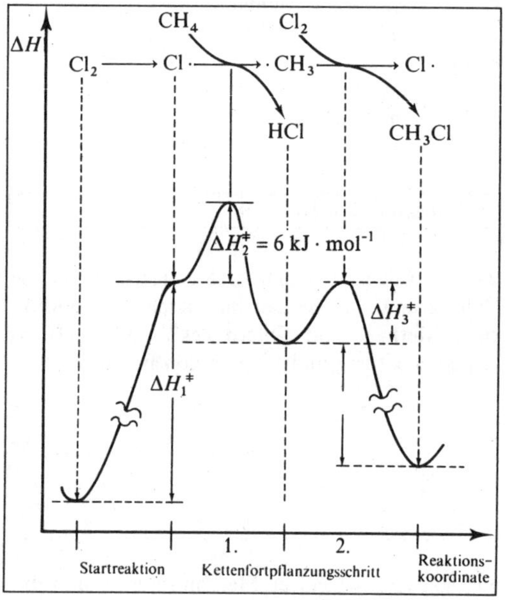

A 27.1
a) $CH_3\bullet + CH_3\bullet \rightarrow CH_3\text{–}CH_3$
Spuren von Ethan sind im Produktgemisch auch nachweisbar.
Auch die Adsorption von Radikalen an der Gefäßwand führt zum Kettenabbruch.
b) Sauerstoff ist ein Diradikal und fängt Methyl-Radikale ab: $CH_3\bullet + O_2 \rightarrow CH_3\text{–}O\text{–}O\bullet$
Die Methylperoxid-Radikale sind weniger reaktiv und führen zum Kettenabbruch.

A 27.2
a) Ethan entsteht durch Kombination zweier Methylradikale $CH_3\cdot + CH_3\cdot \rightarrow CH_3\text{—}CH_3$; Mehrfachhalogenierung: Das gebildete Monochlormethan (CH_3Cl) kann wie das Methan mit Chloratomen reagieren:

$$Cl\cdot + CH_3\text{—}Cl \rightarrow H\text{—}Cl + \cdot CH_2Cl$$
$$\cdot CH_2Cl + Cl\text{—}Cl \rightarrow CH_2Cl_2 + Cl\cdot$$

Je mehr Chlormethan entstanden ist, um so wahrscheinlicher wird diese Reaktion. Entsprechend kann das gebildete Dichlormethan (CH_2Cl_2) zu Chloroform ($CHCl_3$) und dieses schließlich zu Tetrachlorkohlenstoff (CCl_4) weiterreagieren. Die Mehrfachhalogenierung wird um so wahrscheinlicher, je mehr die Ausgangskonzentration an Methan abnimmt.

b) Durch hohen Methanüberschuß läßt sich die Mehrfachhalogenierung unterdrücken, da dann die Chlorradikale eher mit dem gebildeten Produkt CH_4 reagieren als mit dem stets im Überschuß vorhanden CH_3Cl.

A 27.3 Der erste Schritt ist stark endotherm und ist daher mit einer hohen Aktivierungsenthalpie verbunden. Der erste Reaktionsschritt blockiert somit die Reaktionskette.

3.4 Reaktionstypen

Kommentare und Lösungen

28.1 Die übliche Ermittlung der Oxidationszahlen in Molekülverbindungen erfolgt duch die gedankliche Zerlegung der Moleküle in Ionen, wobei die bindenden Elektronenpaare jeweils dem elektronegativeren Atom zugeteilt werden. Mit den hier angegebenen Regeln entfällt diese hypothetische „Ionisierung der Moleküle".
Die so ermittelten Oxidationszahlen entsprechen jedoch denen, die nach der üblichen Methode erhalten werden. Mit der hier angewandten Methode wird man nach kurzer Einübung vertraut, für die Organische Chemie ist dieses Verfahren sehr zweckmäßig, insbesondere bei größeren Molekülen.
Für ein beliebiges Atom in einem Molekül erhält man die Oxidationszahl durch folgende Zuordnung:

– 1 für jede Bindung zu einem weniger elektronegativen Atom (oder eine negativen Ladung)

0 für jede Bindung zu einem gleichen Atom

+ 1 für jede Bindung zu einem elektronegativeren Atom (oder eine positiven Ladung)

Durch die Addition der den einzelnen Bindungen zugeordneten Zahlenwerte erhält man die Oxidationszahl.

Beispiele:

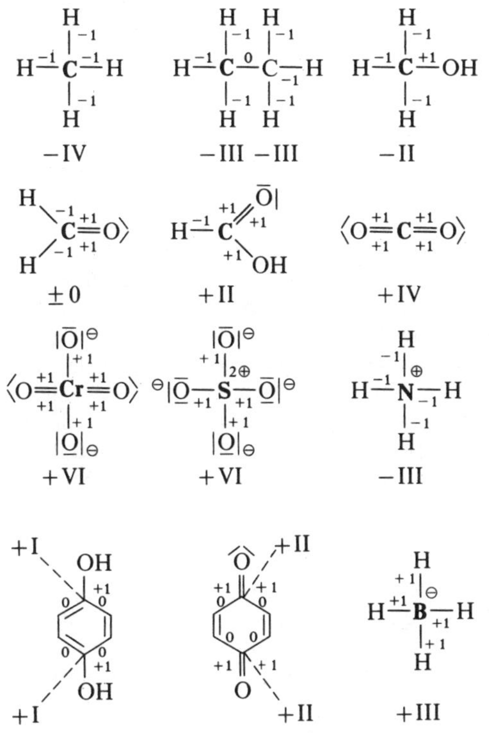

28.2 Die Oxidationszahl des C-Atoms hängt von den Bindungspartnern ab. Sie ist daher innerhalb der gleichen Stoffklasse verschieden.

28.3 —

29.1 —

29.2 Die sehr ähnlichen Begriffe *Lewis*-Säure und Elektrophil sowie *Lewis*-Base und Nucleophil sind nicht exakt synonym. Unter einer *Lewis*-Säure versteht man ein Teilchen, das mit einer *Lewis*-Base unter Bildung einer Atombindung reagiert. Die Stärke einer *Lewis*-Säure wird durch die Lage des sich einstellenden Gleichgewichts bestimmt. Die Stärke eines Elektrophils bezieht sich jedoch auf die relative Geschwindigkeit, mit der es sich mit einem Nucleophil unter Bildung einer Atombindung umsetzt. Es handelt sich hierbei also um ein kinetisches und nicht wie bei den *Lewis*-Säuren/Basen um ein thermodynamisches Phänomen.

29.3 —

ANALYSEMETHODEN

4 Trennung von Stoffgemischen

Um die Struktur einer Verbindung ermitteln zu können muß diese als Reinstoff vorliegen. Der Strukturanalyse geht daher eine Stoffanalyse voraus. In diesem Kapitel werden daher einige für die Organische Chemie wichtige Analysemethoden zur Trennung von Stoffgemischen beschrieben.

4.1 Der reine Stoff

Kommentare und Lösungen

30.1 Der Dampfdruck von Wasser läßt sich mit folgender Apparatur leicht messen:

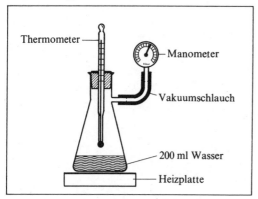

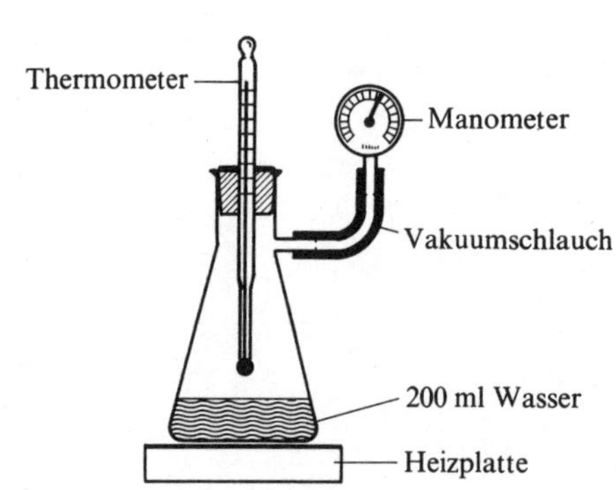

In einer 500 ml-Saugflasche werden 200 ml Wasser mehrere Minuten zum Sieden erhitzt. Der Stopfen wird dabei nur lose aufgesetzt, das Manometer (z. B. Leybold Zeigermanometer) ist mit dem Vakuumschlauch noch nicht verbunden. Nachdem die Luft verdrängt ist, schließt man das Manometer an, entfernt die Heizplatte und setzt den Stopfen fest auf. Man notiert Temperatur und zugehörigen Druck.

30.2 Bei einem verunreinigten Stoff beginnt die Kristallisation im Vergleich zum Reinstoff bei um so niedrigerer Temperatur, je höher der Anteil der Verunreinigung ist. Während des Erstarrens sinkt die Temperatur zuerst wenig, dann aber immer schneller ab. Dies kommt daher, daß sich die Kristalle des reinen Stoffs abscheiden und sich die Verunreinigung in der restlichen Schmelze anreichert. Nachdem die Hälfte der Schmelze auskristallisiert ist, hat sich die Konzentration der Verunreinigung in der verbleibenden Schmelze verdoppelt. Die Erstarrungstemperatur liegt dann ebenfalls um das Doppelte niedriger als zu Beginn der Kristallisation. Dies setzt sich dauernd fort. Schließlich wird der Stoff fest. Dieser Punkt ist in den Abkühlungskurven meist nicht genau zu erkennen, da die Abkühlungskurve des verunreinigten Stoffes kontinuierlich in die Abkühlungskurve des festen Stoffes übergeht.
Je reiner ein Stoff ist, um so geringer ist die anfängliche Temperaturabnahme. Bei der Reinheitsbestimmung durch thermische Analyse wird die Form der Kurven quantitativ ausgewertet. Die Zeit in der sich die Temperatur beim Abkühlen einer Reinstoffschmelze nicht ändert (Haltezeit) ist proportional der Masse und Kristallisationswärme des Stoffes.

30.3 *Durchführung:* Mit Hilfe einer kleinen Querstange wird an ein Stativ ein kleines Reagenzglas (160 mm × 16 mm) und ein darüber geschobenes großes Reagenzglas (195 mm × 24 mm) waagrecht eingespannt. In gleicher Höhe wird an ein zweites Stativ ein Thermometer waagrecht eingespannt. Nachdem man einige Kristalle der Substanz auf das Thermometer gebracht hat, schiebt man die beiden Reagenzgläser vorsichtig über das Thermometer. Mit dem Brenner erhitzt man dann fächelnd, so daß die Temperatur stetig zunimmt. Die Probe kann mit der Lupe beobachtet werden. Das Thermometer muß so eingespannt werden, daß man die Skala gut sieht. Die „Trockenmethode" ist eine Alternative zur üblichen „Naßmethode", bei der ein Schmelzpunktsröhrchen mit der Probesubstanz im Becherglas in Paraffinöl oder im Dreischenkelrohr in Schwefelsäure erhitzt wird.

4.2 Löslichkeit von Stoffen

Kommentare und Lösungen

31.1 —

31.2 Das System *Phenol-Wasser* hat einen oberen kritischen Lösungspunkt von 68,8 °C. Oberhalb dieser Temperatur ergibt Phenol mit Wasser in jedem Mischungsverhältnis eine homogene Lösung. Unterhalb dieser Temperatur zerfallen Mischungen, bei denen das Massenverhältnis Phenol-Wasser im blau gezeichneten Bereich des Zustandsdiagramms liegt, in zwei flüssige Phasen, deren Zusammensetzung in Abhängigkeit von der Temperatur durch die schwarze Kurve gegeben ist. Bei einem hohen Anteil an Phenol und niedriger Temperatur erhält man neben ungelöstem Phenol eine Lösung, deren Zusammensetzung auf der Geraden (unten links) ablesbar ist.

A 31.1
a) Phase 1: 56% Phenol/44% Wasser
Phase 2: 17% Phenol/83% Wasser
b) Phase 1: 63% Phenol/37% Wasser
Phase 2: 12% Phenol/88% Wasser

V 31.2

a) Man erhält 2 Phasen: an Wasser gesättigter Diethylether und an Ether gesättigtes Wasser. Die geringe Löslichkeit beruht auf Wasserstoffbrücken. Vergleiche Kap. 11.3.

b) und **c)** Die Flüssigkeiten sind mischbar.

d) Da Ethanol sowohl mit Wasser als auch mit Diethylether mischbar ist, erhält man eine Lösung.

Ergänzung

Lehrerversuch:

Löslichkeit von Phenol (T) in Wasser. Abzug!
Stellen Sie durch Zugabe einiger Tropfen Wasser zu einer Spatelspitze Phenol eine Lösung von Wasser in Phenol her.
a) Geben Sie 3 ml Wasser hinzu und erhitzen Sie anschließend auf etwa 70 °C.
b) Geben sie einen Überschuß an Wasser hinzu.

Erklärung:

a) Bei Zugabe von etwas Wasser zu der Lösung von Wasser in Phenol entsteht eine Emulsion. Beim Erhitzen bilden sich eine homogene Lösung.

b) Eine Lösung bildet sich bereits bei Raumtemperatur, wenn man zur Ausgangslösung Wasser in großem Überschuß gibt.

4.3 Kristallisation

Kommentare und Lösungen

32.1/32.2/32.3 —

A 32.1 Es wird angenommen, daß sich die Löslichkeiten gegenseitig nicht beeinflussen und die Dichte der Lösung gleich $1\ g \cdot cm^{-3}$ ist.

a) 100 cm^3 Wasser lösen bei 100 °C 10 g A und die vorhandenen 2 g C; B bleibt ungelöst.

b) 9 g A und 1 g C kristallisieren aus.

V 32.2 Trichter und Faltenfilter vor Benutzung in kochendem Wasser anwärmen. ϑ_m (Benzoesäure) = 122,4 °C.

4.4 Extraktion

Kommentare und Lösungen

33.1 Als Beispiel eignet sich die Extraktion von Paprikaschoten mit Methanol.

33.2 Mit Perforatoren kann man Flüssigkeiten mit einer sehr geringen Menge kontinuierlich „ausschütteln". Auch Extraktionen von Substanzen mit Verteilungskoeffizienten von $K < 1{,}5$ sind möglich.

V 33.1 Bernsteinsäure (BS),
$HOOC{-}CH_2{-}CH_2{-}COOH$,
$M = 118{,}1\ g \cdot mol^{-1}$; 1 g BS ≙ 0,0085 mol; Konzentration der 50 ml BS-Lösung: $c_0 = n/V = 0{,}17\ mol \cdot l^{-1}$.
Auswertung
Aus der stöchiometrischen Gleichung

$$C_4H_6O_6 + 2\,NaOH \rightarrow 2\,NaC_4H_4O_6 + 2\,H_2O$$

folgt:

$$2 \cdot c(BS) \cdot V(BS) = c(NaOH) \cdot V(NaOH)$$

Die Konzentration der BS in der titrierten 25 ml-Probe ist somit:

$$c(BS) = \frac{c(NaOH) \cdot V(NaOH)}{2 \cdot V(BS)}$$

Konzentration der BS in Wasser nach der Etherextraktion (Verdünnungsfaktor 10):

$$c_1(BS) = 10 \cdot c$$

Konzentration der BS in Ether:

$$c_2(BS) = c_0(BS) - c_1(BS)$$

Verteilungskoeffizient $K = \dfrac{c_2(BS)}{c_1(BS)}$

LV 33.2

a) In der wässerigen Phase reichert sich Malachitgrün an.

b) Die Trennung läßt sich durch erneute Zugabe von Diethylether oder Methyl-*tert.* butylether zur abgetrennten Phase bzw. Zugabe von Wasser zur etherischen Phase vervollständigen.

Ergänzung

Bei Substanzen mit Verteilungskoeffizienten von $K < 100$ reicht eine einfache Extraktion nicht mehr aus. In diesen Fällen muß die Extraktion mit frischem Lösungsmittel mehrmals wiederholt werden.
Wie das folgende Beispiel zeigt, ist es dabei vorteilhafter, mehrmals mit kleineren Portionen zu extrahieren als einmal mit der gesamten Portion des Extraktionsmittels.

Beispiel
Man extrahiert 100 ml einer wässerigen Lösung der Substanz A auf zweierlei Weise mit Diethylether. Der Verteilungskoeffizient ist $K = 4$.

Einmalige Extraktion mit 100 ml Diethylether

$$\frac{c(\text{A, Ether})}{c(\text{A, Wasser})} = 4$$

c(A, Ether): Konzentration der Substanz in Ether; c(A, Wasser): Konzentration der Substanz A in Wasser. Mit $c = m/V$ erhält man:

$$\frac{m(\text{A, Ether}) \cdot V(\text{Wasser})}{m(\text{A, Wasser}) \cdot V(\text{Ether})} = 4;$$

$$\frac{m(\text{A, Ether}) \cdot 100}{m(\text{A, Wasser}) \cdot 100} = 4; \quad \frac{m(\text{A, Ether})}{m(\text{A, Wasser})} = \frac{4}{1}.$$

Nach der Extraktion sind vier/fünftel (80%) der Masse von A im Ether und ein Fünftel im Wasser.

Zweimalige Extraktion mit je 50 ml Diethylether

$$\frac{m(\text{A, Ether}) \cdot 100}{50 \cdot m(\text{A, Wasser})} = 4; \quad \frac{m(\text{A, Ether})}{m(\text{A, Wasser})} = \frac{2}{1}.$$

Nach der ersten Extraktion sind zwei Drittel der Masse von A im Ether und ein Drittel im Wasser. Durch die zweite Extraktion werden von dem im Wasser verbleibenden Drittel der Substanz A wiederum zwei Drittel in Ether überführt; dies sind $\frac{2}{9}$ der ursprünglichen Masse von A: $\frac{2}{3} \cdot \frac{1}{3} = \frac{2}{9}$.
Durch zweimalige Extraktion mit 50 ml Ether werden somit $\frac{8}{9}$ der Masse von A (88,9%) in Ether überführt: $\frac{2}{9} + \frac{2}{3} = \frac{8}{9}$.

4.5 Destillationsverfahren

Kommentare und Lösungen

34.1 Wasser/Methanol ist ein Beispiel für eine annähernd *ideale* homogene Mischung. Ideale homogene Mischungen erkennt man daran, daß sich beim Mischen der Komponenten keine Wärmeeffekte zeigen. Mit dem Siedediagramm läßt sich die Wirkungsweise einer Glockenbodenkolonne erklären.

34.2/34.3 —

35.1 Die Wasserdampfdestillation von Orangenschalen liefert als Hauptkomponente das Terpen Limonen. Die Doppelbindungen im Limonen lassen sich durch Bromaddition nachweisen. Geeignet für die experimentelle Durchführung ist auch die Wasserdampfdestillation von Fichtennadeln oder Rosenblättern.

35.2 Umrechnung von Stoffmengenanteil in Massenanteil: In einem Mol Gemisch sind 0,11 mol Wasser und 0,89 mol Ethanol enthalten. Massenanteil des Wassers:

$$w(H_2O) = \frac{n(H_2O)}{n(H_2O) + n(C_2H_5OH)}.$$

Mit $n = m/M$ ergibt sich:

$$w(H_2O) = \frac{n(H_2O) \cdot M(H_2O)}{n(H_2O) \cdot M(H_2O) + m(C_2H_5OH) \cdot M(C_2H_5OH)}$$

$$= \frac{0{,}11\,\text{mol} \cdot 18\,\text{g} \cdot \text{mol}^{-1}}{0{,}11\,\text{mol} \cdot 18\,\text{g} \cdot \text{mol}^{-1} + 0{,}89\,\text{mol} \cdot 46\,\text{g} \cdot \text{mol}^{-1}}$$

$$= 0{,}046 \mathrel{\widehat{=}} 4{,}6\,\%$$

A 35.1

$$\frac{m(\text{Anilin})}{m(\text{Wasser})} = \frac{p(\text{Anilin}) \cdot M(\text{Anilin})}{p(\text{Wasser}) \cdot M(\text{Wasser})}$$

$$= \frac{57{,}3\,\text{hPa} \cdot 93\,\text{g} \cdot \text{mol}^{-1}}{955{,}7\,\text{hPa} \cdot 18\,\text{g} \cdot \text{mol}^{-1}} = 0{,}31$$

b) $w(\text{Anilin}) = \frac{0{,}31}{0{,}31 + 1} = 0{,}24 \mathrel{\widehat{=}} 24\,\%$

c) Der Massenanteil der wasserdampfflüchtigen Substanz ist dann entsprechend groß.

A 35.2

a) Der Gesamtdampfdruck der Mischung bei 93 °C beträgt nach 32.3.:

$P = 0{,}5 \cdot 1680\,\text{hPa} + 0{,}5 \cdot 347\,\text{hPa} = 1013{,}5\,\text{hPa}$

Die Mischung beginnt also zu sieden.

b) Der Partialdruck des Ethanols beträgt:

$P = 0{,}5 \cdot 1680\,\text{hPa} = 840\,\text{hPa}$

Der Anteil des Ethanol-Partialdrucks am Gesamtdruck ist daher:

$$\frac{840\text{ hPa}}{1013{,}5\text{ hPa}} = 0{,}829 \mathrel{\widehat{=}} 82{,}9\%.$$

Da der Druck proportional der Teilchenzahl und auch der Stoffmenge ist, beträgt der Stoffmengenanteil von Ethanol im ersten abdestillierten Dampf daher 82,9 %.

4.6 Chromatographische Verfahren

In diesem Kapitel werden die wichtigsten chromatographischen Trennverfahren besprochen. An vielen Trennungen sind gleichzeitig Adsorptions- und Verteilungsgleichgewichte beteiligt. Die Adsorptionschromatographie und die Verteilungschromatographie sind daher keine Trennverfahren, sondern nur deren physikalisch-chemische Grundlage. *Anwendungsgebiete der Chromatographie:* Stofftrennung, Reinheitsprüfung, Nachweis und Identifizierung von Substanzen.

Kommentare und Lösungen

36.1 Die schwarzen Teilchen wandern schneller. Definiert man nach Seite 33 als Verteilungskoeffizient

$$K = \frac{c(\text{A, gelöst in mob. Phase})}{c(\text{A, gelöst in stat. Phase})},$$

so ist K um so größer, je besser sich eine Komponente in der mobilen Phase löst und je geringer die Löslichkeit in der stationären Phase ist. Für Abb. 36.1 gilt daher:
K (schwarz) > K (blau). Denkt man sich das in der Abbildung als stationäre flüssige Phase eingezeichnete Wasser weg, so erhält man das Schema einer Adsorptionschromatographie.

36.2 —

V 36.1 Je nach Art der untersuchten Schreiber erhält man folgende Versuchsergebnisse:
- Der Trennprozeß ist abhängig vom Fließmittel und vom verwendeten Papier.
- Farbstoffe, die im Fließmittel sehr gut löslich sind, wandern mit der Fließmittelfront mit. Unlösliche Farbstoffe wandern nicht.
- Der Trenneffekt ist abhängig von der aufgetragenen Substanzmenge und vom Durchmesser der Startpunkte.
- In offenen Gefäßen ist der Trenneffekt schlechter als in Trennkammern.
- Manche Schreiber, besonders schwarze Schreiber sind Farbstoffgemische.

V 36.2 Je nach Zusammensetzung des untersuchten Universalindikators lassen sich einige Komponenten identifizieren. Dies wird durch den Farbumschlag in Gegenwart von Chlorwasserstoff bzw. Ammoniak erleichtert. Laufzeit: 45 Min.

4.6.1 Dünnschichtchromatographie

Weitere Versuchsanleitungen für DC-Trennungen:
V 124.1: Trennung eines Amylose-Hydrolysats,
V 128.1: Trennung eins Protein-Hydrolysats.

Kommentare und Lösungen

37.1/37.2 —

V 37.1 Die in der Versuchsanleitung beschriebene Präparierung der DC-Platte mit Speiseöl liefert gute Trennergebnisse. Im Vergleich zur nichtpräparierten Cellulose-Platte ändern sich die R_1-Werte erheblich. Laufzeit zum Präparieren und zur Trennung: jeweils 30 Min. Die Farbstoffe verblassen nach einiger Zeit. Beim Betrachten unter UV-Licht ändern sich die Farben, außerdem lassen sich weitere Komponenten durch Fluoreszenz nachweisen.

V 37.2 Zum Gelingen des Versuchs ist zu beachten: die Ausgangslösung muß möglichst konzentriert sein, der Wollfaden (Schafwolle) muß vorher mit Cyclohexan gut entfettet werden. Zur Desorption der Farbstoffe vom Wollfaden wenig Ammoniak einsetzen. Beim Betrachten unter UV-Licht sind weitere Komponenten erkennbar. Laufzeit: 45 Minuten.

4.6.2 Säulen- und Gaschromatographie

Kommentare und Lösungen

38.1 —

38.2 Bei dem Gaschromatogramm handelt es sich um Superbenzin.

V 38.1 *Packen der Säule.* Als Trennsäule wird ein etwa 30 cm langes Glasrohr mit Fritte und Hahn verwendet, Durchmesser etwa 2 cm. Notfalls kann auch ein Reaktionsrohr benutzt werden, daß mit einem durchbohrten Stopfen und Glaswolle abgedichtet ist. Optimale Trennungen sind nur erreichbar, wenn die Säule gleichmäßig gepackt ist. Die Trennsäule darf weder Luftblasen noch Risse enthalten. Zunächst füllt man die Trennsäule halb mit Fließmittel und läßt dann das in einem Becherglas mit Fließmittel suspendierte Trägermaterial langsam an einem Glasstab in die Trennsäule einfließen. Danach läßt man etwa 10 ml Fließmittel durch die Säule laufen. Das Eluat soll dabei, wie bei der Trennung selbst, tropfenweise austreten.
Auftragen des zu trennenden Gemisches: Man läßt das Fließmittel bis dicht über das Trägermaterial ablaufen und gibt dann 1 ml einer Lösung des Substanzgemisches im Fließmittel vorsichtig mit Hilfe einer Spritze auf, ohne das Trägermaterial dabei hochzuwirbeln. Anschließend läßt man die Säule laufen, bis die Probe in das Trägermaterial eingedrungen ist und gibt dann 1 ml Fließmittel hinzu. Dieses Fließmittel läßt man ebenfalls eindringen und wiederholt diesen Vorgang noch zweimal. Es ist stets darauf zu achten, daß die Trennsäule nicht trocken läuft. Danach läßt man kontinuierlich Fließmittel zufließen. Methylenblau wandert unter den Versuchsbedingungen wesentlich schneller durch die Säule als Methylorange.

4.6.3 Gel- und Ionenaustauschchromatographie

Kommentare und Lösungen

39.1 Als stationäre Phase für gelchromatographische Trennungen werden beispielsweise Polystyrolgele, hochpolymere Dextrane (Polyglucoside mit überwiegend α(1,6)-glykosidischen Bindungen) und kleine poröse Glaskugeln verwendet.

39.2/39.3 —

V 39.1 Bezüglich der zugegebenen Menge an Kochsalz ist zu beachten, daß die Austauscherkapazität nicht überschritten wird. Zum Nachweis des Rohrzuckers wird das Eluat nach V 123.1 untersucht.

Ergänzungen

Synthese von Kationenaustauschern

Acrylsäureester werden polymerisiert und mit Divinylbenzol vernetzt. Durch Verseifen und anschließendes Ansäuern erhält man einen *schwach sauren Kationenaustauscher* (R—COOH) mit freien Carboxylgruppen. *Stark saure Kationenaustauscher* (R—SO_3H) stellt man durch Sulfonierung von vernetztem Polystyrol mit konzentrierter Schwefelsäure her.

Synthese von Anionenaustauschern

Vernetztes Polystyrol wird mit Formaldehyd und Chlorwasserstoff umgesetzt (*Friedrich-Crafts*-Acylierung unter Einführung von CH_2Cl-Gruppen in den Aromaten, Chlormethylierung). Substitution der Chloratome durch sekundäre Amine ergeben *schwach basische Anionenaustauscher* (R—CH_2NR_2). Durch Reaktion des chlormethylierten Polystyrols mit tertiären Aminen erhält man stark *basische Anionenaustauscher* (R—$CH_2NR_3^{\oplus}OH^{\ominus}$).

5 Klassische Methoden zur Formelermittlung

In diesem Kapitel werden die einzelnen Schritte der Strukturermittlung einer organischen Verbindung beschrieben und dabei die grundlegenden Begriffe Verhältnisformel, Summenformel, Konstitutionsformel und Strukturformel definiert. Für die Wiedergabe der räumlichen organischen Moleküle werden verschiedene Schreibweisen, die in der organischen Chemie häufig verwendet werden, eingeführt (vgl. auch Abb. 62.2 und 64.1).

5.1 Verhältnisformel

Kommentare und Lösungen

40.1 Die angegebenen Nachweisreaktionen für Stickstoff, Schwefel und Halogene erfolgen nach Durchführung einer Natriumschmelze. Der Stickstoff-Nachweis wird auch als *Lassaigne*-Probe bezeichnet. $[Fe(CN)_6]^{4-}$: Hexacyanoferrat(II)-Ion, $Fe_4^{III}[Fe^{II}(CN)_6]_3 \cdot nH_2O (n \approx 14)$: Berliner Blau.

40.2 Der Graph einer *proportionalen Zuordnung* ist eine Ursprungsgerade. Die Steigung der Geraden ist gleich dem konstanten Quotienten. Für die proportionale Zuordnung $m(C) \rightarrow m(CO_2)$ ergibt sich folgender Graph:

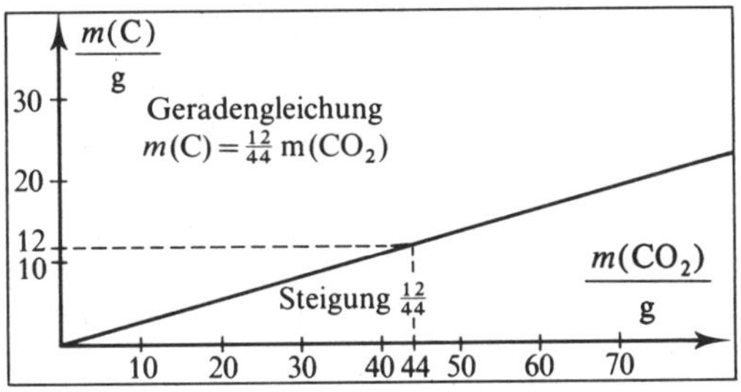

Oft sind Größen auch *umgekehrt proportional*, einander zugeordnete Zahlenpaare sind dann *produktgleich*. Ein Beispiel sind der Druck und das Volumen eines Gases bei konstanter Temperatur und konstanter Stoffmenge: $p \cdot V = \text{konst.}$ Wenn das Produkt bekannt ist, läßt sich zu jedem beliebigen Druck das zugehörige Volumen und umgekehrt berechnen.

V 40.1

a) Die Stoffe werden mit CuO-Pulver vermischt und in einem Reagenzglas mit aufgesetztem Winkelrohr erhitzt. Zunächst wird die kondensierende Flüssigkeit als Wasser identifiziert, indem man an die Innenseite des Reagenzglases etwas trockenes, farbloses CaO/Phenolphthalein-Gemisch bringt. Anschließend leitet man die Verbrennungsgase in eine gesättigte Lösung von $Ca(OH)_2$ oder $Ba(OH)_2$.

b) Die Stoffe werden mit 3 NaOH-Plätzchen und 0,5 ml Wasser erhitzt. Blaufärbung von feuchtem Lackmus-Papier zeigt Stickstoff an. Schwefelnachweis siehe LV 40.3.

c) *Beilstein*-Probe. Immer nur kleinste Mengen verwenden, da beim Verbrennen von Halogenalkanen Phosgen und kancerogene Verbindungen entstehen können!
Der Kupferdraht muß vorher ausgeglüht werden. Joghurtbecher und Kamm sind nicht halogenhaltig. Weitere Substanzen, die für die *Beilstein*-Probe geeignet sind: PVC (Fußboden), Chloressigsäure.

LV 40.2 Zum Nachweis der bei der *Lassaigne*-Probe gebildeten Cyanid-Ionen werden nur einige $FeSO_4$-Kristalle zugegeben; bei einem Überschuß an Fe^{2+}-Ionen bildet sich an Stelle des Hexacyanoferrat(II)-Ions das Eisen(II)-cyanid ($Fe(CN)_2$), so daß der Nachweis als Berliner Bau negativ ausfallen kann, obwohl die Verbindung stickstoffhaltig ist.

Fleisch kann bei der Natriumschmelze oberflächlich verkrusten und reagiert dann nur teilweise. Der Nachweis von Stickstoff und Schwefel im Fleisch ist daher nur dann eindeutig, wenn das Fleisch zerkleinert wurde und das Reaktionsgemisch einige Minuten stark erhitzt wird. Wenn die Lösung nach dem Filtrieren gelb gefärbt ist, erhält man bei kleiner Cyanid-Konzentration nur eine Grünfärbung. Bei der Analyse von *Haaren* erhält man bessere Ergebnisse. *Margarineschachteln* sind im Gegensatz zu Yoghurtbechern PVC-beschichtet und geben einen positiven Halogennachweis.

A 41.1

$m(C) = 0{,}0532\ g \quad n(C) = 0{,}00443\ mol$

$m(H) = 0{,}0178\ g \quad n(H) = 0{,}0178\ mol$

$m(N) = 0{,}0620\ g \quad n(N) = 0{,}00443\ mol$

$$c = \frac{0{,}00443\ mol}{0{,}00443\ mol} = 1; \quad h = \frac{0{,}0178\ mol}{0{,}00443\ mol} = 4{,}02;$$

$$n = \frac{0{,}00443\ mol}{0{,}00443\ mol} = 1$$

Die Verhältnisformel lautet CH_4N. Eine mögliche Summenformel wäre $C_2H_4N_2$ (1,2-Diaminoethan).

A 41.2

$m(C) = 0{,}101$ g $\quad n(C) = 0{,}00841$ mol

$m(H) = 0{,}021$ g $\quad n(H) = 0{,}021$ mol

$$c = \frac{0{,}00841\ \text{mol}}{0{,}00841\ \text{mol}} = 1 \quad h = \frac{0{,}021\ \text{mol}}{0{,}00841\ \text{mol}} = 2{,}49 \approx 2{,}5$$

Um das kleinste ganzzahlige Verhältnis zu erhalten, werden die Koeffizienten c und h beide mit 2 multipliziert: $c' = 2 \cdot c = 2$; $h' = 2 \cdot h \approx 5$.
Die Verhältnisformel lautet C_2H_5. Die zugehörige Summenformel ist C_4H_{10} (Butan).

A 41.3

a) Im Wasser ist die Masse des darin enthaltenen Wasserstoffs proportional der Gesamtmasse:

$$m(H) \sim m(H_2O) \Rightarrow \frac{m(H)}{m(H_2O)} = \text{konst.}$$

Da in einem Wassermolekül zwei Wasserstoffatome sind, gilt:

$$\frac{m(H)}{m(H_2O)} = \frac{2 \cdot M(H)}{M(H_2O)} = \frac{2 \cdot 1\ \text{g} \cdot \text{mol}^{-1}}{18\ \text{g} \cdot \text{mol}^{-1}}$$

$$\Rightarrow m(H) = \tfrac{2}{18} \cdot m(H_2O)$$

b) Es gilt: $V_m \sim T \Rightarrow \frac{V_m}{T} = \text{konst.}$

Aus den Normbedingungen ergibt sich für die Konstante:

$$\text{konst.} = \frac{V_m(273\ \text{K})}{273\ \text{K}} = \frac{22{,}4}{273}\ \text{l} \cdot \text{mol}^{-1} \cdot \text{K}^{-1}$$

Berechnung des molaren Volumens bei 298 K:

$$\frac{V_m(298\ \text{K})}{298\ \text{K}} = \text{konst.} = \frac{22{,}4}{273}\ \text{l} \cdot \text{mol}^{-1} \cdot \text{K}^{-1}$$

$$V_m(298\ \text{K}) = \frac{22{,}4 \cdot 298}{273}\ \text{l} \cdot \text{mol}^{-1} = 24{,}5\ \text{l} \cdot \text{mol}^{-1}$$

V 41.4 Das Erhitzen mit *Brenner 2* muß zunächst vorsichtig von der Öffnung des Glühröhrchens her erfolgen. Die Flüssigkeit soll verdunsten und in kleiner Flamme am Platindraht verbrennen. Bei schnellem Erhitzen kann es zu einem Siedeverzug mit nachfolgendem Herausspritzen der Flüssigkeit kommen. Zusammen mit dem Sauerstoff entsteht dann ein **explosives Gemisch!** Der Versuch darf daher aus Sicherheitsgründen nur mit Schutzscheibe und Schutzbrille durchgeführt werden! Das erste U-Rohr soll direkt an das Verbrennungsrohr anschließen, so daß vor dem U-Rohr kein Wasser kondensieren kann. Vor dem erneuten Wiegen muß dieses U-Rohr sorgfältig getrocknet werden. U-Rohre mit angesetzten Hähnen sind besonders geeignet, da sich die Absorption von CO_2 und H_2O aus der Luft durch Schließen der Hähne vermeiden läßt.

5.2 Summenformel

Kommentare und Lösungen

42.1 Die Zahlenwerte in der Tabelle sind gerundet. Zur Umrechnung der atomaren Masseneinheit in Gramm setzt man für $m(^{12}C) = M(^{12}C)/N_A$ ein:

$$1\,\text{u} = \frac{M(^{12}C)}{12 \cdot N_A} = \frac{12\ \text{g/mol}}{12 \cdot 6{,}022 \cdot 10^{23}\ \text{mol}^{-1}} = 1{,}66 \cdot 10^{-24}\ \text{g}$$

Zahlenwertgleich sind: Die Atommasse in u, die molare Masse in $\text{g} \cdot \text{mol}^{-1}$ und die relative Atommasse. Beispiel Stickstoffatom: $m(N) = 14{,}0067$ u, $M(N) = 14{,}0067\ \text{g} \cdot \text{mol}^{-1}$, $A_r(N) = 14{,}0067$.

A 42.1 Für die molare Masse der Substanz erhält man:

$$M = \frac{0{,}1\ \text{g} \cdot 8{,}31\ \text{J} \cdot \text{K}^{-1} \cdot \text{mol}^{-1} \cdot 293\ \text{K}}{980 \cdot 10^2\ \text{J} \cdot \text{m}^{-3} \cdot 53 \cdot 10^{-6}\ \text{m}^3} = 46{,}9\ \text{g} \cdot \text{mol}^{-1}$$

Berechnete molare Massen für $(CH_2)_a$:

a	1	2	3	4
M in g/mol	14	28	42	56

Die Summenformel der Substanz ist somit $(CH_2)_3$. Es könnte Propen oder Cyclopropan sein.

V 42.2 Sehr einfach läßt sich der Versuch durchführen, wenn man das Gas in einem mit Wasser gefüllten Meßzylinder auffängt. Beim Ablesen des Gasvolumens wird der Meßzylinder so eingetaucht, daß die Höhe der Wassersäule im Meßzylinder mit dem äußeren Wasserspiegel übereinstimmt. Das nasse Feuerzeug läßt sich durch Abspülen mit Aceton rasch trocknen.
Da das aufgefangene Gas mit Wasserdampf gesättigt ist, muß zur Korrektur der Wasserdampfdruck vom Barometerdruck subtrahiert werden.

V 42.3 Im Blindversuch darf der Kolbenprober beim Aufsetzen des Stopfens kein Volumen anzeigen. Dies ist der Fall, wenn man einen relativ harten Stopfen verwendet. Ansonsten muß man

einen doppelt durchbohrten Stopfen mit Entlüftungshahn einsetzen. Zur Kontrolle des Drucks vor und nach dem Versuch kann man auch über einen Dreiwegehahn zwischen Kolbenprober und Rundkolben ein Manometer (mit Glycerin gefüllt) anschließen. Bei Verwendung von zuviel Substanz besteht die Gefahr, daß nicht alles verdunstet. Die Pipette ist ggf. vor dem Einbringen in den Rundkolben außen abzuwischen. Man erhält sonst viel zu hohe Werte für die molare Masse.
Die Auswertung der Experimente zur Bestimmung der molaren Masse von Gasen und leicht flüchtigen Flüssigkeiten kann auch über folgende Gleichungen erfolgen: $n = m/M$ und $n = V^0/V^0_m$. Daraus ergibt sich:

$$\frac{m}{M}=\frac{V^0}{V_m} \Rightarrow M=m\cdot\frac{V_m}{V^0}$$

Das experimentell ermittelte Volumen V ist auf das Volumen V^0 im Normzustand (0 °C, 1013 hPa) umzurechnen. V^0_m ist das molare Volumen im Normzustand, $V^0_m = 22{,}41 \cdot mol^{-1}$.

43.1 Die Verhältnisse in der Abbildung sind zur Verdeutlichung nicht maßstabsgerecht dargestellt. Die wirklichen Verhältnisse erkennt man durch Zeichnen der Dampfdruckkurve auf Millimeterpapier im Bereich von $-10\,°C$ bis $+10\,°C$.
Die Dampfdruckerniedrigung einer Lösung läßt sich anschaulich auf folgende Weise erklären:
1. Durch Wechselwirkungen mit gelösten Teilchen werden die Lösungsmittelmoleküle in der Lösung stärker zurückgehalten.
2. Der Dampfdruck einer Lösung ist geringer, da die Oberfläche auch mit gelösten Teilchen besetzt ist und daher weniger Lösungsmittel-Teilchen in die Gasphase übergehen.
Aus der Abbildung läßt sich auch die Siedetemperaturerhöhung entnehmen. Eine Flüssigkeit siedet, wenn ihr Dampfdruck gleich dem äußeren Luftdruck ist.
Aus der Thermodynamik ergibt sich für die Gefriertemperaturerniedrigung ΔT_m und die Siedetemperaturerhöhung ΔT_b:

$$\Delta T_m = -\frac{R\cdot T^2}{\Delta H^0_S}\cdot x\,; \qquad \Delta T_b = -\frac{R\cdot T^2}{\Delta H^0_V}\cdot x$$

T Gefrier- bzw. Siedetemperatur des reinen Lösungsmittels;
x Stoffmengenanteil des Gelösten;
$\Delta_S H^0_m$ molare Schmelzenthalpie und
$\Delta_V H^0_m$ molare Verdampfungsenthalpie.
Für die kryoskopische und ebullioskopische Konstante folgt aus den obigen Beziehungen:

$$\Delta T_K = \frac{R\cdot T^2}{\Delta_S H^0_m} \quad \text{und} \quad \Delta T_E = \frac{R\cdot T^2}{\Delta_V H^0_m}$$

Da für eine Substanz stets $\Delta H^0_S < H^0_V$ ist, sind die kryoskopischen Konstanten immer größer als die ebullioskopischen.

43.2 Als Manometer verwendet man übliche Glasrohre vom Durchmesser 8 mm.

43.3 —

V 43.1
a) Für den Versuch wurde Naphthalin verwendet, $C_{10}H_8$. Die Gefriertemperatur der Lösung beträgt $+1\,°C$.

b) Die Gefriertemperatur der Lösung beträgt $-1{,}86\,°C$.
Bei vorgegebener molarer Masse kann auch die kryoskopische Konstante eines Lösungsmittels experimentell bestimmt werden.

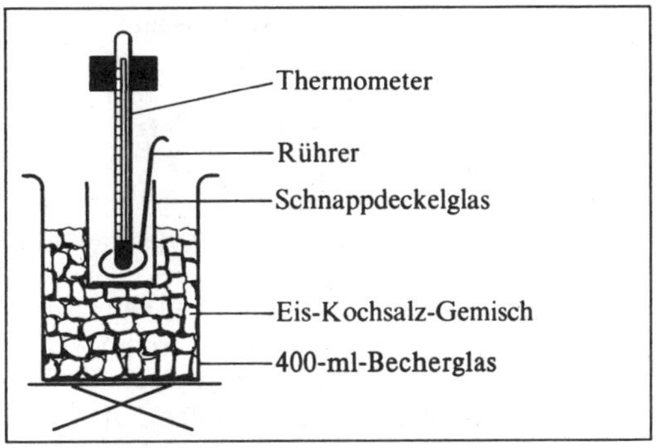

– Zur Kontrolle des Thermometers und wegen der Vergleichbarkeit der Versuchsbedingungen wird auch die Gefriertemperatur des reinen Lösungsmittels bestimmt.
– Die Kristallisation von Lösungen ist oft gehemmt, so daß eine Abkühlung unter die Gefriertemperatur erfolgen kann, ohne daß Kristallisation eintritt. Im allgemeinen läßt sich dies durch vorsichtiges Reiben mit dem Thermometer an der Innenwand vermeiden.
– Die Temperaturdifferenz zwischen Kältebad und der Lösung sollte nicht mehr als etwa 10 K betragen, da sonst das Lösungsmittel an der Glaswand erstarren kann.
– Zur Ermittlung der Gefriertemperatur wird der Verlauf der Temperatur beobachtet. Man liest die Gefriertemperatur ab, wenn die Temperatur einige Zeit konstant bleibt und feste Phase und Lösung gleichzeitig vorliegen.
– Der Versuch ist zu wiederholen bis man übereinstimmende Meßwerte erhält.

5.3 Konstitutionsformel

In diesem Abschnitt wird der Begriff *Formalladung* erläutert. Die Kenntnis der Formalladung ist Voraussetzung für die sinnvolle Angabe von Konstitutions- und Strukturformeln sowie die Formulierung von Reaktionsmechanismen.

Kommentare und Lösungen

44.1 Hier kann natürlich auch auf andere Beispiele eingegangen werden (siehe auch A 46.2):

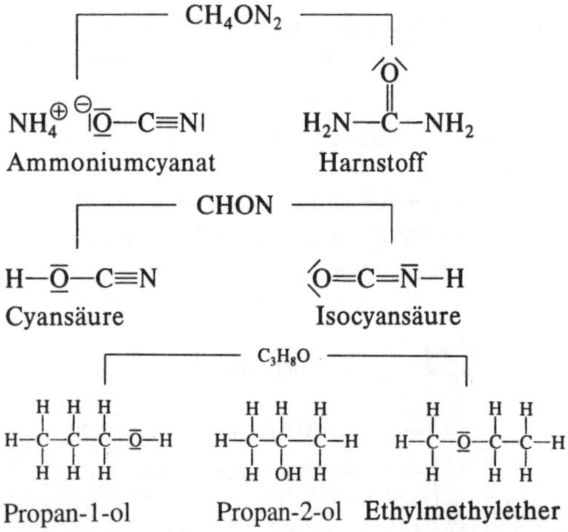

CH4ON2
Ammoniumcyanat
Harnstoff
CHON
Cyansäure
Isocyansäure
C3H8O
Propan-1-ol
Propan-2-ol
Ethylmethylether

44.2 Das Beispiel unterstreicht den Unterschied von Konstitution und Struktur. Urotropin war die erste organische Verbindung, deren Struktur durch Röntgenstrukturanalyse aufgeklärt wurde. Wegen der hohen Symmetrie und der stabilen Käfigstruktur zersetzt es sich erst bei der relativ hohen Temperatur von 270 °C. Es wirkt antibakteriell und wird in der Medizin u. a. zur Behandlung von Harnweginfekten eingesetzt.

44.3 Die Formalladung gibt nicht die an einem Atom tatsächlich vorhandenen Ladung an. Im Ammonium-Ion ist die positive Ladung aufgrund der Elektronegativitäten (N = 3,0; H = 2,2) eher auf die vier H-Atome verteilt und nicht am N-Atom lokalisiert:

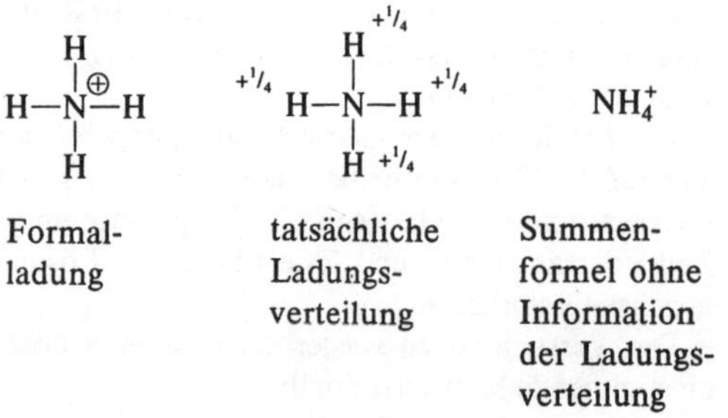

Formal-
ladung
tatsächliche
Ladungs-
verteilung
Summen-
formel ohne
Information
der Ladungs-
verteilung

44.4 Die Struktur des Vitamins B_{12}, das wegen des zentralen Cobalt-Ions (Oxidationszahl III, formale Ladung + 1) auch Cobalamin heißt, wurde von D. GROWFOOT-HODGKIN 1955 durch Röntgenstrukturanalyse aufgeklärt.

5.4 Strukturformel

Zur Wiedergabe der dreidimensionalen Struktur von Molekülen gibt es verschiedene Schreibweisen, die für die Formulierung von Reaktionsmechanismen und zur Erklärung von Eigenschaften immer wieder angewandt werden. Diese Schreibweisen sind mit Hilfe von Modellen an geeigneten Beispielen zu verdeutlichen und einzuüben. Die *Newman*-Projektion wird auf Seite 64 beschrieben.

Kommentare und Lösungen

45.1 —

45.2 Keilstrichformeln lassen sich mit Stabmodellen und einer Plexiglasscheibe (oder Folie) als Schreibebene verdeutlichen.

45.3 Die Projektion kann mit einem Tageslichtprojektor, auf dem ein Methan-Stabmodell gelegt wird, vorgenommen werden.

45.4 —

5.5 Isomeriearten

Dieser Abschnitt dient als Wegweiser für den in der Organischen Chemie zentralen Begriff „Isomerie". Auf einzelne Isomerien wird vertiefend in späteren Kapiteln eingegangen.

Kommentare und Lösungen

46.1/46.2 —

A 46.1

a) Funktionsisomere,
b) Stellungsisomere,
c) Protonenisomere,
d) Valenzisomere,
e) Optische Isomere,
f) Geometrische Isomere,
g) Konformationsisomere.

A 46.2

a) 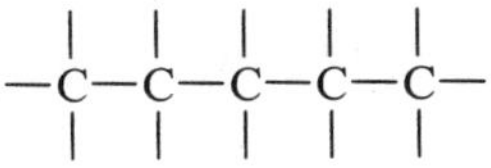 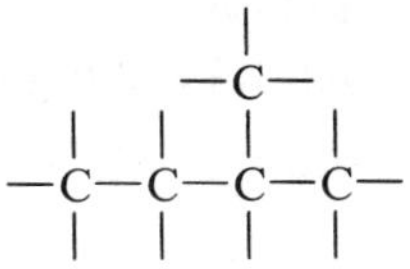 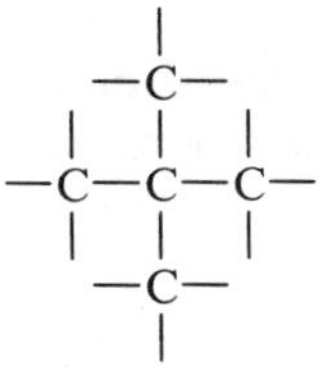

b) 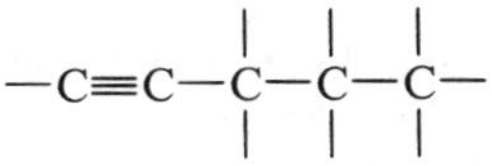 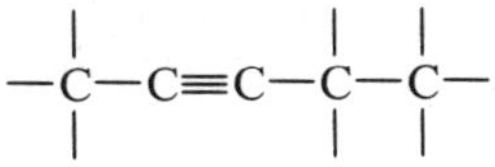 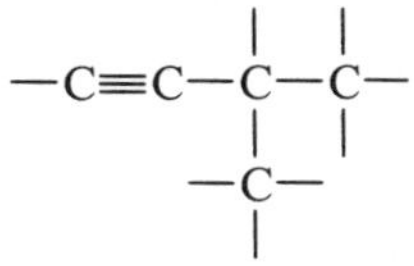  u. a.

c) 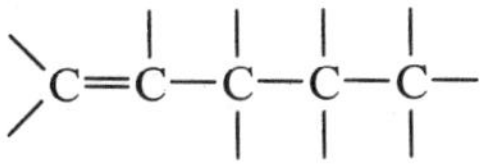 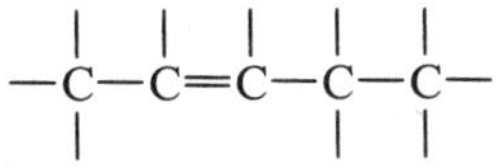 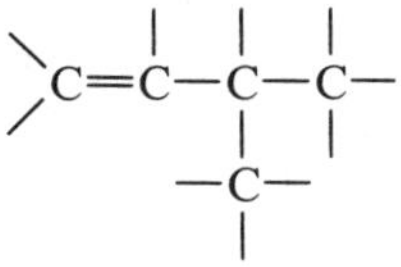  u. a.

(cis und trans)

d) 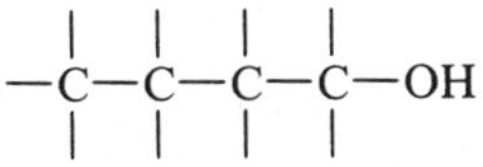 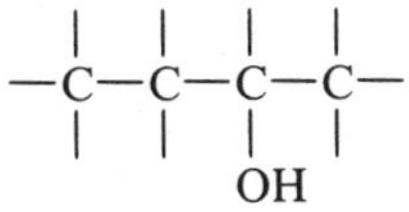

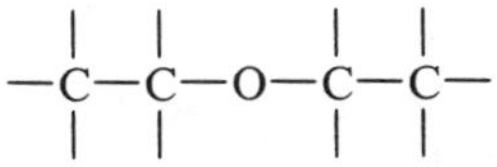 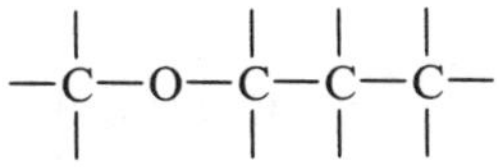

u. a.

e) 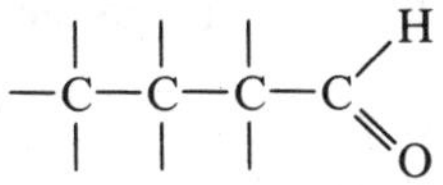 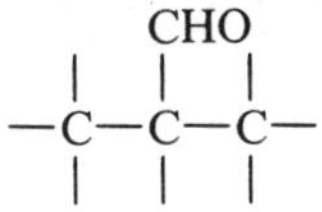 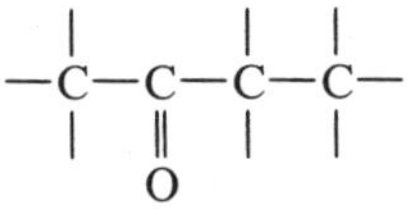  u. a.

f) 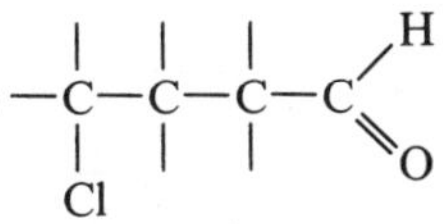 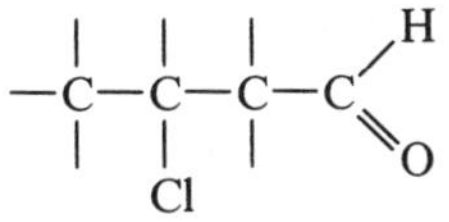 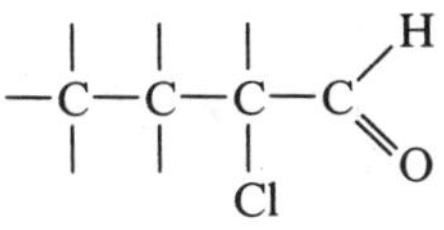 u. a.

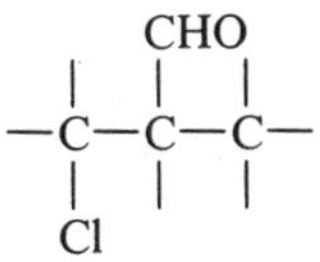 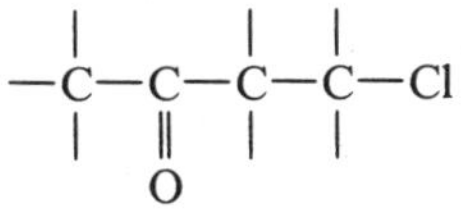 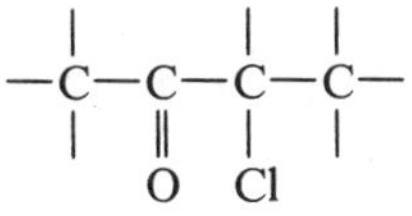 u. a.

g) 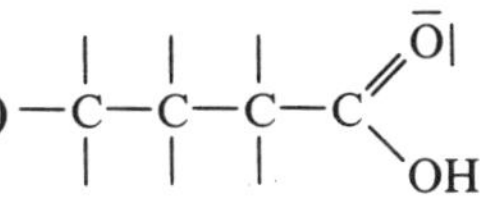 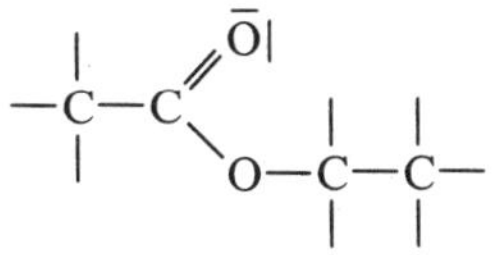 u. a.

h) 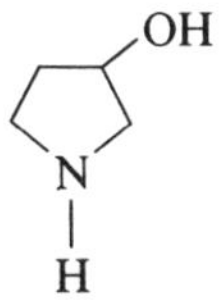 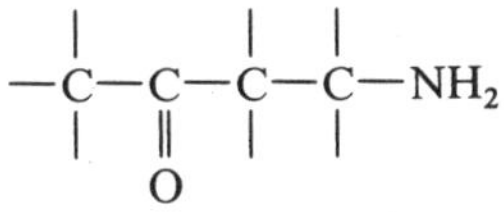 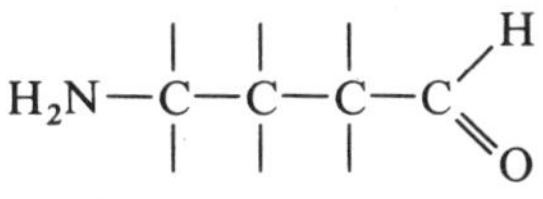 u. a.

Zusätzliche Aufgaben

A 47.1 Thermolyse: Die Zahl der entstandenen Wasserstoffmoleküle ist fünfmal so groß wie die Zahl der ursprünglich vorhandenen Kohlenwasserstoffmoleküle (Anwendung des Satzes von *Avogadro*). Aus der Gleichung

$$n \cdot C_xH_y \rightarrow n \cdot x \cdot C + n \cdot \tfrac{y}{2} H_2; \quad n = 1, 2, 3 \ldots$$

folgt somit: $\frac{n \cdot \frac{y}{2}}{n} = \frac{5}{1} \Rightarrow y = 10$

Oxidation (Verbrennung): Die Zahl der entstandenen Kohlenstoffdioxidmoleküle ist viermal so groß wie die Zahl der ursprünglich vorhandenen Kohlenwasserstoffmoleküle.

$$n \cdot C_xH_y + n(x + \tfrac{y}{4})\, O_2 \rightarrow n \cdot x \cdot CO_2 + n \cdot \tfrac{y}{2} H_2O$$

$\frac{n \cdot x}{n} = \frac{4}{1} \Rightarrow x = 4$

Die Summenformel ist C_4H_{10}.

A 47.2

$$V_0(CO_2) = \frac{p \cdot V \cdot T_0}{T \cdot p_0} = \frac{1000\ \text{hPa} \cdot 79\ \text{ml} \cdot 273\ \text{K}}{293\ \text{K} \cdot 1013\ \text{hPa}}$$

$$= 72{,}7\ \text{ml}$$

$$n(CO_2) = \frac{V_0}{V_m} = \frac{72{,}7 \cdot 10^{-3}\ \text{l}}{22{,}4\ \text{l} \cdot \text{mol}^{-1}} = 0{,}0032\ \text{mol}$$

$$n(\text{C}) = n(CO_2) = 0{,}0032\ \text{mol}$$

$$m(\text{C}) = n(\text{C}) \cdot M(\text{C}) = 0{,}0032\ \text{mol} \cdot 12\ \text{g} \cdot \text{mol}^{-1} = 0{,}0384\ \text{g}$$

a) $w(\text{C}) = \frac{m(\text{C})}{m(\text{KW})} = \frac{0{,}0384\ \text{g}}{0{,}046\ \text{g}} = 0{,}835 \mathrel{\hat=} 83{,}5\,\%$

b) $m(\text{H}) = \text{Einwaage} - m(\text{C}) = 0{,}0076\ \text{g}$

$n(\text{H}) = 0{,}0076\ \text{mol}$

$n(\text{C}) : n(\text{H}) = 0{,}0032 : 0{,}0076 = 1 : 2{,}37 \approx 1 : 2$

Die Substanz hat die Verhältnisformel $(CH_2)_a$. Es handelt sich um Polyethylen. Für die experimentelle Durchführung eignet sich auch Naphthalin.

A 47.3 **a)** $n(\text{NaOH}) = n(\text{HCl})$;

$$m(\text{HCl}) = n(\text{HCl}) \cdot M(\text{HCl}) = 4{,}8 \cdot 10^{-4}\ \text{mol} \cdot 36{,}46\ \text{g} \cdot \text{mol}^{-1} = 0{,}0175\ \text{g}$$

b) $w(\text{Cl}) = \frac{m(\text{Cl})}{m(\text{HCl})} = \frac{n(\text{Cl}) \cdot M(\text{Cl})}{n(\text{HCl}) \cdot M(\text{HCl})}$

Aus der Formel für HCl folgt für das Stoffmengenverhältnis $n(\text{Cl}) : n(\text{HCl}) = 1$. Damit ergibt sich:

$$w(\text{Cl}) = \frac{35{,}45}{36{,}46} = 0{,}972 = 97{,}2\,\%.$$

Masse des Chlors im entstandenen Chlorwasserstoffgas:

$m(\text{Cl}) = 0{,}0175\ \text{g} \cdot 0{,}972 = 0{,}017\ \text{g} = 17\ \text{mg}$

Massenanteil des Chlors im PVC (experimentell):

$$w(\text{Cl}) = \frac{17\ \text{mg}}{30\ \text{mg}} = 0{,}566 = 56{,}6\,\%.$$

Im PVC ist der Massenanteil des Chlors so groß wie im monomeren Vinylchlorid, $CH_2{=}CHCl$ (M = 62,45 g/mol). Damit berechnet sich der Massenanteil des Chlors im PVC zu:

$$w(\text{Cl}) = \frac{M(\text{Cl})}{M(CH_2CHCl)} = \frac{35{,}45}{62{,}45} = 0{,}567 = 56{,}7\,\%.$$

c) **Durch die Salzsäure wird die schwächere Kohlensäure als CO_2 ausgetrieben.**

A 47.4

a) $$M = \frac{\Delta T_E \cdot m(\text{S})}{\Delta T_b \cdot m(\text{S})} = \frac{1{,}69\ \text{K} \cdot \text{kg} \cdot \text{mol}^{-1} \cdot 6\ \text{g}}{2{,}05\ \text{K} \cdot 0{,}0395\ \text{kg}} = 125{,}2\ \text{g} \cdot \text{mol}^{-1}$$

b) $(C_7H_6O_2)_a$ für $a = 1 : M = 122\ \text{g} \cdot \text{mol}^{-1}$
für $a = 2 : M = 244\ \text{g} \cdot \text{mol}^{-1}$

Die untersuchte Substanz hat somit die Summenformel $C_7H_6O_2$. Es handelt sich um Benzoesäure.

A 47.5 Die Bestimmung von C und H wird in Sauerstoffatmosphäre durchgeführt.

A 47.6

a) b) c) d) e) f) g) h)

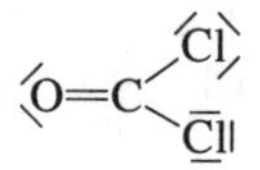

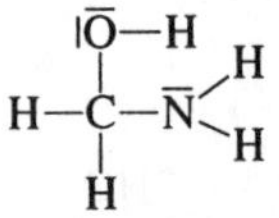

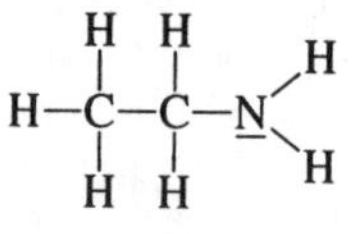

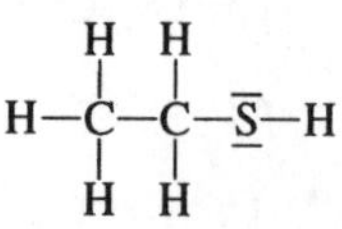

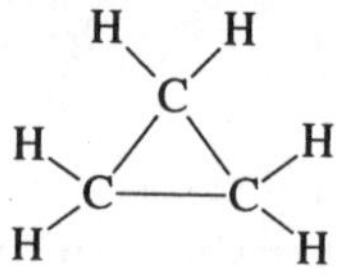

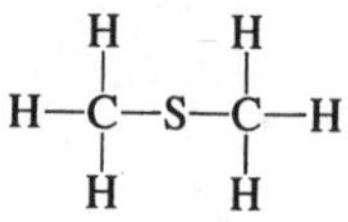

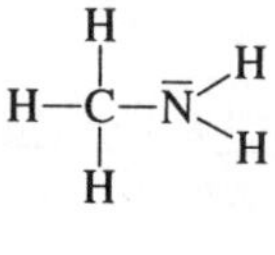

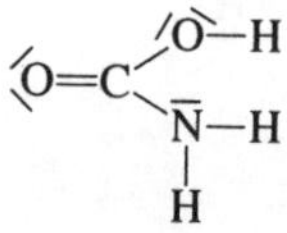

A 47.7

Mit den Werten $\Delta T_K(H_2O) = 1{,}86\ K \cdot kg \cdot mol^{-1}$
m (Ascorbinsäure) = 8,7 g
$m\ (H_2O) = 0{,}04$ kg und
$\Delta T = 2{,}3$ K

erhält man:

$$M\,(\text{Asc.}) = \frac{1{,}86\ \text{K} \cdot \text{kg} \cdot \text{mol}^{-1} \cdot 8{,}7\ \text{g}}{2{,}3\text{K} \cdot 0{,}04\ \text{kg}} = 175{,}9\ \text{g} \cdot \text{mol}^{-1}$$

A 47.8

Aus der Reaktionsgleichung
$C_2H_5OH + 3\ O_2 \rightarrow 2\ CO_2 + 3\ H_2O$ folgt:
es entstehen 0,96 ml H_2O (l) und 797 ml CO_2 (g).

6 Photometrie, Spektroskopie, Röntgenstrahlenbeugung

In diesem Kapitel werden die Grundlagen einiger wichtiger spektroskopischen Methoden zur Strukturermittlung organischer Verbindungen beschrieben. Im Gegensatz zur *Massenspektrometrie* und *Röntgenstrukturanalyse* sind die *IR-*, *UV-* und *NMR-Spektroskopie*-Verfahren, die auf der *Absorption* elektromagnetischer Strahlung beruhen. Zur Einführung wird zuerst auf die Absorption im sichtbaren Bereich eingegangen. Die Absorption elektromagnetischer Strahlung hat nicht nur für die Struktur- sondern auch für die Konzentrationsermittlung von Stoffen große Bedeutung. In 6.2. wird die photometrische Bestimmung der Konzentration von Stoffen im sichtbaren Bereich beschrieben. Die Übertragung auf den UV- und IR-Bereich erfordert nur technisch-apparative Änderungen.

6.1 Absorption im sichtbaren Bereich

Kommentare und Lösungen

48.1 Demonstration des Spektrums siehe V 48.1.

48.2/48.3 —

V 48.1 Mit dieser Versuchsanordnung läßt sich auf einfache Weise ein Absorptionsspektrum demonstrieren. Man verkleidet dazu die Rückseite einer Küvette (6 cm × 5 cm) mit Alu-Folie, in die übereinander zwei quadratische Fenster (7 mm × 7 mm) eingeschnitten werden. In diese Küvette gibt man eine konzentrierte, farbige Lösung, die gerade das untere Fenster voll bedeckt, das obere aber frei läßt. Setzt man die Küvette in den Diaprojektor mit vorgeschaltetem Gitter ein, so erhält man auf einem Schirm oder einer weißen Wand das Spektrum des weißen Lichts und das Absorptionsspektrum der Lösung. Wegen der Bildumkehr ist oben und unten vertauscht. Geeignete Lösungen sind: Methylrot (rot), Ammoniakalische Kupfersulfat-Lösung (blau), Chrom(III)-chlorid-Lösung (grün), Kaliumdichromat-Lösung (gelb). Die Absorptionsspektren lassen sich auch mit Farbfiltern demonstrieren.

6.2 Photometrie

Aufgrund der hier dargestellten Grundlagen können je nach Bedarf, Geräteausstattung und Interesse geeignete experimentelle Bestimmungen ausgewählt werden.
Für die Behandlung absorptionsspektroskopischer Verfahren ist es nützlich, die Absorptionskurven einer farbigen Lösung, also die Absorption in Abhängigkeit von der Wellenlänge und deren graphische Darstellung, aufzunehmen.

Kommentare und Lösungen

49.1 —

49.2 Zur apparativen Durchführung s. 51.1.

49.3 Zur Umrechnung von Durchlässigkeit und Extinktion gibt es Tabellen, s. z. B. in „Reinheit nach Maß", Broschüre der Firma Merck.

V 49.1 Die aufgenommene Eichkurve kann zur Bestimmung der Konzentration einer unbekannten Permanganat-Lösung dienen.

6.3 Ultraviolett-Spektroskopie

Die UV-Spektroskopie ist für die Strukturaufklärung von geringerer Bedeutung als andere Methoden. Durch Absorption im UV-Bereich läßt sich jedoch leicht der Einfluß induktiver oder mesomerer Effekte auf π-Elektronensysteme erkennen. Praktische Bedeutung hat die UV-Absorption bei Sonnenschutzmitteln. Bei chromatographischer Trennung verwendet man die UV-Absorption zum Nachweis von Stoffen.

Kommentare und Lösungen

50.1 Nach 50.2 entspricht im Spektrum des Acetons das Maximum bei 279 nm einem n-π*-Übergang, das Maximum bei 188 nm einem n-π*-Übergang.

50.2 —

V 50.1 Als Fluoreszenz-Schirm sind alle handelsüblichen DC-Platten mit Fluoreszenzindikator geeignet. Für den Versuch muß kurzwellige UV-Strahlung verwendet werden (Hg-Linie bei 254 nm). Eine UV-Absorption läßt sich bei dieser Wellenlänge durch Schattenbildung für folgende Verbindungen nachweisen: Aceton, Essigsäurechlorid und Acetaldehyd. Essigsäure und Essigsäureethylether absorbieren bei 254 mn nicht.
Auf Grund der UV-Spektren in 50.1 ist bei Aceton eine Absorption zu erwarten und zwar nach Tab. 50.2 verursacht durch einen n-π*-Übergang. Nach Abb. 50.1 absorbiert Essigsäurechlorid ebenfalls, während Essigsäure bei 254 nm nicht absorbiert.

Ergänzung

Nach V 50.1 können weitere Verbindungen auf ihre UV-Absorption bei 254 nm hin untersucht werden.
Stoffe, die bei 254 nm absorbieren: Benzol, Quecksilber. Verbindungen, die bei 254 nm nicht absorbieren: Methan, Methanol, Ethen, Cyclohexan, Cyclohexen.
Erklärung der Absorption von Hg-Dampf: Die von der UV-Lampe abgegebene Strahlung der Wellenlänge 254 nm wird von elektrisch angeregten Hg-Atomen emittiert. Es ist daher zu erwarten, daß Hg-Atome umgekehrt UV-Strahlung dieser Wellenlänge absorbieren. Dabei werden Valenzelektronen vom $6s$-Niveau in ein $6p$-Niveau angeregt ($6s$-$6p$-Übergang).

6.4 Infrarot-Spektroskopie

Kommentare und Lösungen

51.1 Nach dem gleichen Prinzip arbeitet ein Photometer im sichtbaren Bereich und im UV-Bereich. Bei der potometrischen Konzentrationsbestimmung wird nur bei einer bestimmten Wellenlänge gemessen.

51.2 Aus der Tabelle ergibt sich:
a) bei gleicher Bindungsenthalpie nimmt die Wellenzahl und damit die Schwingungsfrequenz mit steigender Masse der Atome ab.

b) Bei gleicher Masse nimmt die Wellenzahl mit steigender Bindungsenthalpie zu.

c) Deformationsschwingungen werden leichter angeregt als Valenzschwingungen.

A 51.1

Verbindung	Anzahl der Atome	Anzahl der Grundschwingungen linear 3 n – 5	nicht linear 3 n – 6
CH_4	5		9
C_2H_4	6		12
C_2H_2	4	7	
H_2O	3		3
CO_2	3	4	
Cl_2	2	1	
C_6H_6	12		30

V 51.2 Qualitativ ergeben sich die im Text beschriebene Zusammenhänge. Der Versuch kann auch quantitativ ausgeführt werden.
Bei der harmonischen Schwingung zweier durch eine Feder verbundener Körper der Massen m_1 und m_2 gilt für die Schwingungsfrequenz f längs der Verbindungslinie:

$$f = \frac{1}{2\pi}\sqrt{\frac{D}{M}}.$$

D ist die *Direktionskraft* der Feder und

$$M = \frac{m_1 \cdot m_2}{m_1 + m_2}$$

ist die *reduzierte Masse*. Es läßt sich experimentell zeigen, daß die Schwingungsfrequenz bei Änderung von D und M dieser Gleichung genügt:

Versuch	1	2	3
Massen der Kugeln, $m_1 = m_2$	100 g	200 g	200 g
reduzierte Masse M	50 g	100 g	100 g
Anzahl gleicher Federn	1	2	1
Direktionskraft	D	$2D$	D
Zeit für 10 Schwingungen (Mittelwert)	6,9 s	7,2 s	9,7 s
Schwingungsfrequenz f	$1{,}45\ s^{-1}$	$1{,}39\ s^{-1}$	$1{,}03\ s^{-1}$

a) Bei konstanter Direktionskraft D gilt:

$f \sim \sqrt{\frac{1}{M}}$. Bei gleicher Anzahl Federn und doppelter reduzierter Masse M sollte daher gelten: $\frac{f_3}{f_1} = \sqrt{\frac{1}{2}}$ $= 0{,}707$. Das Experiment ergibt $\frac{1{,}03\ s^{-1}}{1{,}45\ s^{-1}} = 0{,}71$.

b) Bei gleicher reduzierter Masse M gilt:
$f \sim \sqrt{D}$. Da 2 Federn zusammen näherungsweise die doppelte Direktionskraft haben, sollte für die Versuche 2 und 3 gelten:

$\frac{f_2}{f_3} = \sqrt{2} = 1{,}414$. Das Experiment ergibt

$\frac{1{,}39\ s^{-1}}{1{,}03\ s^{-1}} = 1{,}35$.

52.1 Im Gaszustand und als verdünnte Lösung in Lösungsmitteln bei denen keine Wasserstoffbrücken ausgebildet werden, entsprechen die Absorptionsbanden der OH-Valenzschwingung den angegebenen Werten (*freie OH-Valenzschwingung*). Im Wasser selbst sind diese Banden durch Wasserstoffbrückenbindungen verschoben und verbreitert (*gebundene OH-Valenzschwingung*). Einen analogen Effekt findet man bei Alkoholen.

IR-Spektrum von Wasser

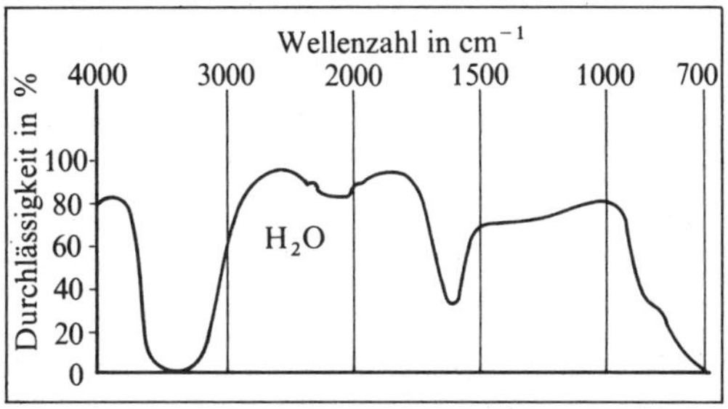

52.2 —

52.3 Die Tabelle enthält nur die wichtigsten Schlüsselbanden. Valenzschwingungen von Carbonylgruppe siehe Anhang S. 206.

A 52.1

HCOOH	1700-1720 cm^{-1}, ν(C=O) 1250-3100 cm^{-1}, ν(C—O) Die C—H-Valenzschwingung ist durch die O—H-Valenzschwingung überlagert
$CHCl_3$	600- 800 cm^{-1}, ν(C—Cl) 2850-2950 cm^{-1}, ν(C—H)
CH_3OCH_3	1710-1740 cm^{-1}, ν(C=O) 2850-2950 cm^{-1}, ν(C—H)
$CH_2{=}CHCl_2$	600- 800 cm^{-1}, ν(C—Cl) 1500-1700 cm^{-1}, ν(C=H) 3000-3100 cm^{-1}, ν(C—H)
$Cl_2C{=}CCl$	600- 800 cm^{-1}, ν(C—Cl) ν(C=C) bei 1500-1700 cm^{-1} fehlt, da IR-inaktiv
$CH_3COCH_2CH_3$	wie CH_3COCH_3
CH_2OHCH_2OH	2500-3100 cm^{-1}, ν(O—H) 2850-2950 cm^{-1}, ν(C—H)
Cl_3CCOOH	600- 800 cm^{-1}, ν(C—Cl) 1700-1720 cm^{-1}, ν(C=H) 2500-3100 cm^{-1}, ν(C—H)

A 53.1 Auf Grund der im IR-Spektrum *nicht* vorhandenen Schlüsselbanden scheiden folgende Verbindungen aus: Pentan-3-on: ν(C=O), Butan-

säureamid: ν(C=O), ν(N—H); Pent-1-in: ν(C≡C); 1-Chlorbutadien: ν(C—Cl), ν(C=C); Trichloressigsäure: ν(C—Cl), ν(C=O), ν(O—H).
Es handelt sich um Pentan: $2850-2950\,cm^{-1}$, ν(C—H). Die Banden bei $1400\,cm^{-1}$ und $1440\,cm^{-1}$ sind C—C-Gerüstschwingungen (keine Schlüsselbanden).

Ergänzungen

Proben für IR-Spektren: Es können Verbindungen aller Aggegratzustände untersucht werden.

a) **Gase** werden direkt in Küvetten mit IR-durchlässigem Fenstermaterial (NaCl, KBr) gemessen.

b) **Flüssigkeiten** werden als dünner Film zwischen Kochsalzplatten untersucht. Bei wasserhaltigen Proben kann man CaF_2-Platten verwenden.

c) **Feststoffe** werden als Suspension in Nujol oder als KBr-Presslinge präpariert. Als Suspension wird etwa 1 mg der Substanz mit einigen Tropfen Paraffinöl (Nujol) vermischt und dann zwischen zwei Kochsalzplatten gebracht. Zur Herstellung von KBr-Presslingen werden etwa 1 mg Substanz mit 200 mg KBr verrieben und zu einer Tablette gepreßt.

6.5 Massenspektrometrie

In dieser kurzen Darstellung kann auf die Bedeutung der Fragment-Ionen der Isotopenpeaks für die Strukturermittlung nur orientierend eingegangen werden. An den wenigen Beispielen läßt sich die Bedeutung der Massenspektrometrie nur exemplarisch aufzeigen. Die selbständige Auswertung eines Massenspektrums erfordert Übung und Erfahrung.

Kommentare und Lösungen

54.1 Von etwa 100 Methan-Molekülen besitzt eines die Zusammensetzung $^{13}CH_4$, was zu einem Molekül-Ion der Masse 17u führt und den $(M^+ + 1)$-Peak ergibt. Fragment-Ionen siehe 54.2.

54.2 Bildung der Fragment-Ionen:

$CH_4^{\oplus\cdot} \rightarrow CH_3^{\oplus} + H\cdot$ (15u)

$CH_3^{\oplus} \rightarrow CH_2^{\oplus\cdot} + H\cdot$ (14u)

$CH_2^{\oplus\cdot} \rightarrow \cdot\dot{C}H^{\oplus} + H\cdot$ (13u)

$CH^{\oplus} \rightarrow \cdot\dot{C}H^{\oplus} + H\cdot$ (12u)

$CH_4^{\oplus\cdot} \rightarrow CH_2 + H_2^{\oplus\cdot}\ (H\cdot H^{\oplus})$ (2u)

$CH_4^{\oplus\cdot} \rightarrow CH_3\cdot + H^{\oplus}$ (1u)

Die bei der Ionisation erzeugten Radial-Kationen können allgemein in positive oder neutrale Teilchen zerfallen. Die positiven Fragment-Teilchen zerfallen. Die positiven Fragment-Ionen besitzen eine gerade oder eine ungerade Anzahl von Elektronen (Radikal-Kationen):

$M^+ \rightarrow m_1^+ + m_2^{\cdot}$ (Kation + Radial)

$M^+ \rightarrow m_1^{+\cdot} + m_2$ (Radial-Kation + Neutralteilchen)

Negativ geladene Ionen entstehen nicht. Neutrale Teilchen werden durch die Vakuumpumpe aus dem Massenspektrometer entfernt, da sie nicht beschleunigt werden.

54.3 *Ionentrennung*. Im elektrischen Feld erhalten die positiv geladenen Ionen die Geschwindigkeit v. Da nach dem Energiesatz die elektrische Energie gleich der kinetischen Energie ist, erhält man:

$$e \cdot U = \frac{m \cdot v^2}{2} \Rightarrow v = \sqrt{2 \cdot \frac{e}{m} \cdot U}$$

e = Ionenladung v = Ionengeschwindigkeit
m = Ionenmasse U = Beschleunigungsspannung

Im Magnetfeld der Flußdichte B werden die Ionen durch die Lorentz-Kraft, die gleich der Zentrifugalkraft ist, auf eine Kreisbahn mit dem Radius r, abgelenkt:

$$B \cdot e \cdot v = \frac{m \cdot v^2}{r}.$$

Ersetzt man v, so erhält man für die Ionentrennung im Massenspektrometer die grundlegende Gleichung:

$$r = \frac{1}{B} \sqrt{2 \cdot U \cdot \frac{m}{e}}.$$

Bei konstanter Spannung U ist es durch Variation von B möglich, Ionen mit verschiedenen m/e-Werten auf die gleiche Kreisbahn zu zwingen und somit zu registrieren: man fährt das Spektrum von niedriger zu hoher Flußdichte durch. Zweifach positiv geladene Ionen treten selten auf, sie können jedoch bei der Ermittlung des M^+-Peaks eine wichtige Rolle spielen.

Ionisierung.
Die Ionisierungsenergie organischer Moleküle liegt im Bereich von 7 eV bis 15 eV.
Im Massenspektrometer arbeitet man mit 70 eV. Bei dieser Energie durchläuft die Ionenausbeute ein flaches Maximum, so daß Schwankungen der Elektronenenergie die Ionenintensität nur minimal beeinflussen. Man erhält dadurch gut reproduzierbare Spektren.

Ionenausbeute in Abhängigkeit von der kinetischen Energie der Elektronen.

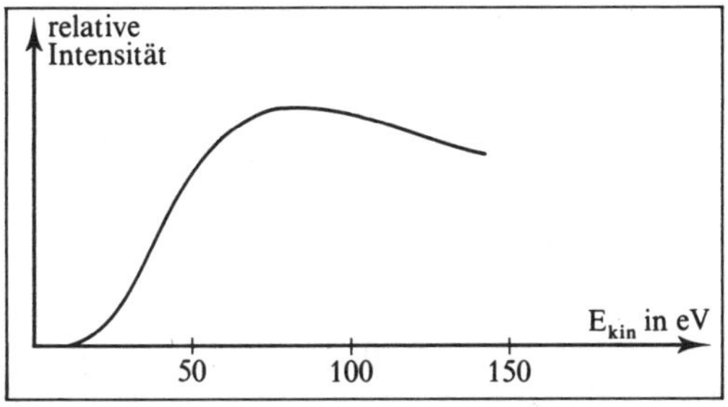

Substanz	Ionisierungspotential in eV pro Molekül
Anilin	7,7
Benzol	9,25
Ethen	10,52
Methanol	10,85
Chlormethan	11,35
Ethin	11,40
Methan	12,98

Das Auflösungsvermögen A gibt an, bei welchem Massenunterschied zwei Ionen gerade noch als getrennte Peaks erkannt werden. Es ist $A = m/\Delta m$.
Beispiel: Bei A = 2000 kann ein Ion der Masse 1000 u von einem Ion der Masse 1000,5 u noch unterschieden werden: A = 1000/0,5 = 2000.
Ein Ion der Masse 100 u kann dagegen von einem Ion der Masse 100,05 u unterschieden werden:
A = 100/0,05 = 2000.
Einfach fokussierende Massenspektrometer können durch eine geeignete Form des Magnetfelds divergierende Ionenstrahlen wieder in einem Punkt vereinigen (*Richtungsfokussierung*, A = 1000 bis maximal 10 000).
Doppelt fokussierende Massenspektrometer kompensieren nicht nur die unterschiedliche Ausbreitungsrichtung der Ionen, sondern durch ein dem Magnetfeld vorgeschaltetes elektrisches Feld auch die unterschiedliche Geschwindigkeit der Ionen (*Geschwindigkeitsfokussierung*, A = 60 000).

55.1 Fragmentierung:

$CH_3—\dot{\underline{Cl}}|^{\oplus} \rightarrow CH_3^+ + Cl\cdot$
50u 15u

Molekülpeaks und Isotopenpeaks im Massenspektrum von Monochlormethan

Isotopenkombination	MZ in u	Peak
$^{12}CH_3{}^{35}Cl$	50	M^+
$^{13}CH_3{}^{35}Cl$	51	$(M^+ + 1)$
$^{12}CH_3{}^{37}Cl$	52	$(M^+ + 2)$
$^{13}CH_3{}^{37}Cl$	53	$(M^+ + 3)$

55.2 Das Molekül-Ion des Ethanols ist nicht sehr stabil. Unter Spaltung der zur C—O-Bindung benachbarten C—H- bzw. C—C-Bindung (α-*Spaltung*) dissoziiert ein H-Atom bzw. ein Methyl-Radikal ab. Die α-Spaltung ist bei primären niederen Alkoholen dominierend und ergibt den Basispeak bei 31 u.
Zum Peak bei 29 u trägt auch das Fragment-Ion $C_2H_5{}^+$ bei, das durch Abspaltung eines Hydroxylradikals, OH·, aus dem Molekülion entsteht. Der häufig höher als erwartete $(M^+ + 1)$-Peak kommt von der Neigung des M^+-Ions, H-Atome anzulagern. Bei höheren Alkoholen erfolgt die Abspaltung von Wasser über eine 1,4-Eliminierung.

55.3 —

55.4 Die natürliche Häufigkeit wird oft auch auf die Häufigkeit des jeweils leichtesten Isotops bezogen.

Massenzahlen und relative Häufigkeiten h einiger Nuklide, bezogen auf das jeweils leichteste Isotop.

Element	MZ in u	*h* in %	MZ in u	*h* in %	MZ in u	*h* in %
H	1	100	2	0,2		
C	12	100	13	1,1		
N	14	100	15	0,4		
O	16	100	17	0,04	18	0,2
F	19	100*)	—	—	—	—
Si	28	100	29	5,1	30	3,4
P	31	100*)	—	—	—	—
S	32	100	33	0,8	34	4,4
Cl	35	100	37	32,4		
Br	79	100	81	98,1		
I	127	100*)	—	—		
Hg	196	0,5	198	33,8	199	56,3
	200	78	201	44,3	202	100
	204	23				

*) Monoisotopische Elemente.

Die Elemente ^2H, ^{15}N und ^{17}O tragen wegen ihrer geringen Häufigkeit zum $(M^+ + 1)$-Peak praktisch nichts bei. Ihre Anwesenheit in einem Molekül kann daher nicht aus dem Intensitätsverhältnis des M^+-Peaks zu Isotopenpeaks abgeleitet werden. Die In-

tensität des ($M^+ + 1$)-Peaks wird daher im wesentlichen nur vom Isotop ^{13}C bestimmt.
Die *massenspektrometrische Molekülmasse* ist die Masse des Moleküls, das nur aus den leichtesten Isotopen der beteiligten Elemente aufgebaut ist.
Die *chemische Molekülmasse* ist gegeben durch das natürliche Vorkommen des Gemisches der isotopen Moleküle. Für Chlormethan ergibt sich 50,492 u.

6.6 Protonenresonanz-Spektroskopie

Das Prinzip der NMR-Spektroskopie wird an Hand eines sehr vereinfachten Modells erklärt. Die Anwendung beschränkt sich auf wenige ausgewählte Beispiele.

Kommentare und Lösungen

56.1 Das Verhalten eines Protons in einem homogenen Magnetfeld kann man genauer mit einem rotierenden Kreisel beschreiben, dessen Rotationsachse schräg zur Richtung des Schwerefeldes steht. Außer der Eigenrotation führt der Kreisel eine Drehbewegung um die Richtung des Schwerefeldes aus, die man als *Präzession* bezeichnet. Bei einem Proton gibt es ebenso die Rotation um die eigene Achse (Kernspin) und die Präzession (*Lamor*-Präzession) um die Feldrichtung. Im Resonanzfall klappt das Proton von der „parallelen" in die „antiparallele" Lage um.

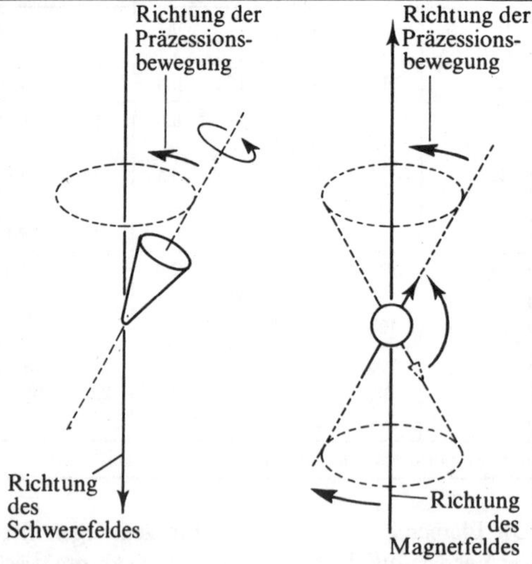

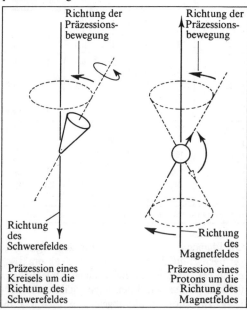

Präzession eines Kreisels um die Richtung des Schwerefeldes

Präzession eines Protons um die Richtung des Magnetfeldes

56.2 Die Differenz zwischen den Energiezuständen ist der magnetischen Feldstärke H proportional:

$$\Delta E = \frac{h}{2\pi} \cdot f = \frac{h}{2\pi} \cdot \gamma \cdot \mathrm{H} \Rightarrow f = \gamma \cdot \mathrm{H}$$

γ = gyromagnetisches Verhältnis (eine für jede Kernart typische Konstante), γ(Proton) $= 2{,}6752 \cdot 10^8\,\mathrm{kg^{-1} \cdot s \cdot A}$; h = Plancksches Wirkungsquantum.
Die Energie wird durch elektromagnetische Strahlung zugeführt. Auf ein Mol Protonen bezogen ergibt sich:

$$\Delta E = N_A \cdot h \cdot f$$

Bei einer Senderfrequenz f des Spektrometers von $60\,\mathrm{MHz} = 6 \cdot 10^7\,\mathrm{s^{-1}}$ erhält man:

$$\Delta E = 6{,}02245 \cdot 10^{23}\,mol^{-1} \cdot 6{,}6256 \cdot 10^{-34}\,\mathrm{J \cdot s} \cdot 6 \cdot 10^7\,\mathrm{s^{-1}} = 0{,}0239\,\mathrm{J \cdot mol^{-1}}$$

Diese geringe Energiedifferenz bedeutet einen sehr kleinen Besetzungsunterschied der Protonen in den Energieniveaus. Das Verhältnis der Anzahl Protonen N″ im niedrigeren Energieniveau zur Anzahl Protonen N′ im höheren Energieniveau ergibt sich nach *Boltzmann*:

$$\frac{N''}{N'} = e^{\frac{\Delta E}{R \cdot T}}$$

Mit $T = 298\,\mathrm{K}$ und $R = 8{,}3143\,\mathrm{J \cdot K^{-1} \cdot mol^{-1}}$ erhält man:

$$\frac{N''}{N'} = e^{\frac{0{,}0239}{2477{,}66}} = \frac{1{,}0000096}{1}$$

Von 10^6 Protonen befinden sich somit nur 10 Kerne mehr im tieferen Energieniveau. Protonen, die durch Absorption von Strahlung in das höhere Energieniveau übergehen, kehren sofort wieder in das tiefere Energieniveau zurück, wodurch das Gleichgewicht stets aufrechterhalten bleibt.

56.3 Für die ^{1}H-NMR-Spektroskopie werden wasserstofffreie oder deuterierte Lösungsmittel verwendet, da diese keine störende Signale liefern. Im allgemeinen benötigt man 1 mg – 10 mg Substanz in 0,5 ml Lösungsmittel.
Die erste Generation der ^{1}H-NMR-Geräte waren 60 MHz-Geräte ($\lambda = 500\,\mathrm{cm}$). Durch die Entwicklung stärkerer Magnetfelder (supraleitende Elektromagnete) stehen heute bis zu 500 MHz-Geräte zur Verfügung.
Magnetische Flußdichte $B = F/I \cdot s$; SI-Einheit: Tesla (T); $1\,\mathrm{T} = 1\,\mathrm{N/Am} = 10^4$ Gauß.
Magnetische Feldstärke $H = nI/l$; SI-Einheit: A/m; 1 Oersted = 79,6 A/m.

56.4

Kernart	Spin-quanten-zahl I	relative Empfind-lichkeit für die gleiche Zahl von Kernen	magn. Moment μ in μ_B
^{1}H	$\frac{1}{2}$	1,00	2,79
^{2}H	1	0,00965	0,86
^{11}B	$\frac{3}{2}$	0,165	2,69
^{13}C	$\frac{1}{2}$	0,0159	0,70
^{14}N	1	0,00101	0,40
^{15}N	$\frac{1}{2}$	0,00104	0,28
^{17}O	$\frac{5}{2}$	0,0291	−1,89
^{19}F	$\frac{1}{2}$	0,833	2,63
^{31}P	$\frac{1}{2}$	0,0663	1,13

6.6.1 Chemische Verschiebung

Kommentare und Lösungen

57.1 Die chemische Verschiebung von OH-Protonen ist wegen der Ausbildung von H-Brückenbindungen stark von der Konzentration und dem Lösungsmittel abhängig. Die Spektren gleicher Verbindungen können daher je nach Aufnahmebedingungen unterschiedlich aussehen.
Zunehmende Ausbildung einer H-Brückenbindung bedeutet eine Abnahme der Elektronendichte an H-Atom (Schwächung der O—H-Bindung) und damit eine Verschiebung zu höheren δ-Werten. Die δ-Werte für alkoholische OH-Protonen liegen daher je nach Bedingungen in einem weiten Bereich von etwa 1 bis 6. Freie OH-Protonen einer Substanz erhält man durch Verdünnen in einem geeigneten Lösungsmittel bis keine Assoziations- und Solvatationseffekte mehr auftreten. Unter solchen Bedingungen erscheint bei Methanol das OH-Signal rechts vom CH_3-Signal: $\delta(OH) = 1{,}43$, $\delta(CH_3) = 3{,}47$ (siehe NMR-Spektra-Catalog, Varian Associates, Vol 1+2, 1962). Eindeutiger als bei OH-Protonen ergibt sich der Zusammenhang zwischen der Elektronegativität und der chemischen Verschiebung aus dem Beispiel 57.4 oder aus dem Vergleich

$$\delta(CH_3{-}O{-}) = 3{,}6,\quad \delta(CH_3{-}\overset{|}{\underset{|}{C}}{-}) = 0{,}9 \text{ und}$$

$$\delta(CH_3{-}\overset{|}{\underset{|}{Si}}{-}) = 0.$$

Die Verwendung von *Tetramethylsilan*, *TMS*, als Bezugspunkt für die δ-Skala hat folgende Vorzüge:

- TMS liefert nur eine Signal
- Das Signal erscheint bei sehr niedriger Frequenz, am Ende des Spektrums, so daß die Signale der zu untersuchenden Substanz nicht gestört werden (Si ist elektropositiver als C, N, O, S und P).
- TMS ist unpolar und zeigt keine Wechselwirkung mit organischen Molekülen.
- Wegen der hohen Anzahl an H-Atomen im Molekül benötigt man nur geringe Mengen TMS.
- TMS ist wegen seiner Flüchtigkeit (Kp.: 26,5 °C) leicht wieder aus der Probe zu entfernen.

57.2 Für die Auswertung von NMR-Spektren ist es wichtig, die jeweiligen Sätze chemisch äquivalenter Protonen eines Moleküls zu erkennen, da äquivalente Protonen die gleiche chemische Verschiebung zeigen und weil sie keine zusätzliche Aufspaltung durch Spin-Spin-Kopplung untereinander ergeben. In folgenden Beispielen sind die Sätze äquivalenter Protonen durch Indizierung angegeben:

$$CH_3{}^{a}{-}CH_2{}^{b}{-}Br \qquad Br{-}CH_2{}^{a}{-}CH_2{}^{a}{-}Br \qquad CH_3{}^{a}{-}\overset{H^{b}}{\underset{Cl}{C}}{-}CH_3{}^{a}$$

$$CH_3{}^{a}{-}CH_2{}^{b}{-}CH_3{}^{a} \qquad Br{-}CH_2{}^{a}{-}CH_2{}^{b}{-}CH^{c}{-}\underset{CH_3{}^{d}}{CH_3{}^{d}}$$

57.3 Zum Einfluß von Ringstromeffekten auf die chemische Verschiebung siehe Benzol 77.1.
Je elektronegativer X in einer Bindung X—H

- um so geringer ist die Elektronendichte am H-Atom
- um so kleiner ist das induzierte Gegenfeld
- um so geringer ist die Schwächung des äußeren Magnetfelds
- um so höher ist die Resonanzfrequenz
- um so größer ist der δ-Wert.

Die Definition der δ-Skala ist so gewählt daß die δ-Werte unabhängig von der Flußdichte des Magnetfelds, also unabhängig vom Gerätetyp, sind. Beispiel:

a) Bei einer Flußdichte von $B_0 = 1{,}41$ T beobachtet man für TMS und Methylenchlorid folgende Resonanzfrequenzen:

$f(\text{TMS}) = 60\,000\,000$ Hz

$f(CH_2Cl_2) = 60\,000\,293$ Hz

$$\delta = \frac{60\,000\,293 - 60\,000\,000}{60 \cdot 10^6} \cdot 10^6 = 4{,}88$$

b) Bei einer Flußdichte von $B_0 = 2{,}35\,T$ mißt man folgende Resonanzfrequenzen:

$f(\text{TMS}) = 100\,000\,000\ \text{Hz}$

$f(CH_2Cl_2) = 100\,000\,488\ \text{Hz}$

$$\delta = \frac{100\,000\,488 - 100\,000\,000}{100 \cdot 10^6} \cdot 10^6 = 4{,}88$$

57.4 —

Ergänzung

δ-Skala der chemischen Verschiebungen von Protonenresonanzen in organischen Verbindungen

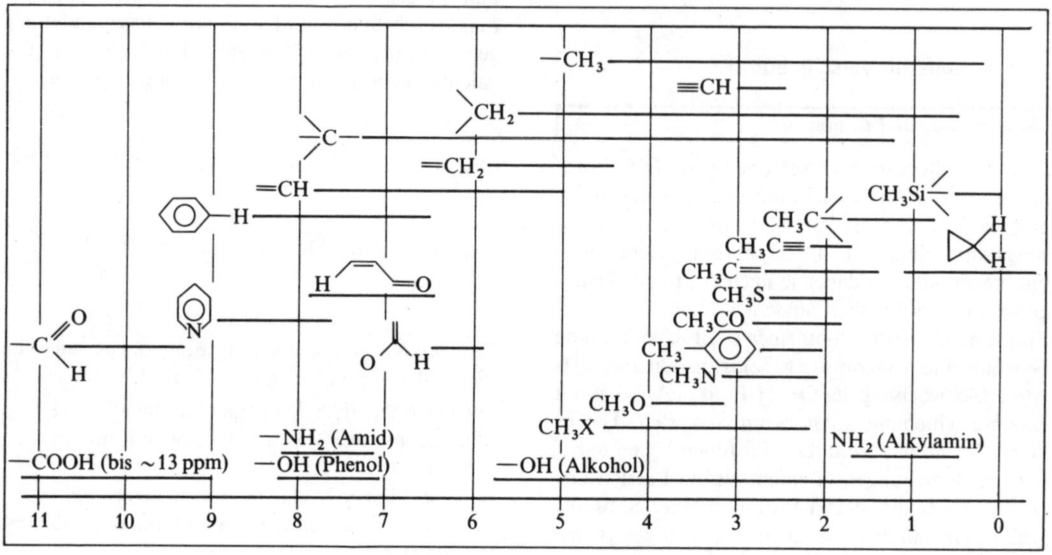

6.6.2 **Spin-Spin-Kopplung**

Es wird hier nur der einfachste Typ einer Kopplung behandelt, nämlich die Kopplung zwischen zwei chemisch nicht äquivalenten Sätzen von Protonen. Die Multiplizitäts-Regel $M = n + 1$ gilt nur für den Fall, daß die Differenz der chemischen Verschiebung der beteiligten Protonen deutlich größer ist als die zugehörige Kopplungskonstante.

Kommentare und Lösungen

58.1 ^{1}H-NMR-Spektrum von Ethanol in „unendlicher Verdünnung", also ohne H-Brückenverbindungen (nach NMR-Spectra-Catalog, Varian, Vol 1 + 2, 1962, siehe Anmerkungen zu 57.1).

58.2 Die Intensität der Linien eines Multipletts ergibt sich aus dem Pascalschen Dreieck:

1 1	Dublett
1 2 1	Triplett
1 3 3 1	Quartett
1 4 6 4 1	Quintett
1 5 10 10 5 1	Sextett
1 6 15 20 15 6 1	Septett

58.3 —

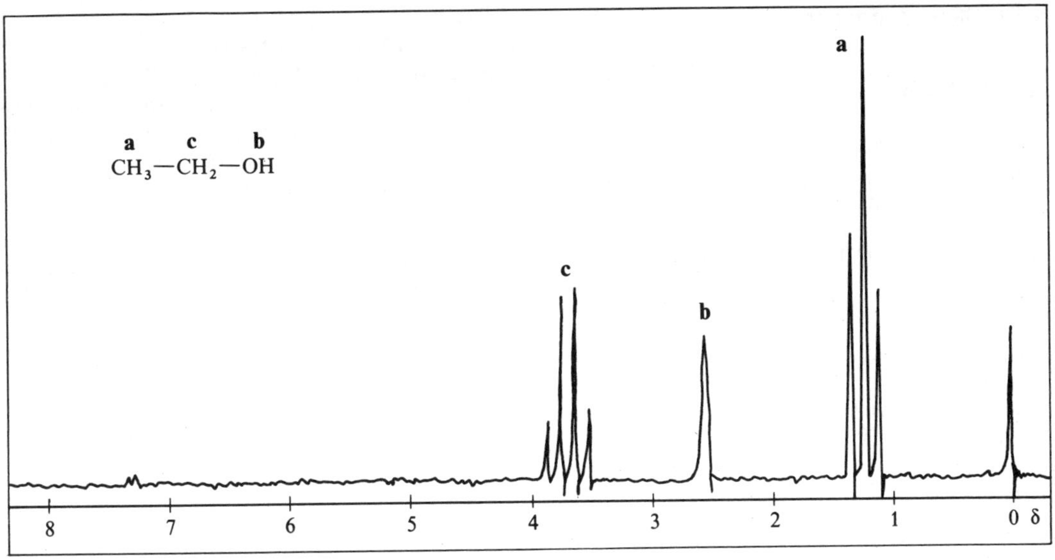

6.7 Röntgenstrukturanalyse

Die Ableitung der dreidimensionalen Struktur eines Moleküls aus einem Röntgenbeugungsbild erfordert einige Kenntnisse über Symmetrielehre, die hier nicht vermittelt werden können. In diesem Abschnitt wird daher nur auf physikalische Grundlagen eingegangen, die zum Verständnis für die Bedeutung der Röntgenstrukturanalyse beitragen.

Kommentare und Lösungen

59.1 Beim *Drehkristallverfahren* verwendet man Einkristalle, die bei konstanter Wellenlänge der *Strahlung um alle drei Achsen gedreht werden. Beim Laue-Verfahren* variiert man bei feststehendem Einkristall die Wellenlänge der Röntgenstrahlung.
Bei Pulversubstanzen liegen wegen der in allen räumlichen Lagen vorkommenden Pulverkriställchen sämtliche Kristallorientierungen vor, so daß eine Drehung der Probe nicht notwendig ist.

59.2 Wären die Gitterabstände nicht von gleicher Größenordnung wie die Wellenlänge der Röntgenstrahlung, so würde keine Beugung eintreten.

V 59.1 Weißes Licht wird durch Beugung in die Spektralfarben zerlegt. Man beobachtet daher farbige Beugungsmuster. Die Nuffield Foundation bietet zur Röntgenstrukturanalyse „diffraction grids" an (Bezugsquelle Verlag Longman, England). Die sind Kärtchen von etwa 23×9 cm mit einem kleinen Fenster aus einem fotografischen Film. Betrachtet man durch dieses Fenster eine punktförmige Lichtquelle, so beobachtet man definierte Beugungsmuster. Durch Beobachten verschiedener Beugungsmuster können Punktemuster auf den Filmen identifiziert werden.

Zusätzliche Aufgaben

A 60.1 Das Spektrum hat nur ein Signal (δ = 2,7).

A 60.2 Das angegebe Spektrum entspricht Iodethan, CH_3—CH_2I. CH_2-Protonen (Q), CH_3-Protonen (D), Intensitätsverhältnis 2:3. Für 1,1-Diiodethan erwartet man für die CH_3-Protonen ein Dublett und für das CH-Proton ein Quartett.

A 60.3 —

A 60.4
a) 2 Signale;
CH_3-Protonen (S), CH_2-Protonen (S),
Intensitätsverhältnis 3:2; δ(CH_2) > δ(CH_3);
b) 2 Signale;
CH_3-Protonen (D), CH-Protonen (Q),
Intensitätsverhältnis 3:1; δ(CH) > δ(CH_3);
c) 2 Signale;
CH-Protonen (T), CH_2-Protonen (D),
Intensitätsverhältnis 1:2; δ(CH) > δ(CH_2);
d) 3 Signale;
$COCH_3$-Protonen (S), CH_2-Protonen (Q), CH_3-Protonen (T),
Intensitätsverhältnis 3:2:3; δ(CH_2) > δ(CH_3CO) > δ(CH_3)
e) 2 Signale;
CH_2-Protonen (Q), CH_3-Protonen (T),
Intensitätsverhältnis 2:3; δ(CH_2) > δ(CH_3);
f) 3 Signale;
CH_2Cl-Protonen (T), CH_2-Protonen (Se),
CH_3-Protonen (T), Intensitätsverhältnis 2:2:3;
δ(CH_2Cl) > δ(CH_2) > δ(CH_3); Die Kopplung der CH_2-Protonen zu den CH_3-Protonen ergibt ein Quartett. Jede Linie dieses Quartetts ist durch die Kopplung zu den CH_2Cl-Protonen in ein Triplett aufgespalten. Da alle Kopplungen gleich groß sind, erhält man ein Sextett. Wären die Kopplungen sehr verschieden, so ergäbe sich nach der Multiplizitätsregel (n + 1) (m + 1) ein Multiplett mit 12 Linien.

A 60.5
a) CH_2=CH—CH_2—CH=O:
$\tilde{\nu}$(C=O) = 1740 – 1720 cm^{-1}. Die Konjugation zur Carbonyl-Gruppe verringert die Absorption um etwa 30 cm^{-1}, d.h. die C=O-Zweifachbindung wird durch die Konjugation schwächer, was aus der mesomeren Grenzstrukur abgeleitet werden kann:

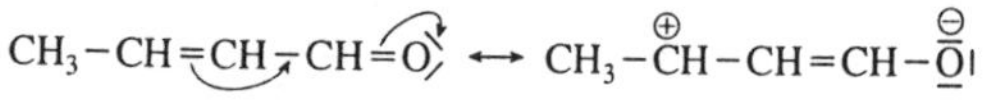

b) Ketone $\tilde{\nu}$(C=O) = 1725 – 1705 cm^{-1}
Aldehyde $\tilde{\nu}$(C=O) = 1740 – 1720 cm^{-1}
Die polare Grenzstruktur ist bei Ketonen wegen des elektronenliefernden Effekts der beiden Methyl-Gruppen etwas günstiger als bei Aldehyden, d.h. die C=O-Bindung in Ketonen ist etwas schwächer.

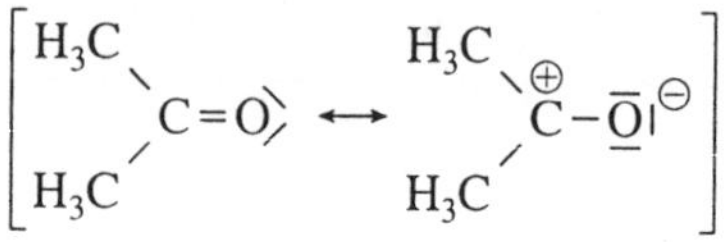

A 60.6
$\nu = c \cdot \tilde{\nu} = 3 \cdot 10^{10}\ cm \cdot s^{-1} \cdot 3000\ cm^{-1} = 9 \cdot 10^{13}\ s^{-1}$
$\lambda = 3{,}3\ \mu m = 3300\ nm$
$\Delta E = h \cdot c \cdot \tilde{\nu} \cdot N_A$; mit $h = 6{,}6261 \cdot 10^{-34}\ J \cdot s$
$c = 3 \cdot 10^{10}\ cm \cdot s^{-1}$
$N_A = 6{,}0221 \cdot 10^{23}\ mol^{-1}$
$\Delta E = 35{,}9\ kJ \cdot mol^{-1}$
Zum Vergleich: die C—C Bindungsenthalpie beträgt 348 kJ · mol^{-1}.

A 60.7
Das H-NMR-Spektrum weist auf äquivalente Methyl-Gruppen, das Massenspektrum auf eine Monobromverbindung hin. Die gesuchte Verbindung ist 2-Brom-2-methylpropan, $(CH_3)_3C$—Br.

A 60.8
$\Delta E = N_A \cdot h \cdot \tilde{\nu} = 0{,}024 \cdot 10^{-3}\ kJ \cdot mol^{-1}$

A 61.1

a) Butan

M^{+}-Peak, 58 u: $H_3C{-}CH_2{\cdot}CH_2{-}CH_3^{\oplus}$; $H_3C{-}CH_2{-}CH_2{\cdot}CH_3^{\oplus}$

Fragmentierung:

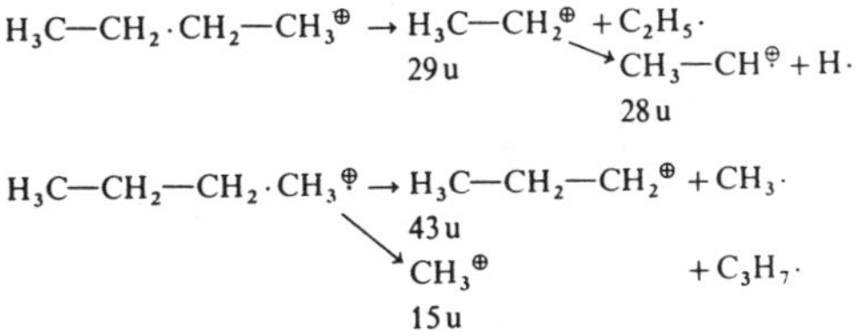

b) Isobutan

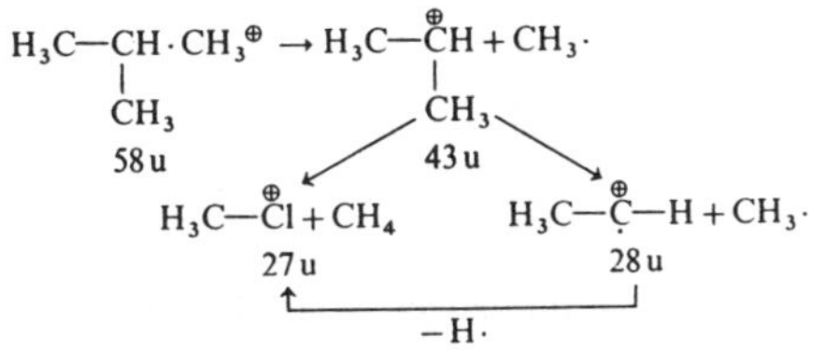

Bei Butan tritt ein relativ starker Peak bei 29 u auf, der durch die Spaltung der mittleren C—C-Bindung entsteht. Dieser Peak tritt beim verzweigten Isomeren nicht auf. Isobutan muß seine Struktur neu ordnen, damit ein Peak bei 29 u auftreten kann.

A 61.2 NMR: Der δ-Wert ist typisch für aromatische H-Atome (Benzol).

MS: Der Isotopenpeak weist auf eine Chlorverbindung mit einem Chloratom im Molekül hin. Bei der Verbindung handelt es sich um Chlorbenzol. Fragmentierung:

$$\underset{112\,u}{C_6H_5{}^{35}Cl^{\oplus}} \rightarrow \underset{77\,u}{C_6H_5^{\oplus}} + Cl\cdot$$

$$C_6H_5^{\oplus} \rightarrow \underset{51\,u}{C_4H_3^{\oplus}} + HC{\equiv}CH$$

A 61.3 *Elementaranalyse:* Die Massenanteile in % dividiert durch die jeweiligen relativen Atommassen und anschließender Division durch den kleinsten erhaltenen Zahlenwert ergibt die Verhältnisformel C_2H_4O.

Massenspektrometrie: Aus dem Molekülpeak bei 88 u folgt die Summenformel $C_4H_8O_2$.

IR-Spektrum: Die Bande bei 1740 cm^{-1} weist auf eine Ester-Carbonylgruppe hin, eine OH-Gruppe ist nicht vorhanden (keine Absorption bei 3500 cm^{-1}).

NMR-Spektrum: Das Singulett bei $\delta = 3{,}6\,(\hat{=}\,3H)$ entspricht einer CH_3-Gruppe. Das Quartett bei $\delta = 2{,}3\,(\hat{=}\,2H)$ weist auf eine CH_2-Gruppe hin, die einer CH_3-Gruppe benachbart ist. Das Triplett bei $\delta = 1{,}1\,(\hat{=}\,3H)$ ist einer CH_3-Gruppe zuzuordnen, die einer CH_2-Gruppe benachbart ist. Bei der vorliegenden Verbindung kann es sich um folgende Ester handeln:

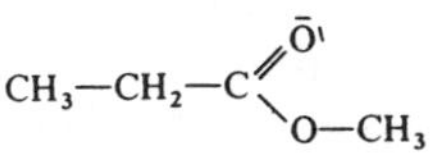

(1)

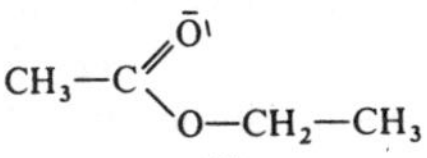

(2)

Die dem Sauerstoff der Esterbindung benachbarten Protonen erscheinen beim höchsten δ-Wert. Da bei δ = 3,6 ein Singulett liegt, handelt es sich bei der Verbindung um Propionsäuremethylester (1).

KOHLENWASSERSTOFFE UND REAKTIONSMECHANISMEN

7 Alkane und Cycloalkane

Die Stoffklasse der Alkane und Cycloalkane kann zusammen mit dem Kapitel 20 (Erdöl, Erdgas, Kohle) besprochen werden. Da die Nomenklatur organischer Verbindungen auf den Namen der Alkane aufbaut, werden in diesem Kapitel wichtige Nomenklaturregeln zusammengefaßt. An Hand der Struktur der gesättigten Kohlenwasserstoffe werden grundlegende Begriffe zur Stereochemie eingeführt, die von allgemeiner Bedeutung sind und in späteren Kapiteln immer wieder angewandt werden. Der auf Seite 27 beschriebene Mechanismus der radikalischen Substitution des Methans wird auf höhere Alkane unter Berücksichtigung energetischer Betrachtungen angewandt.

7.1 Homologe Reihe der Alkane

Kommentare und Lösungen

62.1 Mit zunehmender Kettenlänge trägt jede weitere CH_2-Gruppe immer weniger zur Erhöhung der Siede- und Schmelztemperatur und der Dichte bei. Der Grund hierfür liegt wohl darin, daß die relative Zunahme der Moleküloberfläche mit zunehmender Anzahl der C-Atome geringer wird. Verzweigte Alkane zeigen keine ähnliche kontinuierliche Abstufung in den physikalischen Eigenschaften, da sie in der Molekülstruktur stärker variieren als unverzweigte Alkane.

62.2 Die einzelnen Schreibweisen bringen zum Ausdruck:

a) Alle Bindungen, alle Elementsymbole, keine korrekten Bindungswinkel

b) Alle Bindungen, keine Elementsymbole für H, keine korrekten Bindungswinkel

c) Keine C—C- und C—H-Bindungen, Elementsymbole C und H, keine Bindungswinkel

d) Wie c), mit zusammengefaßten CH_2-Gruppen

e) Nur C—C-Bindungen, alle Elementsymbole, richtige CCC-Bindungswinkel

f) Nur C—C-Bindungen, keine Elementsymbole, richtige CCC-Bindungswinkel

Weitere Schreibweisen:

$CH_3—CH_2—CH_2—CH_2—CH_3$,

$CH_3—(CH_2)_3—CH_3$;

Es ist wichtig, sich mit allen Schreibweisen vertraut zu machen, um bei einem gegebenen Problem die jeweils zweckmäßigste Schreibweise anwenden zu können.

62.3 Die *molare Verbrennungsenthalpie* ist die Wärme, die bei vollständiger Verbrennung von einem Mol einer Verbindung im Standardzustand (1013 mbar, 25 °C) zu gasförmigem Kohlenstoffdioxid und *flüssigem* Wasser (beide Produkte ebenfalls im Standardzustand) frei wird. Allgemeine Verbrennungsgleichung von Alkanen:

$$C_nH_{2n+2} + \frac{3n+1}{2} O_2 \rightarrow n\,CO_2 + (n+1)\,H_2O$$

Alkan	$-\Delta_cH^0_m$ in kJ/mol	$-\Delta_cH^0$ in kJ/g	$-\Delta_cH^0$ in kJ/ml	Anteil H in %	Dichte in g/cm
CH_4	889	55,5	—	25,0	—
C_2H_6	1557	51,9	—	20,0	—
C_3H_8	2217	50,4	24,8	18,2	0,493
C_4H_{10}	2874	49,5	28,3	17,2	0,573
C_5H_{12}	3509	48,7	30,2	16,7	0,573
C_6H_{14}	4158	48,3	31,6	16,3	0,655
C_7H_{16}	4810	48,1	32,6	16,0	0,621

Interessant ist der Vergleich der Verbrennungsenthalpien bezogen auf ein Mol, ein Gramm, ein Milliliter und den Massenanteil Wasserstoff.

LV 62.1

a) Durch Schütteln der Verbrennungsprodukte im Standzylinder mit Kalkwasser läßt sich Kohlenstoffdioxid nachweisen. Zum Nachweis von Wasser muß das Methan in einem trockenen Zylinder aufgefangen und abgebrannt werden. Die Reagenzglasinnenwand wird vorher mit etwas Calciumoxid/Phenolphthalein-Pulver benetzt, das mit Wasser eine Rotfärbung ergibt.

b) Übliche Methode mit der Gaswägekugel. Aus 1 g Aluminiumcarbid entstehen etwa 400 ml Methan. Die Salzsäure löst den gallertartigen Niederschlag auf und verhindert dadurch ein starkes Schäumen.

$Al_4C_3 + 12\ H_2O \rightarrow 3\ CH_4 + 4\ Al(OH)_3$

„Trockenmethode" zur Herstellung von Methan.
In einer Reibschale vermischt man wasserfreies Natriumacetat gründlich mit der doppelten Masse Natronkalk. Natronkalk ist ein Gemisch aus Natriumhydroxid und Calciumoxid im Stoffmengenverhältnis 1 : 1. Die Mischung wird in einem waagrecht eingespannten Reagenzglas bis zur beginnenden Rotglut erhitzt, wobei über der Mischung ein Luftkanal sein soll. Nach negativem Ausfall der Knallgasprobe wird das Methan pneumatisch aufgefangen.

$CH_3COONa(s) + NaOH(s) \rightarrow CH_4(g) + Na_2CO_3$

Das Calciumoxid des Natronkalks ist an der Reaktion nicht beteiligt. Es hält das Gemisch durch Bindung der Luftfeuchtigkeit trocken und verhindert das Schmelzen des Gemisches beim Erhitzen.

7.2 Alkane mit verzweigter Kohlenstoffkette

Kommentare und Lösungen

63.1 —

63.2 Die Vorsilbe „Iso" wird nach IUPAC auf Alkylreste mit bis zu sechs C-Atomen beschränkt, wobei die Kette stets am vorletzten C-Atom verzweigt ist:

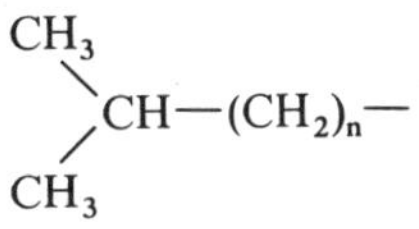
CH3
CH—(CH2)n—
CH3

n = 0 Isopropyl
n = 1 Isobutyl
n = 2 Isopentyl
n = 3 Isohexyl

Die systematische Bezeichnung verzweigter Alkylgruppen erfolgt nach den Regeln für die Benennung verzweigter Alkane (63.1), wobei das mit der Hauptkette verknüpfte C-Atom der Alkylgruppe stets die Ziffer „1" erhält.

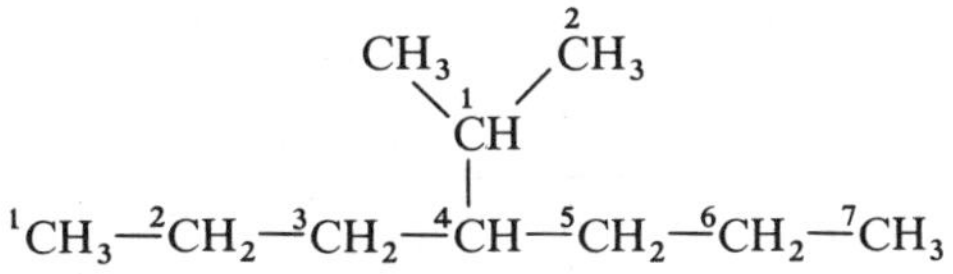
CH3
2
CH3
1
CH
1CH3—2CH2—3CH2—4CH—5CH2—6CH2—7CH3

4-(1-Methylethyl)-heptan oder
4-Isopropyl-heptan

Die Bezeichnung „Iso" wird für Alkane mit bis zu sechs C-Atomen verwendet:

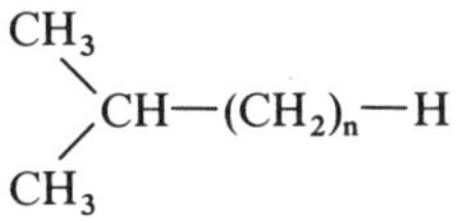
CH3
CH—(CH2)n—H
CH3

n = 1 Isobutan
n = 2 Isopentan
n = 3 Isohexan

Die Vorsilbe „Neo" wird für Alkylreste und Alkane mit bis zu sechs C-Atomen verwendet, wobei das vorletzte C-Atom stets drei Methylgruppen trägt:

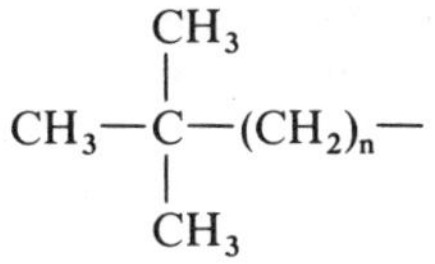
CH3
CH3—C—(CH2)n—
CH3

n = 1 Neopentyl
n = 2 Neohexyl

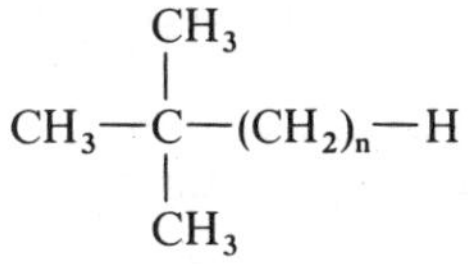
CH3
CH3—C—(CH2)n—H
CH3

n = 1 Neopentan
n = 2 Neohexan

63.3 Vgl. auch Organische Chemie 23.3.

7.3 Konformation von Alkanen

Kommentare und Lösungen

64.1 Der Torsions- oder Drehwinkel wird positiv gezählt, wenn im Uhrzeigersinn von einem Substituenten am vorderen C-Atom zu einem Substituenten am hinteren C-Atom gemessen wird. Bei entsprechendem Gegenuhrzeigersinn ist der Drehwinkel negativ.
Die beiden extremen Konformationen mit dem Drehwinkel 0° und 180° werden als *periplanar* (annähernd planar), alle anderen Konformationen als *clinal* (angenähert geneigt) bezeichnet. Wenn der Drehwinkel kleiner als 90° ist, wird zusätzlich die Vorsilbe *syn,* wenn er größer als 90° ist, wird die Vorsilbe *anti* verwendet.
Die hier verwendete und von *Iupac* empfohlene Nomenklatur wurde von *Klyne* und *Prelog* entwickelt.

Drehwinkel	Bezeichnung
0°	syn-periplanar (± sp)
60°	+ syn-clinal (+ sc)
120°	+ anti-clinal (+ ac)
180°	anti-periplanar (± ap)
− 120°	− anti-clinal (− ac)
− 60°	− syn-clinal (− sc)

64.2 —

64.3 In festem Zustand bilden unverzweigte Alkane Ketten mit antiperiplanarer Konformation. In flüssiger Phase treten auch syn-clinale Konformationen auf (zu etwa 20 % aller Bindungen).

7.4 Cycloalkane

Kommentare und Lösungen

65.1 Die in einem Cycloalkan vorhandene Ringspannung wird bei der Verbrennung aufgehoben, wodurch im Vergleich zu ungespannten Systemen eine zusätzliche Wärme frei wird. Die Verbrennungsenthalpie pro CH_2-Gruppe in einem spannungsfreien Alkan ist:

$\Delta_c H^0_m(CH_2) = -659$ kJ/mol.

Als Spannungsenergie E_{Sp} eines Cycloalkans kann man somit festlegen:

$E_{Sp} = -\Delta_c H^0_m - n \cdot 659$; (n Anzahl der CH_2-Gruppen)

Cycloalkan $(CH_2)_n$	$-\Delta_c H^0_m$ in kJ/mol	E_{Sp} in kJ/mol	E_{Sp}/n in kJ/mol
3	2092,7	115,6	38,5
4	2745,7	110,1	27,6
5	3322,3	27,2	5,4
6	3954,3	0,0	0,0
7	4639,8	26,8	3,8
8	5313,9	41,9	5,2
9	5985,0	54,0	6,0
10	6640,3	50,2	5,0
15	9891,3	≈ 0,0	≈ 0,0

65.2 und 65.3 Durch Umklappen des Sessels gehen axiale Substituenten in äquatoriale über und äquatoriale Substituenten gehen in axiale Substituenten über. Da hierbei keine Bindungen gelöst werden, handelt es sich um eine Konformationsänderung. Beim Übergang von einer Sesselkonformation in die andere treten als Übergangszustände Halbsessel- und Wannenkonformation auf. Bei einer Energiebarriere von etwa 46 kJ/mol erfolgt die Ringinversion (Sessel I ⇌ Sessel II) etwa 10^5mal pro Sekunde.

Potentielle Energie verschiedener Konformationen des Cyclohexans

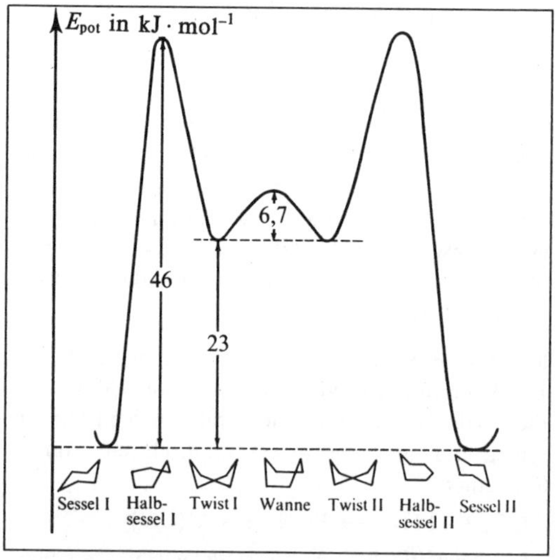

65.4 Im *trans*-1,2-Dimethylcyclohexan können die CH_3-Gruppen e, e oder a, a angeordnet sein, im *cis*-1,2-Dimethylcyclohexan sind die Positionen e, a und a, e möglich:

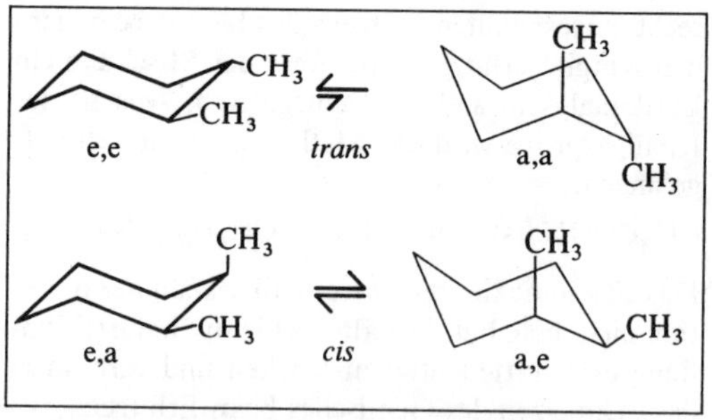

Substituenten nehmen im Cyclohexan bevorzugt die äquatoriale Position ein, da hierbei die innermolekularen VAN-DER-WAALS-Abstoßungskräfte am geringsten sind:

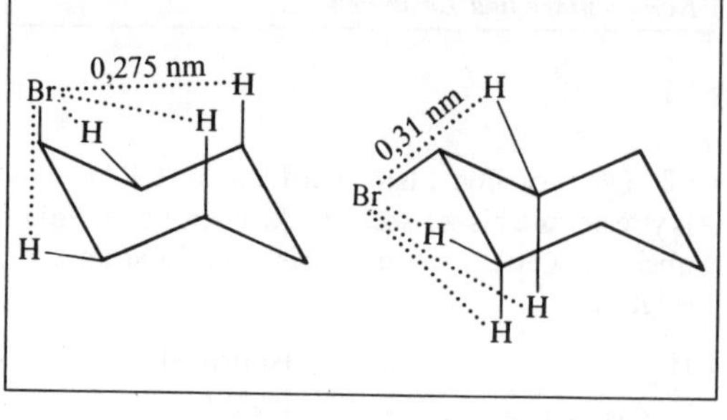

Ergänzung

Der energetische Unterschied zwischen axialem und äquatorialem Methylcyclohexan beträgt $\Delta G^0 = -7{,}2\,\text{kJ/mol}$. Aus $\Delta G^0 = -2{,}3\,R \cdot T \cdot \lg K$ erhält man bei T = 298 K für die Gleichgewichtskonstante des axial äquatorial Gleichgewichts:

$$K = \frac{c\,(\text{äquatorial})}{c\,(\text{axial})} = 10^{-\frac{\Delta G^\circ}{5{,}7}} = 10^{\frac{7{,}1}{5{,}7}} \approx 17{,}6$$

Bei 25 °C liegt im Gleichgewicht etwa 95 % äquatoriale und 5 % axiale Konformation vor (siehe 23.4.).

Energieunterschiede zwischen axialer und äquatorialer Konformation bei monosubstituiertem Cyclohexan:

Substituent	$-\Delta G^0$ in kJ/mol
$-F$	1,25
$-Cl$, $-Br$, $-I$	2,1
$-CH_3$	7,1
$-C_2H_5$	7,5
$(CH_3)_2CH-$	9,2
$(CH_3)_3C-$	≈ 21

7.5 Radikalische Substitution

Kommentare und Lösungen

66.1 Die Zahlenwerte in der Abbildung entsprechen den Bindungsdissoziationsenthalpien primärer, sekundärer und tertiärer C—H-Bindungen.

66.2 Relative Reaktionsgeschwindigkeit verschiedener C—H-Bindungen siehe A 67.8.

66.3 Der geschwindigkeitsbestimmende Schritt der Umsetzung von Halogenen mit Alkanen muß die Reaktion des Halogenatoms mit dem Alkan sein, da nur in diesem Schritt deutliche Enthalpieunterschiede für die verschiedenen Halogene auftreten.
Bei Iod ist der erste Schritt der Kettenreaktion stark endotherm. Die Aktivierungsenthalpie ist daher sehr hoch, und die Reaktionsgeschwindigkeit so gering, daß keine Kettenreaktion ablaufen kann. Bei Brom ist je nach Alkan und den Reaktionsbedingungen gerade noch eine Reaktion möglich.
Allgemein gilt, daß Kettenreaktionen nur dann ablaufen können, wenn alle Schritte der Kettenfortpflanzung exotherm oder nur geringfügig endotherm sind.

A 66.1

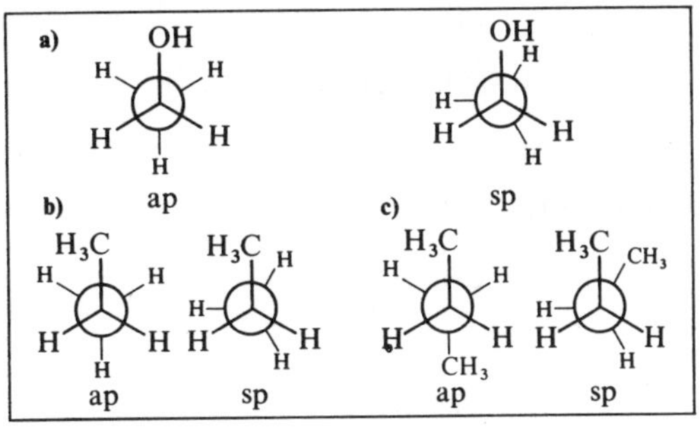

LV 66.2 Die Reaktion verläuft im Becherglas, das auf blauem Filterglas steht schneller. Durch entsprechende Abdeckung kann man das Licht des Tageslichtprojektors eliminieren, doch läßt sich die unterschiedliche Reaktionsgeschwindigkeit auch ohne diese Vorkehrung erkennen (vgl. A 67.6 d).
Der Nachweis von Bromwasserstoff mit Indikatorpapier wird bei diesem Versuch vermutlich durch entweichenden Bromdampf gestört. Man benetzt am besten die Innenseite des Becherglases am oberen Rand mit einigen Tropfen Wasser und taucht darin das Indikatorpapier ein. Hexan ist toxikologisch sehr bedenklich, daher wird Heptan (informieren, ob frei von Hexan) gewählt.

Zusätzliche Aufgaben

A 67.1

a) 2-Methylpentan

$^1CH_3 - {}^2CH(CH_3) - {}^3CH_2 - {}^4CH_2 - {}^5CH_3$

b) 3-Methylpentan

$CH_3 - {}^3CH({}^4CH_2 - {}^5CH_3) - {}^2CH_2 - {}^1CH_3$

c) und **d)** Identisch mit a)

e) 3-Methylpentan

$^1CH_3 - {}^2CH_2 - {}^3CH(CH_3) - {}^4CH_2 - {}^5CH_3$

f) und **g)** 3-Ethylpentan

$^5CH_3 - {}^4CH_2 - {}^3CH(CH_2-CH_3) - {}^2CH_2 - {}^1CH_3$

h) 2-Ethylbutan

$^4CH_3 - {}^3CH_2 - {}^2CH(CH_2-CH_3) - {}^1CH_3$

A 67.2

a) 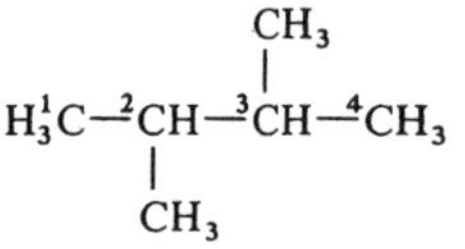

b) 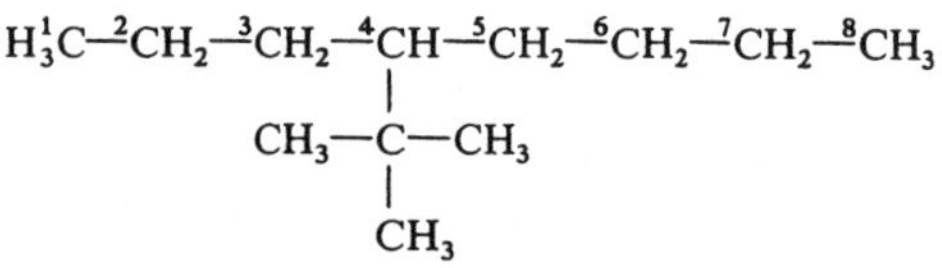

c) 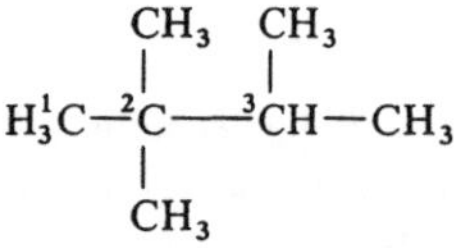

d) 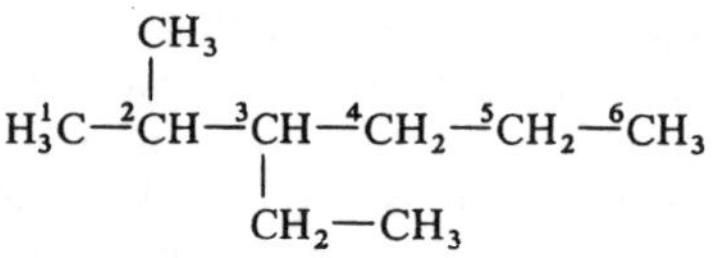

A 67.3 Die Reihenfolge ist: a < c < b

A 67.4 Bei der Verbindung handelt es sich um Neopentan:

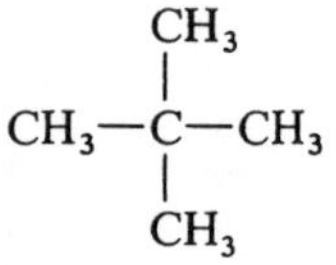

A 67.5

a) Bindungswinkel β bei ebenen Ringen:

$\beta = (180° - \frac{360°}{n}$; n = Anzahl der Ring-C-Atome

Winkeldeformation $d = \frac{1}{2}(109{,}5° - \beta)$

Cycloalkan	Bindungswinkel β bei ebenem Ring	Abweichung vom Tetraederwinkel 109,5° – β	Winkeldeformation d
Cyclopropan	60°	49,5°	+24,75°
Cyclobutan	90°	19,5°	+ 9,75°
Cyclopentan	108°	1,5°	+ 0,75°
Cyclohexan	120°	−11,5°	− 5,75°
Cycloheptan	128°	−18,5°	− 9,25°
Cyclooctan	135°	−25,5°	−12,75°

b) Nach *Baeyer* sollte Cyclopentan am stabilsten sein. Die niedrigste Verbrennungsenthalpie pro CH_2-Gruppe besitzt jedoch Cyclohexan, so daß dieses das stabilste Cycloalkan darstellt.

A 67.6 Mit mittleren Bindungsenthalpien (s. Org. Chemie S. 204) erhält man (Zahlenangaben in $kJ \cdot mol^{-1}$):

a)

$$\underbrace{CH_3CH_2\text{—}\overset{413}{H} + \overset{242}{Cl\text{—}Cl}}_{655} \rightarrow \underbrace{CH_3CH_2\text{—}\overset{339}{Cl} + \overset{431}{H\text{—}Cl}}_{770}$$

Die Reaktionsenthalpie $\Delta_R H^0_m$ ergibt sich aus der Differenz der Summe der Bindungsenthalpien der gespaltenen Bindungen und der Summe der Bindungsenthalpien der gebildeten Bindungen:

$\Delta_R H^0_m = 655\ kJ \cdot mol^{-1} - 770\ kJ \cdot mol^{-1}$
$= -115\ kJ \cdot mol^{-1}$

Für die Alternativreaktion:

$$\underbrace{\overset{348}{CH_3\text{—}CH_3} + \overset{242}{Cl\text{—}Cl}}_{590} \rightarrow \overset{2 \cdot 339 = 678}{2\ CH_3\text{—}Cl}$$

$\Delta_R H^0_m = 590\ kJ \cdot mol^{-1} - 678\ kJ \cdot mol^{-1}$
$= -88\ kJ \cdot mol^{-1}$

b)

$$Cl\cdot + \overset{348}{CH_3\text{—}CH_3} \rightarrow \overset{339}{CH_3\text{—}Cl} + CH_3\cdot$$

$\Delta_R H^0_m = 348 - 339 = 9\ kJ \cdot mol^{-1}$

$$CH_3\cdot + \overset{242}{Cl\text{—}Cl} \rightarrow \overset{339}{CH_3\text{—}Cl} + Cl\cdot$$

$\Delta_R H^0_m = 242 - 339 = -97\ kJ \cdot mol^{-1}$

c) Der Schritt für die Spaltung einer C—C-Bindung erfordert eine höhere Aktivierungsenthalpie als die Spaltung einer peripheren C—H-Bindung. Die Enthalpieänderungen kann man genauer mit Bindungsdissoziationsenthalpien berechnen.

d) Molare Bindungsenthalpie:
$\Delta_B H^0_m(Cl_2) = 242\ kJ/mol$

Energie zur Spaltung eines Cl_2-Moleküls:
$\Delta_B H^0_m(1\ Cl_2) = 242/N_A\ kJ$

Energie des Lichts zur Spaltung eines Chlormoleküls:
$E = h \cdot f = h \cdot c/\lambda \quad (c = \lambda \cdot f)$

Mit $E = \Delta_B H^0_m(1\ Cl_2)$ erhält man:

$$\lambda(Cl_2) = \frac{N_A \cdot h \cdot c}{\Delta_B H^0_m(1\ Cl_2)}$$

$$= \frac{6{,}023 \cdot 10^{23}\ mol^{-1} \cdot 6{,}6256 \cdot 10^{-34}\ J \cdot s \cdot 3 \cdot 10^{10}\ cm \cdot s^{-1}}{10^3 \cdot 242\ J \cdot mol^{-1}}$$

$\lambda(Cl_2) \approx 495\ nm$

Für Brom ergibt sich $\Delta_B H^0_m(Br_2) = 193\ kJ \cdot mol^{-1}$
$\lambda(Br_2) \approx 620\ nm$ (vgl. LV 66.2)

A 67.7

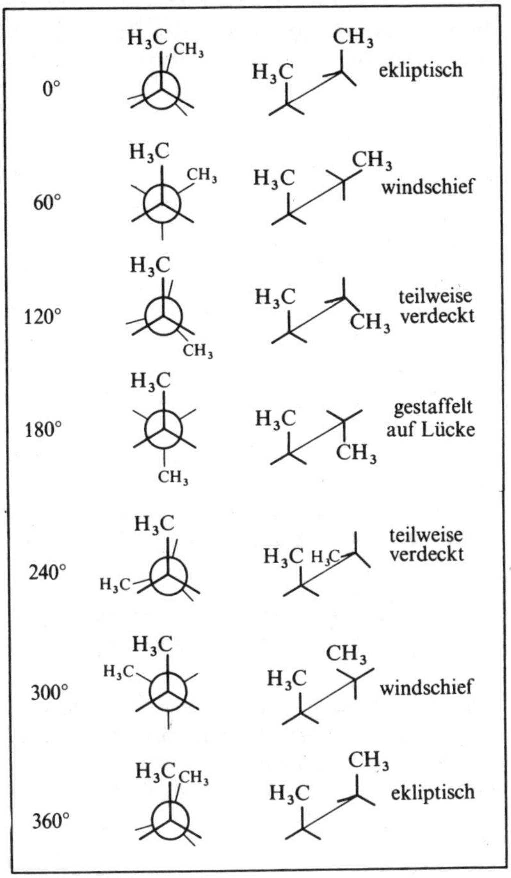
0°
ekliptisch
60°
windschief
120°
teilweise verdeckt
180°
gestaffelt auf Lücke
240°
teilweise verdeckt
300°
windschief
360°
ekliptisch

Beim Raumtemperatur liegt Butan zu 80% anti-periplanar und zu 20% syn-periplanar vor.

67.8

1a) $CH_3{-}CH_2{-}CH_2Br$ **A** $CH_3{-}CH(Br){-}CH_3$ **B**

2a) $CH_3{-}CH_2{-}CH_2{-}CH_2Br$ **A**
$CH_3{-}CHBr{-}CH_2{-}CH_3$ **B**

3a) $CH_3{-}CH(CH_3){-}CH_2Br$ **A** $CH_3{-}C(Br)(CH_3){-}CH_3$ **B**

4a)
$CH_3{-}CH_2{-}CH_2{-}CH_2{-}CH_2{-}CH_2{-}Br$
A

$CH_3{-}CH_2{-}CH_2{-}CH_2{-}CH(Br){-}CH_3$
B

$CH_3{-}CH_2{-}CH(Br){-}CH_2{-}CH_2{-}CH_3$
C

1b) Propanderivate: A : B = 6 : 2 bzw. 3 : 1

2b) Butanderivate: A : B = 6 : 4 bzw. 3 : 2

3b) 2-Methylpropanderivate: A : B = 1 : 9

4b) Hexanderivate: A : B : C = 6 : 4 : 4 bzw. 3 : 2 : 2

1c) Zur Berechnung des Anteils eines Isomeren im Produktgemisch wird der statistische Faktor mit der relativen Reaktivität multipliziert.
Propanderivate:
A = 6 · 1 = 6; B = 2 · 32 = 64; A : B = 6 : 64;
Anteil A = $\frac{6}{70}$ = 8,6 %; Anteil B = $\frac{64}{70}$ = 91,4 %

2c) Butanderivate:
A = 6 · 1 = 6; B = 4 · 32 = 128 ⇒ A = 4,5 %; B = 95,5 %

3c) 2-Methylpropan:
A = 1 · 9 = 9; B = 1 · 1600 = 1600
A : B = 9 : 1600; A = 0,6 %; B = 99,4 %

4c) Hexanderivate:
A = 6 · 1 = 6; B = 4 · 32 = 128; C = 4 · 32 = 128;
A ≈ 2,3 %; B ≈ 48,85 %; C ≈ 48,85 %

A 67.9

Anode (+):
$2\ CH_3{-}COO^{\ominus} \rightarrow 2\ CH_3\bullet + 2\ CO_2 + 2e^{\ominus}$
$2\ CH_3\bullet \rightarrow CH_3{-}CH_3$
Kathode (–):
$2\ H_2O + 2e^{\ominus} \rightarrow H_2 + 2\ OH^{\ominus}$

A 67.10

a)

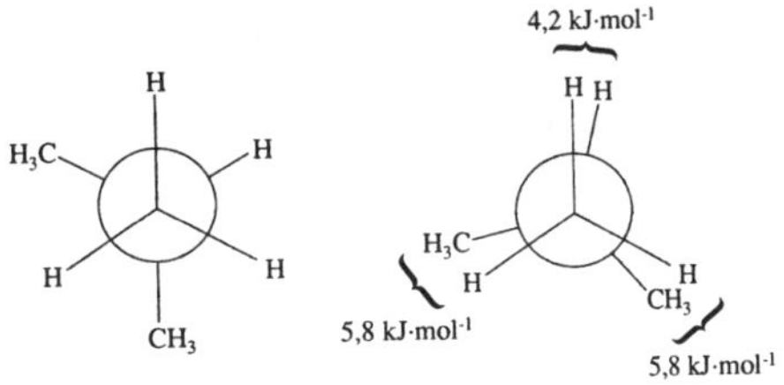
4,2 kJ·mol-1
5,8 kJ·mol-1
5,8 kJ·mol-1

b) Der Energieverlauf ist analog dem des Ethans (siehe Schülerband Abb. 64.2).
ΔE ist aber etwas größer:
ΔE(Ethan) ca. 12,5 kJ · mol^{-1}
ΔE(Isobutan) ca. 15,8 kJ · mol^{-1}

8 Alkene und Alkine

Die physikalischen Eigenschaften der ungesättigten aliphatischen Kohlenwasserstoffe unterscheiden sich nicht wesentlich von den ungesättigten Kohlenwasserstoffen. Große Unterschiede bestehen jedoch im chemischen Verhalten. Exemplarisch kann dies durch den Vergleich der Bromierung eines Alkans und eines Alkens verdeutlicht werden. Im Gegensatz zu den unpolaren Substitutions-Reaktionen der Alkane, bei denen C—H-Bindungen angegriffen werden, handelt es sich bei den Alkenen um polare Additionsreaktionen, bei denen die C=C-Doppelbindung angegriffen wird.

Kommentare und Lösungen

68.1 Die unterschiedliche Stabilität von *cis-trans*-Isomeren erkennt man an den molaren Hydrierenthalpien (oder Verbrennungsenthalpien) $\Delta_R H_m^0$.

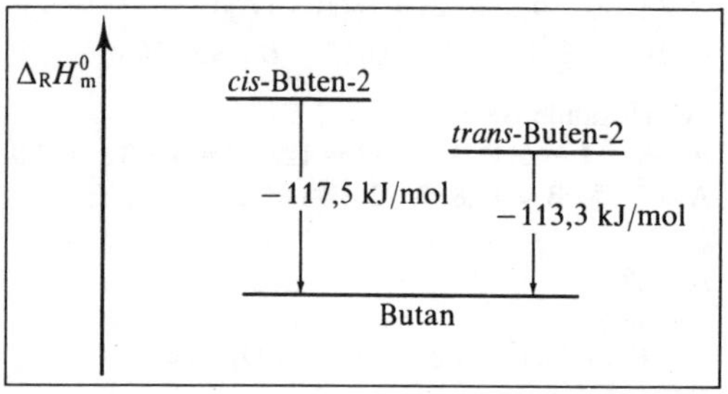

Die unterschiedliche Stabilität *cis-trans*-isomerer Alkene beruht auf sterischen Abstoßungskräften (Pitzer-Spannung) und auf elektronischen Effekten. Im allgemeinen sind *trans*-Isomere stabiler, da hier keine abstoßenden Kräfte zwischen Substituenten auftreten. Cis-Isomere sind jedoch dann stabiler, wenn hohe Dipolmomente auftreten und so die elektronischen Effekte dominieren, wie z. B.: bei Dichlorethen.

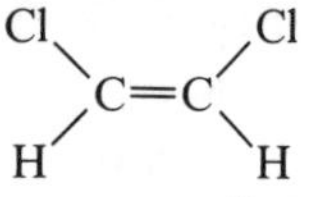

$\vec{\mu} = 6{,}1 \cdot 10^{-30}$ C·m,
$\vartheta_b = 60$ °C
stabiler

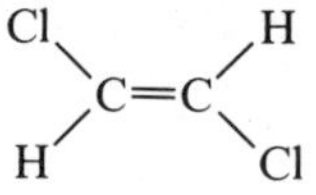

$\vec{\mu} = 0$ C·m,
$\vartheta_b = 48$ °C

Ergänzung

Auftreten von *Cis-trans*-Isomerie. Bei folgenden Substituentenkombinationen tritt *cis-trans*-Isomerie auf:

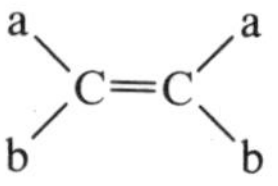

(1)

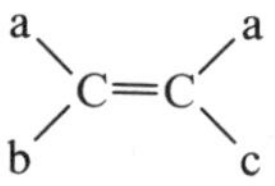

(2)

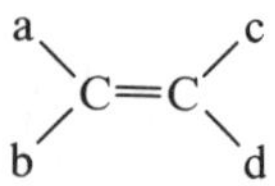

(3)

Keine *cis-trans*-Isomerie tritt auf, wenn ein C-Atom oder beide C-Atome der Doppelbindung zwei identische Reste tragen:

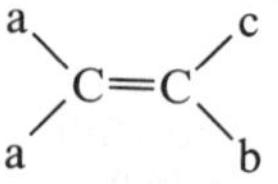

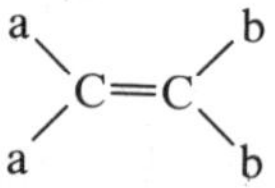

Für Alkene mit drei und vier verschiedenen Substituenten reichen die Vorsilben „*cis*" und „*trans*" zur eindeutigen Kennzeichnung nicht aus. Man verwendet in diesem Fall die E, Z-Nomenklatur.

E, Z-Nomenklatur

1. An jedem C-Atom wird die Rangfolge der Liganden nach bestimmten Sequenzregeln festgestellt.

2. Stehen die jeweils ranghöchsten Liganden auf einer Seite der Doppelbindung, so liegt Z-Konfiguration vor (Z = zusammen). Stehen sich die ranghöchsten Liganden gegenüber, so liegt E-Konfiguration vor (E = entgegen).

Sequenzregeln

1. Die Rangfolge der Liganden wird durch die *Ordnungszahl* festgelegt. Ein Ligand mit höherer Ordnungszahl hat Vorrang vor einem mit niedrigerer Ordnungszahl. Bei Isotopen erhält das schwerere Atom den Vorrang.

2. Im Falle gleicher Atome werden zur Entscheidung über die Rangfolge die Zweitatome herangezogen. Vorrang erhält der Substituent, bei dem die Summe der Ordnungszahlen der Zweitatome größer ist.

3. Zweitatome, die über eine Doppel- oder Dreifachbindung gebunden sind, werden wie zwei bzw. drei einfach gebundene Atome gewertet, z. B.: —CH=O entspricht —CH—O (mit einem weiteren O am C: —CH(—O)—O)

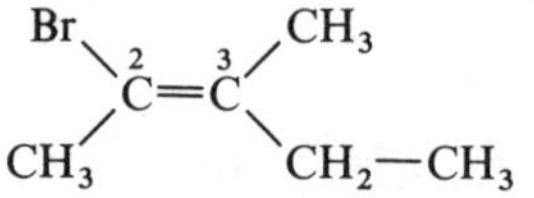

Ordnungszahlen
C 6, H 1, Br 35

Rangfolge an C – 2: $-Br > -CH_3$

Rangfolge an C – 3 (mit Hilfe der Zweitatome):

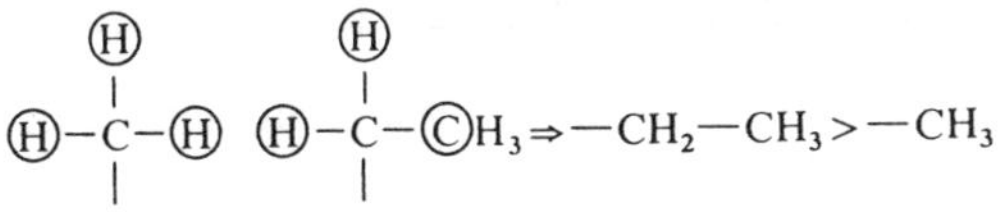

Da sich die jeweils ranghöheren Substituenten ($-Br$, $-C_2H_5$) gegenüberstehen, lautet der Name der Verbindung: E-2-Brom-3-methyl-pent-2-en.

68.2 Um *cis-trans*-Isomere ineinander umzuwandeln muß die π-Bindung aufgespalten werden; erst dann ist eine Rotation um die C—C-Achse möglich. Die Mindestenergiebarriere für die Existenz beständiger Stereoisomerer beträgt etwa 120 kJ/mol. Energiebarriere < 40 kJ/mol: schwierig nachweisbare Isomere; Energiebarriere 40–80 kJ/mol: gleichzeitiges Vorkommen der Isomere, Trennung bei Raumtemperatur nicht möglich, aber die Isomere sind mit physikalischen Methoden nachweisbar; Energiebarriere 80–120 kJ/mol: Trennung der Isomeren möglich, doch leichte Isomerisierung, vor allem bei höheren Temperaturen.

68.3 —

LV 68.1

a) Maleinsäure löst sich gut in Wasser, Fumarsäure ist praktisch wasserunlöslich:
L (Maleinsäure) = 78,8 g/100 cm^3 Wasser;
L (Fumarsäure) = 0,7 g/100 cm^3 Wasser.

b) Es fällt sofort ein Niederschlag von Fumarsäure aus.

8.1 Hydrierung und Hydroxylierung

Hydrierung und Hydroxylierung sind Additionsreaktionen, bei denen die Reaktionspartner von einer Seite der Doppelbindung addiert werden. Im Gegensatz dazu erfolgt die Addition von Halogen und Säuren (8.2. und 8.3.) von entgegengesetzten Seiten der Doppelbindung. Die Bezeichnungen *cis-* und *trans*-Addition für diese Reaktionen ist nicht korrekt, da mit den Vorsilben „*cis*" und „*trans*" die Konfiguration von Molekülen und nicht Reaktionsabläufe beschrieben werden. Entsprechendes gilt auch für die Vorsilben „syn" und „anti". Bei Eliminierungen tritt dieselbe Problematik der Bezeichnung auf. *Woodward* und *Hoffmann* schlagen vor, den unterschiedlichen stereochemischen Verlauf durch die Bezeichnungen *suprafaciale* und *antarafaciale* Addition (Eliminierung) zu kennzeichnen. Damit vermeidet man mögliche Formulierungen wie „*trans*-Eliminierung ergibt ein *cis*-Produkt". Da die Bezeichnungen von *Woodward* und *Hoffmann* ungewohnt und noch nicht allgemein verbreitet sind, wurde an der einfacheren Benennung festgehalten. Zur Unterscheidung von der Bezeichnung für die Konfiguration verwendet *Sykes* für die Kennzeichnung des Reaktionsverlaufs große Buchstaben (CIS und TRANS).

Stereochemischer Verlauf der Addition

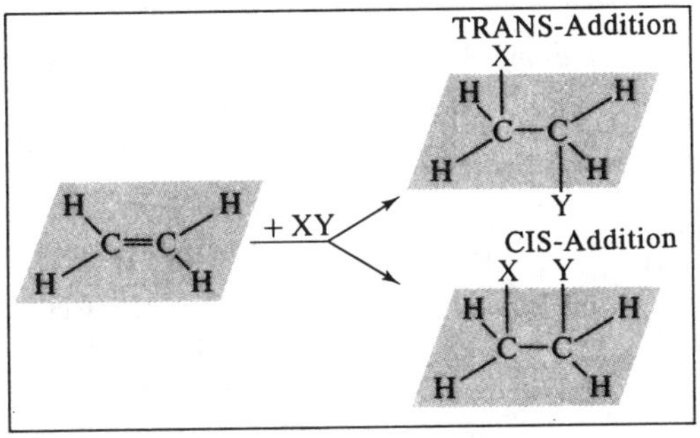

Kommentare und Lösungen

69.1. Die Hydrierung ist exotherm. Sie verläuft um so langsamer, je mehr Alkylreste an den C-Atomen der C=C-Doppelbindung gebunden sind. Bei höheren Temperaturen (ab etwa 250 °C) wird die Hydrierung umkehrbar. Die Dehydrierung beruht darauf, daß die Entropie bei der Wasserstoffabspaltung zunimmt und $|T \cdot \Delta S| > \Delta H$ wird.

69.2 Die Spaltung der cyclischen Zwischenstufe kann auch mit zwei Wassermolekülen formuliert werden. Durch radioaktive Markierung ($Mn^{18}O_4^-$) wurde bewiesen, daß die Mn—O-Bindungen und nicht die C—O-Bindungen gespalten werden.
Die Oxidationsstufe V des Mangans reagiert in basischer Lösung mit MnO_4^--Ionen zur Oxidationsstufe VI:

$$\overset{V}{Mn}O_3^- + 2OH^- + \overset{VII}{Mn}O_4^- \rightarrow 2\overset{VI}{Mn}O_4^{2-} + H_2O \text{ bzw}$$

$$H_2\overset{V}{Mn}O_4^- + 2OH^- + \overset{VII}{Mn}O_4^- \rightarrow 2\overset{VI}{Mn}O_4^{2-} + 2H_2O$$

Die Bildung von Braunstein erfolgt durch Disproportionierung des MnO_4^{2-}-Ions:

Oxid.: $2\overset{VI}{Mn}O_4^{2-} \rightarrow 2\overset{VII}{Mn}O_4^{-} + 2e$

Red.: $\overset{VI}{Mn}O_4^{2-} + 2H_2O + 2e \rightarrow \overset{IV}{Mn}O_2 + 4OH^-$

$$3\overset{VI}{Mn}O_4^{2-} + 2H_2O \rightarrow 2\overset{VII}{Mn}O_4^{-} + \overset{IV}{Mn}O_2 + 4OH^-$$

V 69.1 Katalysator: Fa. Degussa

Ergänzungen

Begriffsklärung: Reaktionen, bei denen aus stereochemisch differenzierten Ausgangsstoffen stereochemisch differenzierte Endstoffe entstehen, nennt man *stereospezifisch:*

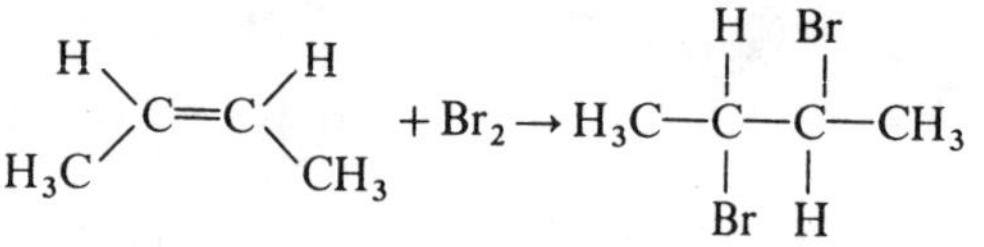

cis-Buten — D, L-2,3-Dibrombutan

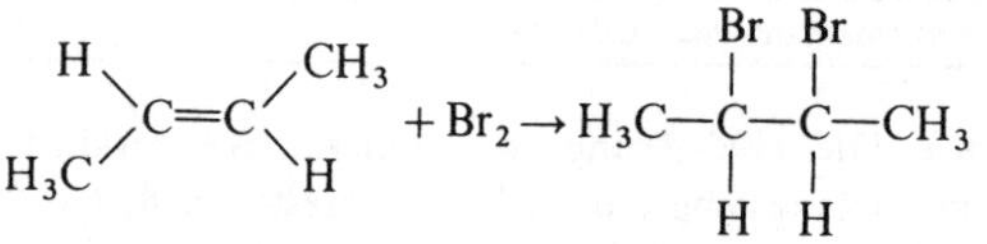

trans-Buten — meso-2,3-Dibrombutan (Das D, L-Produkt entsteht nicht)

Reaktionen, bei denen von zwei oder mehr möglichen stereoisomeren Produkten eines bevorzugt entsteht, nennt man es *stereoselektiv:*

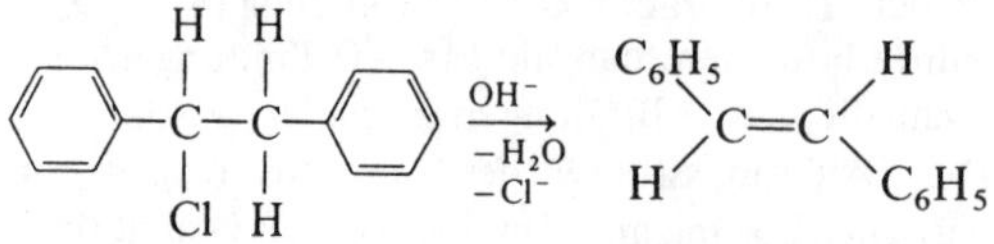

1,2-Diphenyl-1-chlorethan — *trans*-stilben (*cis*-Produkt entsteht wenig oder nicht)

8.2 Elektrophile Addition von Halogenen

Kommentare und Lösungen

70.1 π-Komplexe werden häufig mit einem Pfeil symbolisiert:

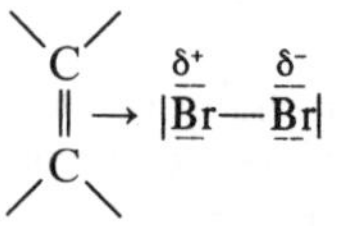

Demonstration eines π-Komplexes siehe V 71.2. Polarisierbarkeit von Halogenen vgl. V 23.1.

70.2 Dieser Mechanismus kann für die Bromaddition in Lösung aus 2 Gründen nicht zutreffen:

1. Die Bromatome werden in Lösung nicht von derselben Seite der Doppelbindung addiert (71.2).

2. In Gegenwart mehrerer Nucleophile treten bei Bromaddition Konkurrenzprodukte auf (71.1).

A 70.1

Die Zwischenstufe Bromonium-Ion reagiert nicht nur mit Bromid-Ionen, sondern auch mit Wasser-Molekülen:

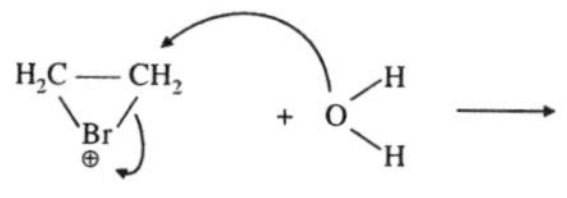

Bromonium-Ion

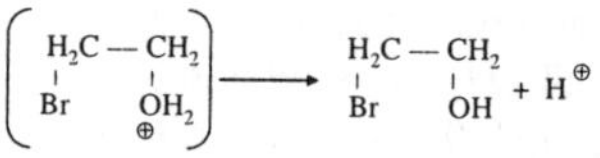

Die Zunahme der Acidität kann experimentell mit Universalindikator-Papier festgestellt werden.

A 70.2

a) Bindungsenthalpie C=C: 614 kJ/mol
Bindungsenthalpie C—C: 348 kJ/mol
π-Anteil 266 kJ/mol

b) Die Elektronen der Doppelbindung befinden sich außerhalb der C—C-Bindungsachse und sind daher zugänglicher und leichter polarisierbar. Wegen des relativ geringen π-Bindungsanteils ist die Umwandlung einer π-Bindung in zwei σ-Bindungen energetisch begünstigt.

c) Mit mittleren Bindungsenthalpien erhält man:
Bromierung: $\Delta_R H_m^0 = -111$ kJ/mol;
Iodierung: $\Delta_R H_m^0 = -19$ kJ/mol

71.1/71.2 —

A 71.1 Stoffmenge der Substanz:
$n = m/M = 0{,}05\ g/112\ g \cdot mol^{-1} = 0{,}00045\ mol$;
Stoffmenge des umgesetzten Broms:
$n = c \cdot V = 0{,}1\ mol \cdot l^{-1} \cdot 0{,}9 \cdot 10^{-3}\ mol \cdot l$
$= 0{,}00009\ mol$;

Ein Mol Brom reagiert mit zwei Mol der Substanz, also muß die Verbindung zwei Doppelbindungen enthalten. Beispiel: Sorbinsäure.

V 71.2
Die Reaktion von Brom mit Cyclohexen ist stark exotherm. Zum Test auf C=C-Doppelbindungen verwendet man immer verdünnte Lösungen.

V 71.3
In Cyclohexan beobachtet man eine violette Farbe wie bei gasförmigem Iod, Iodmoleküle liegen also unbeeinflußt vom Lösungsmittel ähnlich wie im Gaszustand vor. Iod in Cyclohexen dagegen ergibt eine braune Farbe, was auf eine Wechselwirkung von Iodmolekülen mit der C=C-Doppelbindung schließen läßt (π-Komplex).

Ergänzung

Versuch: Bestimmung der Anzahl der C=C-Doppelbindungen in Cyclohexen

Mit einer Vollpipette werden 50 ml Kaliumbromat-Lösung (O), $c(KBrO_3) = 0{,}1\ mol \cdot l^{-1}$, in einen 250-ml-Meßkolben überführt. Dazu gibt man 50 ml Kaliumbromid-Lösung, $c(KBr) \approx 1\ mol \cdot l^{-1}$ (Meßzylinder) und 1 ml Cyclohexen (F, Xn), (1 ml-Meßpipette). Nach der Zugabe von 50 ml verdünnter Schwefelsäure verschließt man den Kolben und schüttelt etwa 5 Minuten gut durch. Danach wird mit deionisiertem Wasser aufgefüllt und erneut durchgeschüttelt, bis die Lösung homogen ist. Eine 10 ml-Probe wird in einen 200 ml-Erlenmeyerkolben überführt, mit etwa 20 ml Wasser verdünnt und mit 4 ml Kaliumiodid-Lösung, $c(KI) \approx 1\ mol \cdot l^{-1}$, versetzt. Nach Zusatz einiger Tropfen Stärke-Lösung wird mit Natriumthiosulfat-Lösung, $c(Na_2S_2O_3) = 0{,}1\ mol \cdot l^{-1}$ bis zur Entfärbung titriert. Verbrauch: 4,4 ml Natriumthiosulfat-Lösung.

Der Titration liegen folgende stöchiometrische Gleichungen zugrunde:

$BrO_3^-(aq) + 5\,Br^-(aq) + 6\,H^+(aq) \rightarrow 3\,Br_2(aq) + 3\,H_2O(l)$

$Br_2(aq) + 2\,I^-(aq) \rightarrow I_2(aq) + 2\,Br^-(aq)$

$I_2(aq) + 2\,S_2O_3^{2-}(aq) \rightarrow 2\,I^-(aq) + S_4O_6^{2-}(aq)$

Daraus folgt:

$1\ mol\ KBrO_3 \triangleq 3\ mol\ Br_2$

$2\ mol\ S_2O_3^{2-} \triangleq 1\ mol\ Br_2$

Eingesetzte Stoffmenge:
Cyclohexen ($M = 82\ g \cdot mol^{-1}$
$\varrho = 0{,}811\ g \cdot cm^{-3}$): $m = \varrho \cdot V = 0{,}811\ g$;
$n = m/M = 0{,}0099\ mol$

Ausgangsstoffmenge Brom:

$n(KBrO_3) = c \cdot V = 0{,}1\ mol \cdot l^{-1} \cdot 50 \cdot 10^{-3}\ l = 0{,}005\ mol$

$n(Br_2) = 3 \cdot 0{,}005\ mol = 0{,}015\ mol$

Verbrauchte Stoffmenge Thiosulfat

a) 10-ml-Probe
$n(Na_2S_2O_3) = c \cdot V = 0{,}1\ mol \cdot l^{-1} \cdot 4{,}4 \cdot 10^{-3}\ l$
$= 4{,}4 \cdot 10^{-4}\ mol$

b) 250-ml-Probe:
$n(Na_2S_2O_3) = 25 \cdot 4{,}4 \cdot 10^{-4}\ mol = 0{,}011\ mol$

Stoffmenge Brom in der 250-ml-Probe nach der Bromierung:

$n(Br_2) = 1/2 \cdot 0{,}011\ mol = 0{,}0055\ mol$

Mit Cyclohexen reagierte Stoffmenge Brom:

$n(Br_2) = 0{,}015\ mol - 0{,}0055\ mol = 0{,}0095\ mol$

Mit einem Mol Cyclohexen reagieren also ein Mol Brom. Cyclohexen enthält somit eine C=C-Doppelbindung.

8.3 Elektrophile Addition von Säuren und Wasser

Kommentare und Lösungen

72.1 Die Addition einer Säure verläuft ebenfalls über einen π-Komplex. Ein dem Bromomium-Ion entsprechendes Protonium-Ion ist als Zwischenstufe nicht bekannt.
Die bevorzugte Bildung des Produkts entsprechend der Regel von *Markownikow* ist ein Beispiel für *Regioselektivität* (lat. regio = Ort).
Wie bei Radikalen besitzt der Kohlenstoff auch bei Carbenium-Ionen ein Elektronendefizit und die Stabilität von Carbenium-Ionen nimmt daher von primären zu tertiären Carbenium-Ionen zu. Außer durch +I-Effekte wird dies durch *Hyperkonjugation* begründet. Unter Hyperkonjugation versteht man die Wechselwirkung zwischen benachbarten bindenden σ-Orbitalen und p-Orbitalen.

72.2 Die Umkehrbarkeit der Addition von Wasser an die C=C-Doppelbindung beruht auf der Zunahme der Entropie bei höherer Temperatur. Die Bezeichnung „Hydratisierung von Alkenen" für die Anlagerung von Wasser an die C=C-Doppelbindung ist unkorrekt. Der Begriff „Hydratisierung" sollte ausschließlich für die Wechselwirkung von Wasser mit gelösten Teilchen verwendet werden.

Eine biologisch wichtige stereospezifische Addition von Wasser tritt im Citratzyclus bei der Umwandlung von Fumarsäure in L-Hydroxybutandisäure auf.

Bei reaktiven Alkenen erfolgt die Protonierung in wässeriger Schwefelsäure auch durch Hydronium-Ionen. Die Reaktionsschritte sind:

$$H_2SO_4 + H_2O \rightleftharpoons H_3O^+ + HSO_4^-$$

$$\mathrm{\underset{}{\overset{}{>}}C=C\underset{}{\overset{}{<}}} + H_3O^+ \xrightleftharpoons{langsam} -\underset{|}{\overset{|}{C}}-\underset{H}{\overset{\oplus}{C}}\underset{}{\overset{}{<}} + H_2O$$

$$-\underset{|}{\overset{|}{C}}-\underset{H}{\overset{\oplus}{C}}\underset{}{\overset{}{<}} + H_2O \xrightarrow{schnell} -\underset{|}{\overset{|}{C}}-\underset{|}{\overset{|}{C}}-\underset{H}{\overset{H}{O}}\underset{}{\overset{}{<}}$$

$$-\underset{H}{\overset{|}{C}}-\underset{|}{\overset{|}{C}}-\overset{\oplus}{\underset{H}{O}}\underset{}{\overset{H}{<}} + H_2O \xrightleftharpoons{schnell} -\underset{|}{\overset{|}{C}}-\underset{|}{\overset{|}{C}}-OH + H_3O^+$$

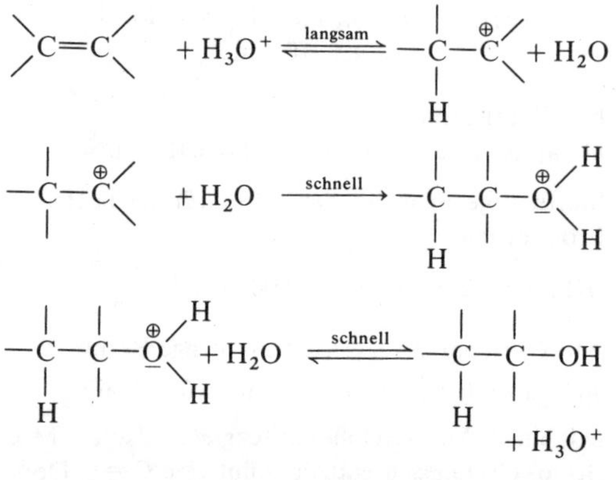

In konzentrierter Schwefelsäure erfolgt die Protonierung durch Schwefelsäure selbst, wobei neben Mono- auch Dialkylschwefelsäuren als Zwischenprodukte entstehen:

a) Addition:

$CH_2=CH_2 + CH_3CH_2-OSO_3H \rightleftharpoons$
  Monoethylschwefelsäure

$CH_3CH_2-O-SO_2-O-CH_2CH_3$

b) Hydrolyse (H_2O-Überschuß)

$CH_3CH_2-O-SO_3H + H_2O \rightleftharpoons$
  $CH_3CH_2OH + H_2SO_4$

$CH_3CH_2-O-SO_2-OCH_2CH_3 + 2H_2O \rightleftharpoons$
  $2CH_3CH_2OH + H_2SO_4$

Alkylschwefelsäuren sind in Schwefelsäure löslich, so daß klare Lösungen entstehen. Sie sind aus Lösungen schwer zu isolieren und bilden zerfließliche Kristalle. Mit Wasser hydrolysieren sie beim Erwärmen leicht zu Alkohol und verdünnter Schwefelsäure (H_3O^+, HSO_4^-, SO_4^{2-}). Da nach der Reaktion also keine H_2SO_4-Moleküle zurückgebildet werden, liegt strenggenommen keine Katalyse vor.

A 72.1

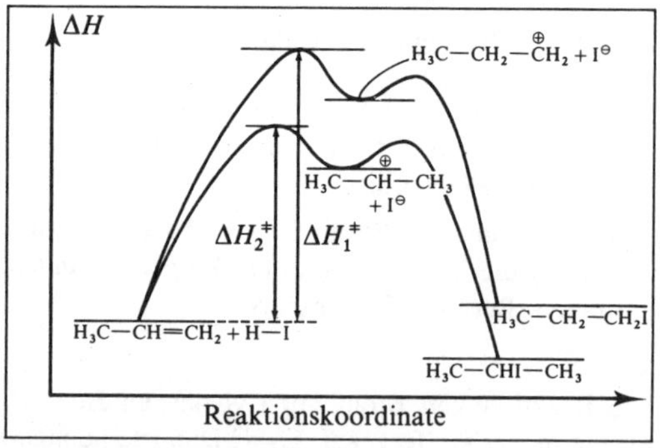

Die Aktivierungsenthalpie zur Bildung des primären Carbenium-Ions ist größer als zur Bildung des sekundären Carbenium-Ions.

LV 72.2 Man erhitzt am besten in einem Rundkolben mit Rückflußkühler.

8.4 Diene

Kommentare und Lösungen

73.1 In der einfachen MO-Betrachtung werden die vier p-Orbitale des Butadiens zu vier MO-Orbitalen kombiniert. Die Energie der MO's nimmt mit steigender Zahl der Knoten (Knotenflächen) zu.

73.2 Die Produktzusammensetzung hängt u. a. von der Reaktionstemperatur ab:

	$-80°C$	$40°C$
1,2-Produkt	80%	20%
1,4-Produkt	20%	80%

Bei $-80°C$ beobachtet man keine Isomerisierung der Produkte. Man isoliert bei dieser Temperatur die Produkte also im Verhältnis ihrer Bildungsgeschwindigkeiten. Die Reaktion ist bei $-80°C$ *kinetisch gesteuert*. Erwärmt man die bei tiefer Temperatur isolierten Produkte auf etwa 40°C, so bildet sich entsprechend der unterschiedlichen Stabilität der Alkene 80% 1,4-Produkt im Gleichgewicht. Die Reaktion ist bei höherer Temperatur *thermodynamisch gesteuert*.

Enthalpiediagramm der 1,2- und 1,4-Addition von Bromwasserstoff an Butadien

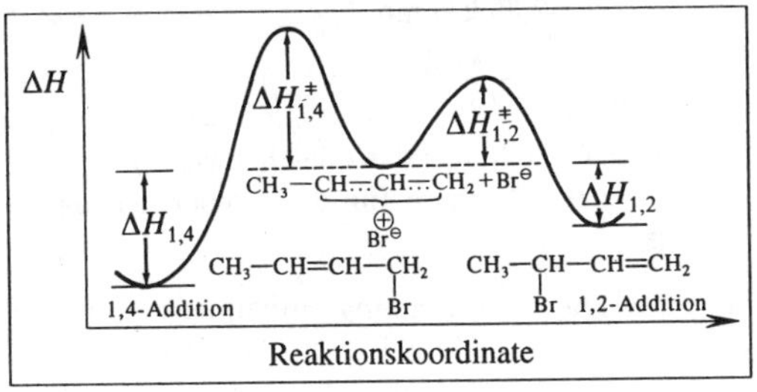

Bei der Addition von Brom an Butadien entsteht 3,4-Dibrombut-1-en und 1,4-Dibrombut-2-en:

a) $\overset{4}{\text{Br}-\text{CH}_2}-\overset{3}{\text{CH}}(\text{Br})-\overset{2}{\text{CH}}=\overset{1}{\text{CH}_2}$

b) $\text{Br}-\text{CH}_2-\text{CH}=\text{CH}-\text{CH}_2-\text{Br}$

Die Reaktion verläuft nicht über ein Bromonium-Ion, sondern über ein energieärmeres, mesomeriestabilisiertes Carbenium-Ion.

73.3 Die Hydrierenthalpien zeigen, daß konjugierte Systeme am energieärmsten sind. Systematische Nomenklatur: Allen (Propan-1,2-dien), Isopren (2-Methyl-buta-1,3-dien).

A 73.1
Das erste Brom wird von einem endständigen C-Atom gebunden. Das entstehende Carbenium-Ion ist mesomeriestabilisiert und daher energetisch günstiger als ein Bromonium-Ion:

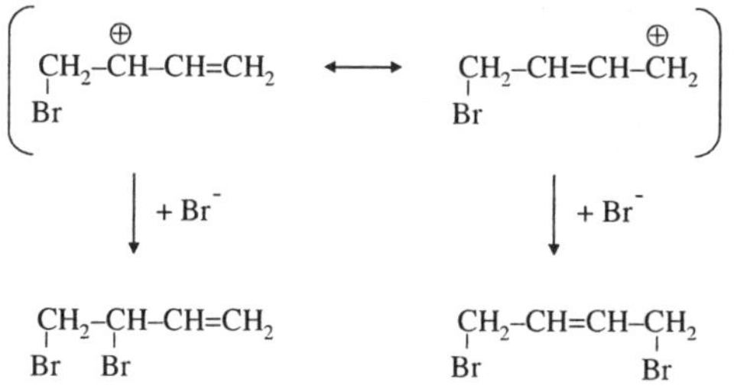

3,4-Dibrombut-1-en   1,4-Dibrombut-2-en

8.5 Acetylen

Acetylen ist thermodynamisch viel instabiler als Ethylen. Diese auf den ersten Blick vielleicht nicht selbstverständliche Tatsache läßt sich durch die Bindungsenthalpien erklären: Da C—H-Bindungen fester sind als C—C-Bindungen, erhöht sich die Stabilität eines Moleküls, wenn C—H-Bindungen an Stelle von C—C-Bindungen im Molekül vorhanden sind.

Kommentare und Lösungen

74.1 Es gibt mehrere petrochemische Verfahren zur Herstellung von Acetylen. Im elektrischen Lichtbogen zerfällt Methan bei 1400 °C in Acetylen und Wasserstoff: $2\ CH_4 \xrightarrow{1400\ °C} HC{\equiv}CH + 3\ H_2$
$\Delta_R H^0_m = 398\ kJ \cdot mol^{-1}$.

74.2 π-Anteil der Doppelbindung:
$614\ kJ \cdot mol^{-1} - 348\ kJ \cdot mol = 266\ kJ \cdot mol$;

π-Anteil der zweiten Doppelbindung in einem Alkin:
$839\ kJ \cdot mol^{-1} - 614\ kJ \cdot mol = 225\ kJ \cdot mol^{-1}$.
Durchschnittliche C—C-Bindungsenthalpie in

a) einer Dreifachbindung:
$839\ kJ \cdot mol^{-1} : 3 = 279{,}7\ kJ \cdot mol^{-1}$

b) Doppelbindung:
$614\ kJ \cdot mol^{-1} : 2 = 307\ kJ \cdot mol^{-1}$.

74.3 Die Bromierung der C≡C-Dreifachbindung verläuft als TRANS-Addition. Weitere Bromaddition führt zu 1,1,2,2-Tetrabromethan. Die C≡C-Dreifachbindung ist gegenüber Brom und anderen Elektrophilen weniger reaktiv als die C=C-Doppelbindung. Eine Erklärung für die eigentlich unerwartet niedrige Reaktivität ist die Bildung weniger stabiler Carbenium-Ionen aus der C≡C-Bindung.

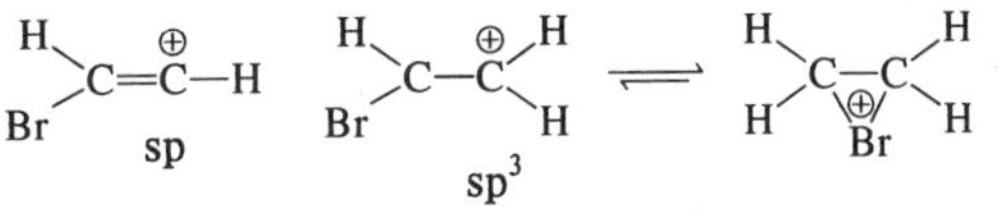

74.4

Zusammenhang zwischen der C—H-Bindungslänge und Hybridisierung

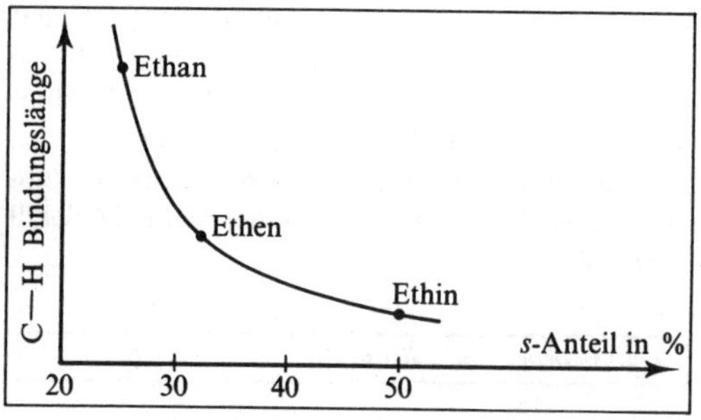

Hybridisierung und Elektronegativität der C-Atome:

Hybridisierung	s-Anteil in %	Elektronegativität
sp^3	25	2,5
sp^2	33	2,75
sp	50	3,1

Ergänzung

Vergleich zwischen Ethan, Ethen und Ethin:

	Ethan	Ethen	Ethin
Ionisationspotential in eV	14	10,5	11,4
Standardbildungsenthalpie $\Delta_f H_m^0$ in kJ/mol	−85	52	227
freie Standardbildungsenthalpie $\Delta_f G_m^0$ in kJ/mol	−33	62	209
C—C-Bindungslänge in nm	0,154	0,135	0,120
C—H-Bindungslänge in nm	0,109	0,108	0,106
pK_s-Werte	44	40	22
Bindungsenthalpien in $kJ \cdot mol^{-1}$ (C—C, C=C und C≡C)	348	614	839
Verbrennungsenthalpien ΔH_c in $kJ \cdot mol^{-1}$	−1557	−1409	−1299
ϑ_m in °C	−183,3	−169,2	−80,8
ϑ_b in °C	−161,5	−103,7	−84,0

Zusätzliche Aufgaben

A 75.1

a) Pent-1-en; b) Pent-2-en (cis und trans); c) 3-Metylbut-1-en; d) 2-Methylbut-2-en; e) 2-Methylbut-1-en; f) 4-Mehtylpent-2-in

A 75.2

a) $\Delta_R G_m^0 = \Delta_f G_m^0$ (trans) $- \Delta_f G_m^0$ (cis)
$= -2{,}89 \text{ kJ} \cdot \text{mol}^{-1}$

$$K = 10^{-\frac{\Delta_R G_m^0}{5{,}7 \cdot kJ \cdot mol^{-1}}} = 10^{0{,}507} = 3{,}21$$

b) Bei 25 °C stellt sich das Gleichgewicht nicht ein, da die Energiebarriere für die Isomerisierung zu hoch ist.

A 75.3
Die Verbrennungsenthalpien sind auf $CO_2(g)$ und $H_2O(l)$ bei 25 °C bezogen. Bei der Verbrennung von Ethen und Ethan entsteht mehr Wasser als bei der Verbrennung von Ethin. Die Erwärmung und Verdampfung dieses Wassers erfordert Energie, wodurch die Flammentemperatur erniedrigt wird.

$C_2H_2(g) + \frac{5}{2} O_2(g) \rightarrow 2 CO_2(g) + H_2O(l)$;
$C_2H_4(g) + 3 O_2(g) \rightarrow 2 CO_2(g) + 2 H_2O(l)$;
$C_2H_6(g) + \frac{7}{2} O_2(g) \rightarrow 2 CO_2(g) + 3 H_2O(l)$;

A 75.4

a) *trans*-2-Chlorbut-2-en:

$$\begin{array}{c} H \quad\quad CH_3 \\ C=C \\ H_3C \quad\quad Cl \end{array}$$

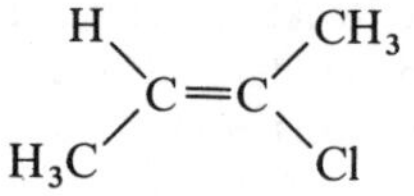

b) 2,2-Dichlorbutan:

$$CH_3-\overset{\overset{H}{|}}{\underset{\underset{H}{|}}{C}}-\overset{\overset{Cl}{|}}{\underset{\underset{Cl}{|}}{C}}-CH_3$$

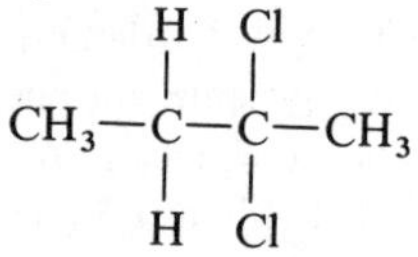

c) *cis*-But-2-en:

$$\begin{array}{c} H \quad\quad H \\ C=C \\ H_3C \quad\quad CH_3 \end{array}$$

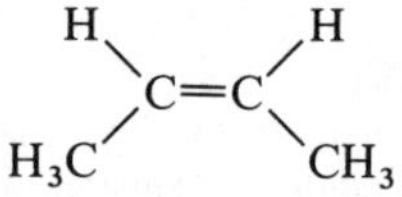

d) 2-Methylbut-1-en, 3-Methylbut-1-en und 2-Methylbut-2-en:

$CH_2=\underset{\underset{CH_3}{|}}{C}-CH_2-CH_3$ $\quad$ $CH_3-\underset{\underset{CH_3}{|}}{CH}-CH=CH_2$

$CH_3-\underset{\underset{CH_3}{|}}{C}=CH-CH_3$

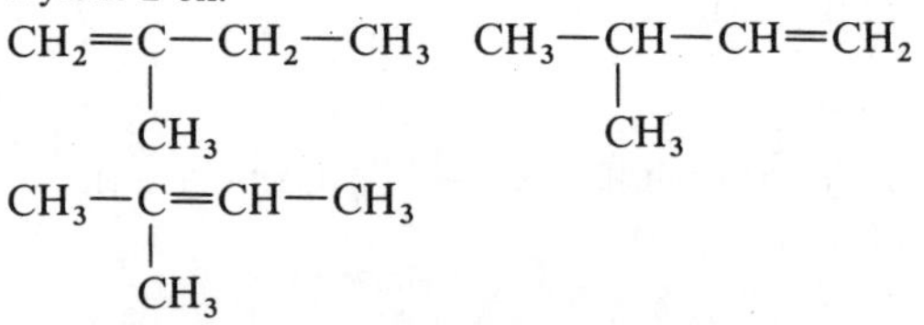

e) 3-Chlor-3-methylbut-1-en, 1-Chlor-3-methylbut-2-en:

$CH_3-\underset{\underset{CH_3}{|}}{\overset{\overset{Cl}{|}}{C}}-CH=CH_2$ $\quad$ $CH_3-\underset{\underset{CH_3}{|}}{C}=CH-CH_2-Cl$

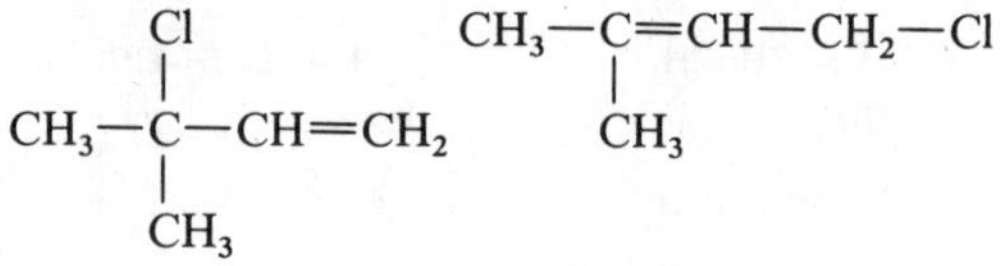

f) 1,1-Dichlorethan:

$$H-\overset{\overset{H}{|}}{\underset{\underset{H}{|}}{C}}-\overset{\overset{Cl}{|}}{\underset{\underset{Cl}{|}}{C}}-H$$

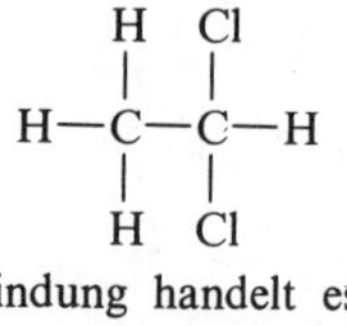

A 75.5
Bei der Verbindung handelt es sich um 3-Methylbut-1-in:
$CH_3-\underset{\underset{CH_3}{|}}{CH}-C\equiv CH$

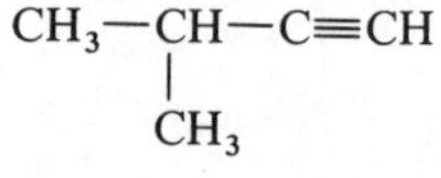

A 75.6 Stabilität: c < a < b

a) ist ein sekundäres Carbenium-Ion,

b) ist mesomeriestabilisiert,

c) ein primäres Carbenium-Ion.

A 75.7

a) und **b)**: Die Verbindungen lassen sich durch Umsetzen mit ammoniakalischer CuCl-Lösung unterscheiden; es reagieren jeweils die 1-Alkine.

A 75.8 Die Butane, die unverzweigten Pentane und die verzweigten Pentane können jeweils untereinander verglichen werden, da bei der Hydrierung jeweils das gleiche Produkt entsteht.

a) Butene

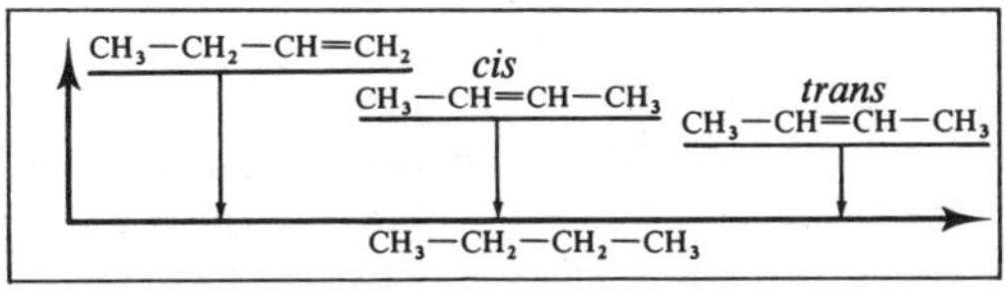

$CH_3-CH_2-CH=CH_2$
cis
$CH_3-CH=CH-CH_3$
trans
$CH_3-CH=CH-CH_3$
$CH_3-CH_2-CH_2-CH_3$

b) Die Verbrennungsenthalpien sind auf pro Mol CH_2-Gruppe zu beziehen.

A 75.9

a) 1. Schritt

$CH_3—CH{=}CH_2 + Br\cdot \rightarrow CH_3—\dot{C}H—CH_2—Br$

2. Schritt

$CH_3—\dot{C}H—CH_2—Br + H—Br$

$\rightarrow CH_3—CH_2—CH_2—Br + Br\cdot$

b) Es greift hier im ersten Schritt ein Bromatom an und nicht wie bei der elektrophilen Addition von HBr ein Proton.

A 75.10

a) *tert.*-Butanol

b) Das Säureanion der Schwefelsäure, HSO_4^-, ist schwächer nucleophil als Cl^- und Br^- und außerdem eine leichter zu verdrängende Abgangsgruppe als die Halogenid-Ionen.

A 75.11

a) Da Wasserstoffatome schrittweise addiert werden, steht dies mit dem Mechanismus in Einklang.

b) Ein Ein-Schritt-Mechanismus mit Vierzentren-Übergangszustand ist auszuschließen.

c) 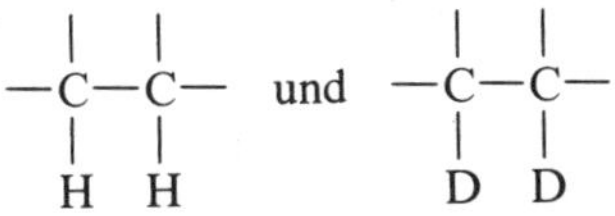

—C—C—
H H
und
—C—C—
D D

9 Aromatische Kohlenwasserstoffe

Grundlage für das Verständnis der chemischen Eigenschaften aromatischer Kohlenwasserstoffe sind Kenntnisse über die Bindung in aromatischen Molekülen. Die Bindung im Benzol ist nach dem VB-Modell (S. 17) und nach dem MO-Modell (S. 19) im Kapitel chemische Bindung erläutert worden.

Es wird besonders darauf hingewiesen, daß Benzol ein *starkes Atemgift* ist und außerdem *cancerogene Wirkungen* hat. Versuche mit Benzol sind daher *nur vom Lehrer* und *nur im Abzug* auszuführen.

Als Schlüsselversuch für die Reaktivität des Benzols und die elektrophile Substitution ist die Bromierung besonders wichtig. Ansonsten ist im einzelnen zu entscheiden, ob bei den üblichen Versuchen Benzol durch das weniger giftige Toluol ersetzt wird.

Von den Benzolderivaten werden in diesem Kapitel nur deren elektrophile Zweitsubstitution besprochen. Die ausführliche Behandlung von Phenol erfolgt in Kap. 11.2. und von Anilin in Kap. 14.1.

9.1 Benzol und Homologe

Kommentare und Lösungen

76.1 —

76.2 —

76.3 Bei der Benzinveredelung nach dem Platformingverfahren (S. 152) entstehen neben Benzol als weitere Aromaten Toluol und Xylole. Zur Verwendung von Benzol vergleiche 153.2.

76.4 —

76.5 —

9.2 Aromatischer Zustand

Von theoretischer Seite (MO-Modell) ist die *Hückel*-Regel ein Kriterium des aromatischen Zustands. Das Beispiel *Cyclobutadien* zeigt, das ringförmige, ebene Moleküle mit mesomeren Grenzformeln nicht notwendigerweise aromatisch sind. Zum Begriff Mesomerie vergleiche S. 17.

Kommentare und Lösungen

77.1 Aufgrund des Ringstrom-Effektes ist die Protonenresonanz-Spektroskopie (S. 56) ein wichtiges Hilfsmittel zum Nachweis aromatischer Eigenschaften von Verbindungen. Die chemische Verschiebung aromatischer Wasserstoffatome liegt im Vergleich zu Alkanen bei sehr hohen δ-Werten (δ = 6,5 bis 8,5).

77.2 —

77.3 Mesomerieenergien sind keine direkt meßbaren Größen, weil die einzelnen mesomeren Grenzformeln mit lokalisierten Doppelbindungen nicht existieren.
Die Hydrierenthalpie von Cyclohexadien beträgt $-231{,}9\ \text{kJ} \cdot \text{mol}^{-1}$.

9.3 Elektrophile Substitution

Kommentare und Lösungen

78.1 Zur Veranschaulichung der Wechselwirkung zwischen π-Elektronen und Elektrophil werden π-Komplexe oft durch einen Pfeil angedeutet:

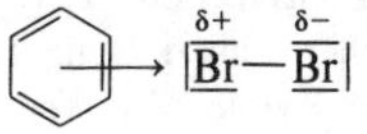

π-Komplexe sind durch UV-Absorption nachweisbar.

78.2 Als Kurzschreibweise sind folgende Formeln gebräuchlich:

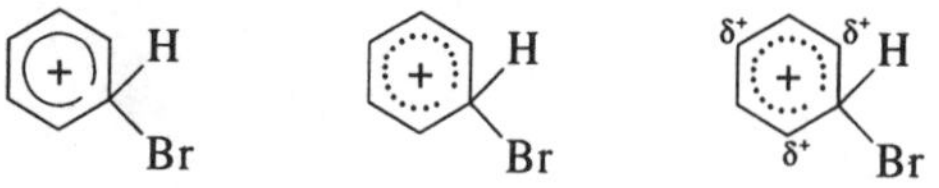

78.3 —

A 78.1
a) $2\ Al\ (s) + 3\ Br_2 \rightarrow 2\ AlBr_3\ (s)$.
b) Es liegen polare Elektronenpaarbindungen vor.
c) Aluminiumbromid löst sich in Benzol, weil keine Ionenbindungen sondern polare Elektronenpaarbindungen vorliegen.

LV 78.2 Die verwendete *Lewis*-Säure muß wasserfrei sein. Es empfiehlt sich daher, den Katalysator, wie beschrieben, kurz vor der Bromierung herzustellen. Überschüssiges Brom wird entfernt, indem man das Reagenzglas schräg mit der Öffnung nach unten hält.

79.1 Die Existenz von Nitronium-Ionen in der Nitriersäure wurde IR- und RAMAN-spektroskopisch nachgewiesen.

79.2 Friedel-Crafts-Acylierung.
In Gegenwart von $AlCl_3$ können Aromaten auch von Carbonsäurechloriden oder Carbonsäureanhydriden elektrophil substituiert werden. Bei dieser FRIEDEL-CRAFTS-*Acylierung* entstehen Ketone:

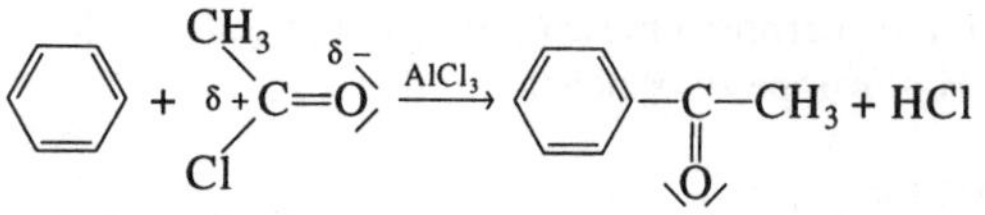

In polaren Lösungsmitteln reagieren *Acylium-Ionen* als Elektrophil:

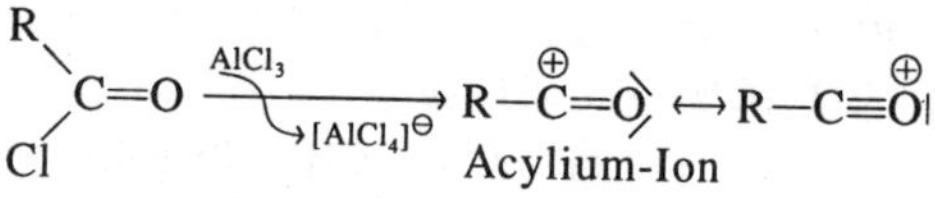

In unpolaren Lösungsmitteln liegen als Elektrophil *aktivierte Halogenide* vor:

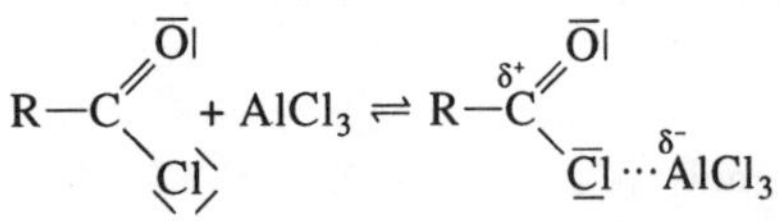

A 79.1 Die Spaltung der C—H-Bindung ist nicht der geschwindigkeitsbestimmende Schritt der Reaktion. Geschwindigkeitsbestimmend ist die Bildung des σ-Komplexes.

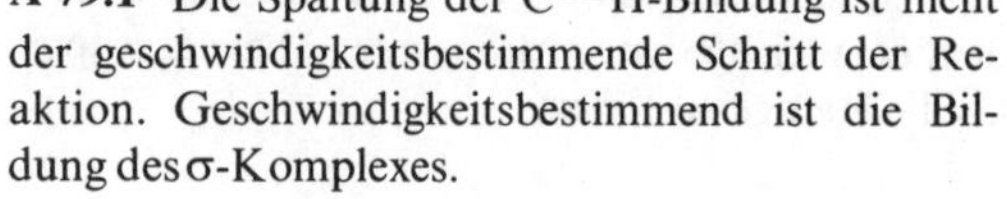

V 79.2

a) Die Herstellung von $AlBr_3$ erfolgt nach LV 78.2. Durch Wechselwirkung der π-Elektronen des Toluols mit HCl und $AlBr_3$ entsteht eine grüne Farbe.

b) Die Lösung leitet den elektrischen Strom. Es liegen daher Ionen vor, was durch die Bildung eines σ-Komplexes erklärt wird. Vereinfacht wird die Stromstärke als Maß für die elektrische Leitfähigkeit betrachtet: Bei 250 V Gleichspannung erhält man mit einem Leitfähigkeitsprüfer eine Stromstärke von etwa 50 μA. Unter gleichen Bedingungen ist die Stromstärke bei reinem Toluol sowie bei Cyclohexan und einer Lösung von $AlBr_3$ und HCl in Cyclohexan gleich 0.

V 79.3 An der Kathode entsteht braunes NO_2:

$NO_2^+ + 1\,e^- \rightarrow NO_2$ oder
$H_2NO_3^+ + 1\,e^- \rightarrow NO_2 + H_2O$

9.4 Elektrophile Zweitsubstitution

Kommentare und Lösungen

80.1/80.2

Zur Erklärung der Orientierung bei *–M*-Substituenten vgl. A 83.4.

80.3 Da im Toluol zwei *ortho*-Wasserstoffatome und ein *para*-Wasserstoffatom vorhanden ist, sollten *o*-Nitrotoluol und *p*-Nitrotoluol im Verhältnis 2 : 1 entstehen. Infolge der sterischen Hinderung der Methylgruppe und der Nitrogruppe bildet sich jedoch weniger *ortho*-Produkt als erwartet.

80.4 Zum Zusammenhang zwischen Reaktivität und Dipolmoment substituierter Benzole vgl. A 83.10.

9.5 Mehrkernige Aromaten und Heteroaromaten

Kommentare und Lösungen

81.1 *Iupac*-Benennung für 3,4-Benzpyren ist Benzo[def]chrysen.

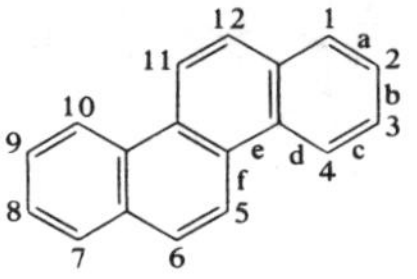

Chrysen

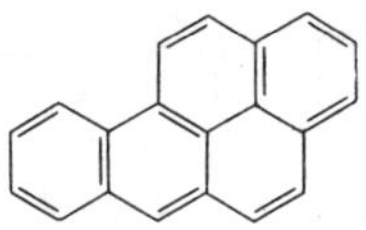

Benzo[def]chrysen

81.2 —

A 81.1 Im Benzol sind die beiden *Kekulé*-Strukturen energiegleich. Dies ist bei den mesomeren Grenzformeln des Naphthalins nicht der Fall. Aus den Grenzformeln folgt, daß die Bindung zwischen C—1 und C—2, zwischen C—3 und C—4, zwischen C—5 und C—6 sowie zwischen C—7 und C—8 am stabilsten ist: Zwischen diesen Atomen sind jeweils in zwei der drei mesomeren Grenzformeln Doppelbindungen. Die Bindungslänge ist daher zwischen diesen C-Atomen kleiner als zwischen den anderen. Vgl. A 83.8.

Mesomere Grenzformeln des Naphthalins

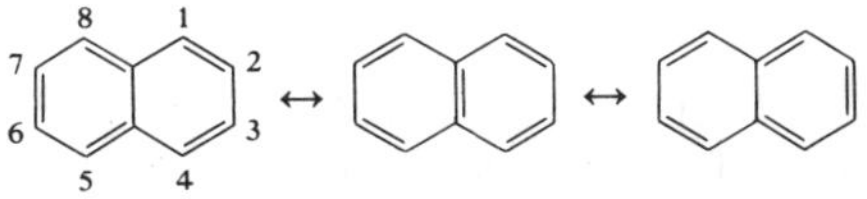

A 81.2

a)

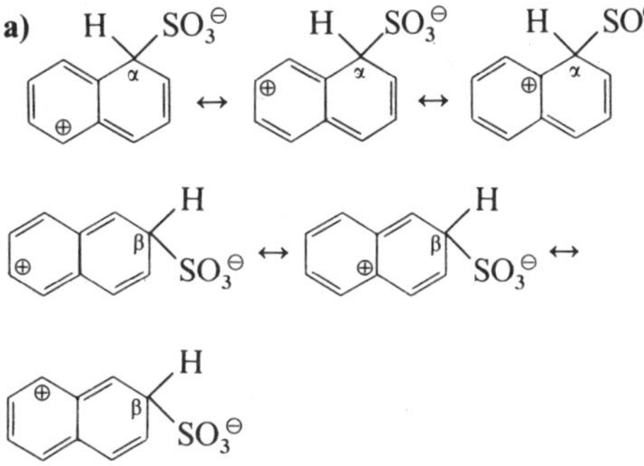

b) In den angegebenen Grenzformeln hat ein Ring die energiearme Elektronenverteilung des Benzols in den anderen Grenzformeln nicht.

c) Bei einer α-Sulfonierung ist die positive Ladung des σ-Komplexes besser delokalisiert.

d)

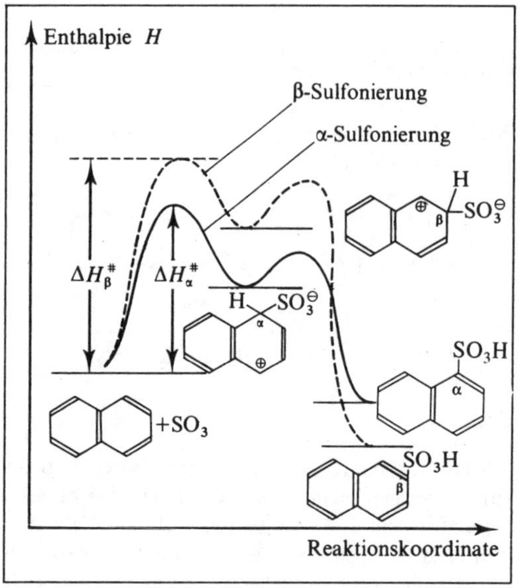

e)

$$C_{10}H_8 + SO_3 \xrightarrow{H_2SO_4} C_{10}H_7SO_3H$$

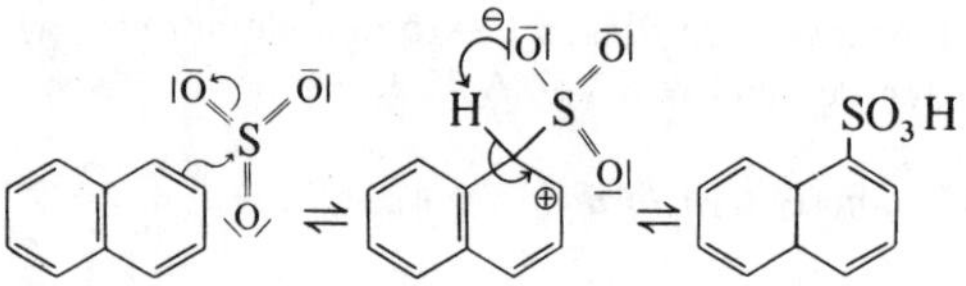

f) In der Naphthalin-α-Sulfonsäure besteht zwischen der Sulfonsäuregruppe und dem H-Atom an C – 8 eine sterische Hinderung:

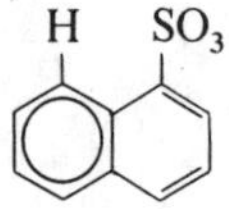

Kommentare und Lösungen

82.1 Siehe auch 83.12

82.2 —

82.3 —

A 82.1

a) Mechanismus wie 78.1.

b) *Startreaktion:* $Br_2 \xrightarrow{\text{Licht}} 2\,Br\cdot$

Kettenfortpflanzung:

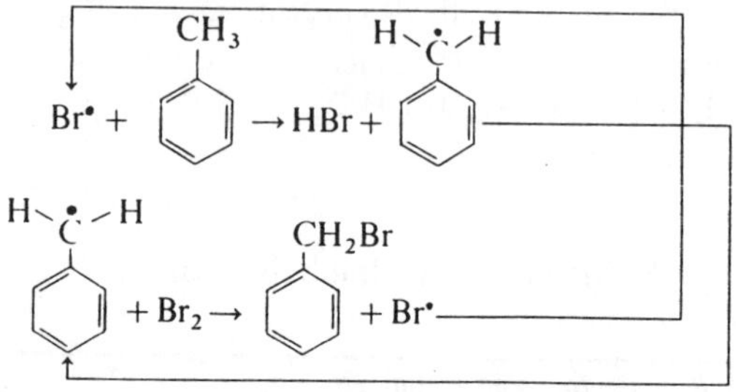

V 82.2

a) Wenn die Reaktion nicht anspringt, wird leicht erwärmt. Es läuft eine Kernsubstitution unter Bildung von *o*-Bromtoluol und *p*-Bromtoluol ab.

b) Die Lösung wird entfärbt. Bei einer Substitution in der Seitenkette entsteht Benzylbromid $C_6H_5CH_2Br$. Bei weiterer Zugabe von Brom können alle drei Wasserstoffatome der Methylgruppe ersetzt werden.

c) In beiden Fällen entsteht Bromwasserstoff. Die Reaktionsprodukte unterscheiden sich in charakteristischer Weise in ihrem *Geruch*. Während *ortho-* und *para*-Bromtoluol einen aromatischen Geruch haben, ist Benzylbromid ein stechend riechender Augenreizstoff.

Zusätzliche Aufgaben

A 83.1

Konstitutionsformel bzw. mesomere Grenzformeln	aromatisch ja/nein	Anzahl der π-Elek.
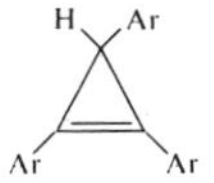	nein	2
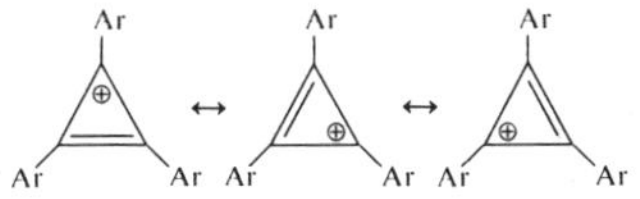	ja	2
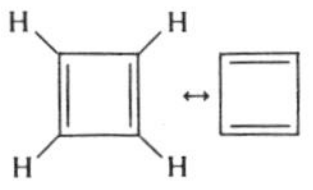	nein	4
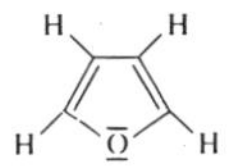	ja	6
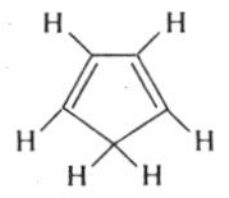	nein	4
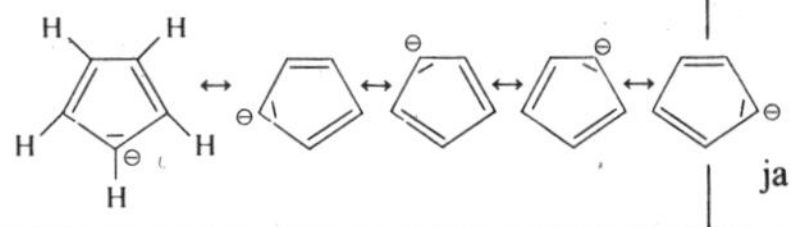	ja	6
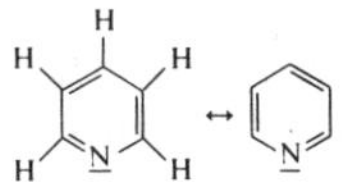	ja	6
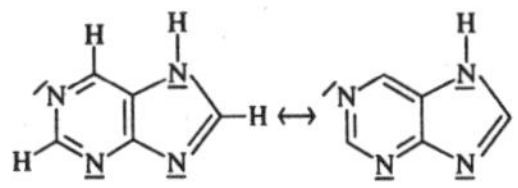	ja	10
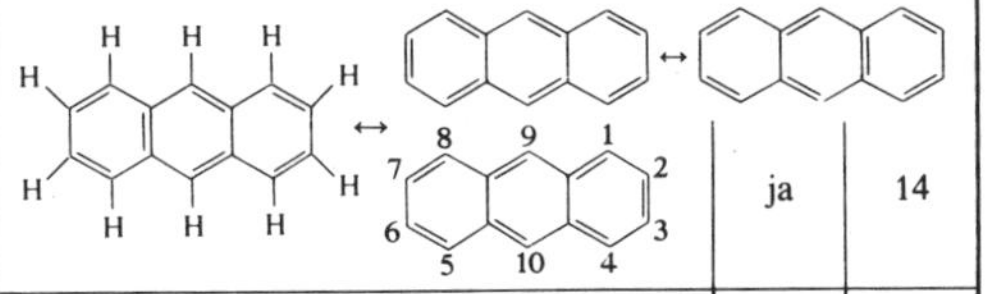	ja	14
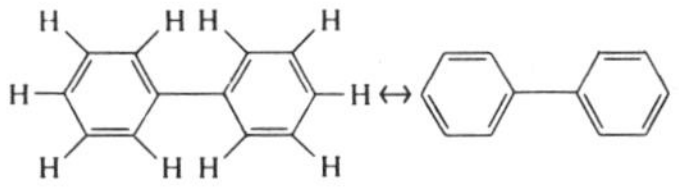	ja	6+6
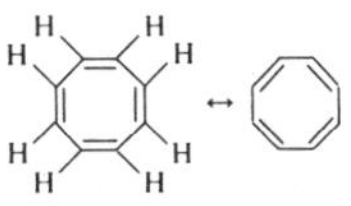	nein	8

A 83.2

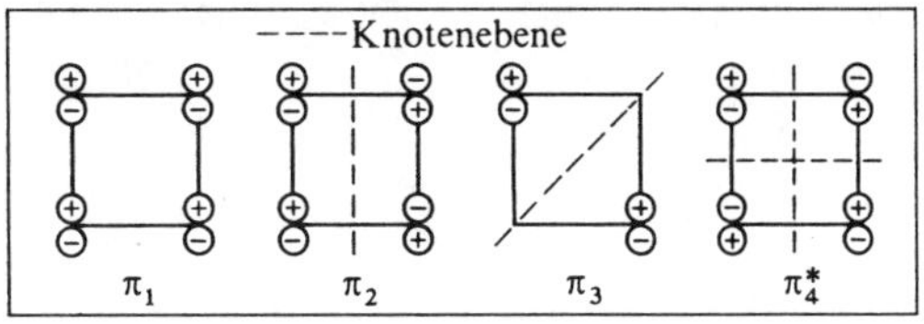

π_1: 4 bindende Beziehungen ⇒ bindendes MO

π_2: 2 bindende, 2 antibindende Beziehungen ⇒ nichtbindendes MO

π_3: weder bindende noch antibindende Beziehungen ⇒ nichtbindendes MO

π_4: 4 antibindende Beziehungen ⇒ antibindendes MO

vgl. 17.2.

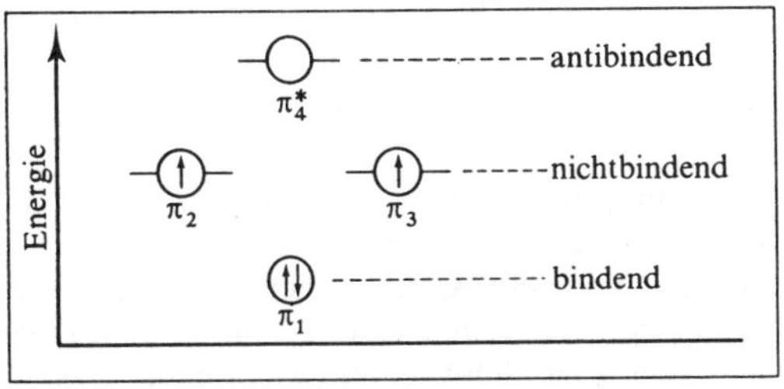

Cyclobutadien ist nicht aromatisch, weil nur ein bindendes Molekülorbital vorhanden ist. Zwei C=C-Doppelbindungen sind stabiler.

A 83.3

a) 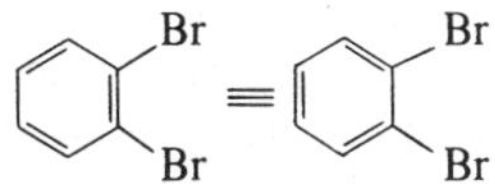

b) Die π-Elektronen sind delokalisiert und die C—C-Bindungslängen sind alle gleich groß.

A 83.4 a)

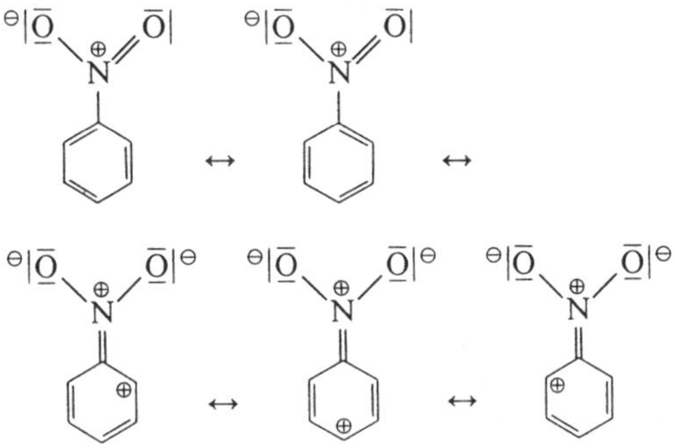

In *ortho*- und *para*-Stellung sind positive Formalladungen, ein elektrophiler Angriff erfolgt daher bevorzugt in *meta*-Stellung.

b)

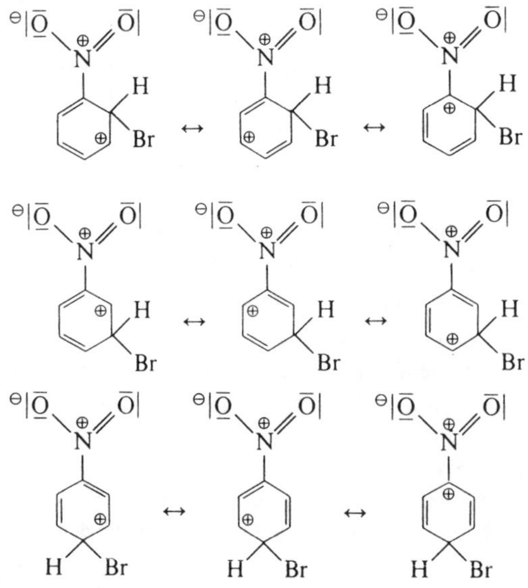

Bei einer Substitution in *ortho*- oder *para*-Stellung sind die σ-Komplexe weniger stabil, weil jeweils in einer mesomeren Grenzformel positive Formalladungen am N-Atom und am C – 1-Atom benachbart sind. Eine Substitution erfolgt daher eher in *meta*-Stellung.

A 83.5

a) Die tert. Butylgruppe ist *o*, *p*-dirigierend.

b) Die sterische Hinderung zwischen der tert. Butylgruppe und der Nitrogruppe ist wesentlich größer als die sterische Hinderung zwischen der Methylgruppe und der Nitrogruppe.

A 83.6

a) Die OH-Gruppe und die NH_2-Gruppe sind auf Grund freier Elektronenpaare am Sauerstoffatom bzw. am Stickstoffatom $+M$-Substituenten. $+M$-Substituenten dirigieren nach *ortho* und *para* (S. 78).

b) In alkalischer Lösung liegt Phenol als Phenolat-Anion vor. Das negativ geladene Sauerstoffatom des Phenolat-Anions hat einen größeren $+M$-*Effekt* als die OH-Gruppe des Phenols.

c) In saurer Lösung liegt die Aminogruppe als Ammoniumgruppe vor. Diese hat kein freies Elektronenpaar und ist daher kein $+M$-Substituent, sondern hat einen $-I$-Effekt. Der σ-Komplex bei einer *meta*-Substitution ist stabiler als bei einer Substitution in *ortho*- oder *para*-Stellung (vergleiche A 83.4 b)

A 83.7 Synthese: Nitrierung von Toluol zu *o*-Nitrotoluol und *p*-Nitrotoluol. Weitere Nitrierung ergibt Trinitrotoluol.

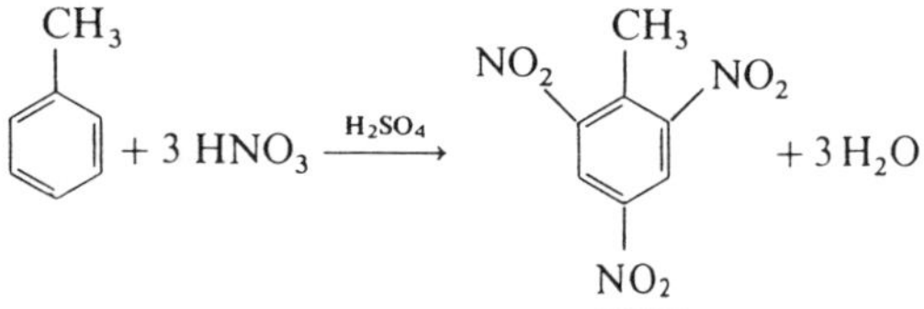
CH3
+ 3 HNO3
H2SO4
CH3
NO2
NO2
NO2
+ 3 H2O

TNT

A 83.8 Aus den mesomeren Grenzformeln folgt, daß Naphthalin nicht die Elektronenverteilung zweier Benzolreste hat.

falsch richtig

A 83.9 Mesomere Grenzformeln von Anthracen, siehe A 81.1. Grenzformeln von Phenanthren:

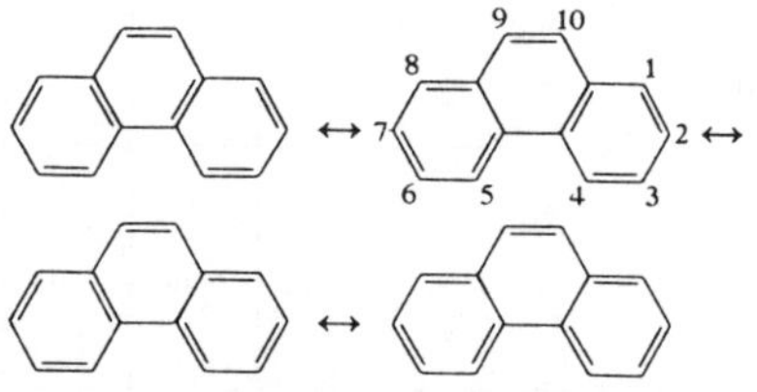
9 10
8
1
7
2
6 5 4 3

Bei einer Addition in 9, 10-Stellung erhält man zwei energiearme Benzolringe.

A 83.10

a) Die Richtung der Dipolmomente ist abhängig von den induktiven und mesomeren Effekten der Substituenten.

Dipol-molekül	Richtung des Dipol-moments	Sub-stituent	induktiver/ mesomerer Effekt
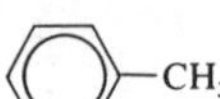	↤	$-OH$	$+M > -I$
	↤	$-CH_3$	$+I$
	↦	$-Cl$	$-I > +M$
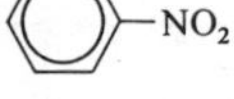	↦	$-NO_2$	$-M$ und $-I$
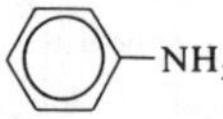	↤	$-NH_2$	$+M > -I$

Dipolmolekül	Richtung des Dipolmoments	Substituent	induktiver/mesomerer Effekt
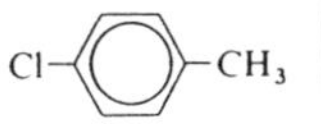	↤		
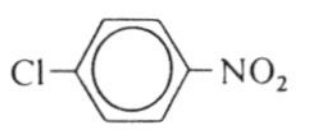	↦		

b) Im *p*-Chlortoluol addieren sich die Gruppenmomente des Chloratoms und der Methylgruppe. Im 1-Chlor-4-nitrobenzol sind die Gruppenmomente entgegengesetzt gerichtet. Das Dipolmoment ist daher kleiner als das Dipolmoment von Nitrobenzol.

c) Wenn der Phenylrest die negative Seite des Dipols ist, liegt im Kern eine größere Elektronendichte vor als im Benzol. Die Reaktivität ist daher erhöht und zwar um so mehr, je größer das Dipolmoment der Verbindung ist. Dies ist bei $+I$-Substituenten der Fall und bei Substituenten, deren $+M$-Effekt größer ist als ihr $-I$-Effekt. Bei $-M$-Substituenten und Substituenten, deren $-I$-Effekt größer ist als ihr $+M$-Effekt bildet die Phenylgruppe die positive Seite des Dipols. Die Elektronendichte im Kern und damit die Reaktivität ist geringer als beim Benzol und zwar um so mehr, je größer das Dipolmoment der Verbindung ist.

A 83.11

$\vec{\mu} = 0\ \mathrm{C \cdot m}$

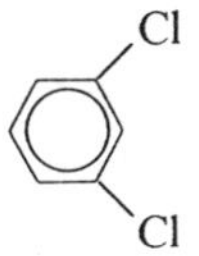

$\vec{\mu} = 1{,}48$
$4{,}88 \cdot 10^{-30}\ \mathrm{C \cdot m}$

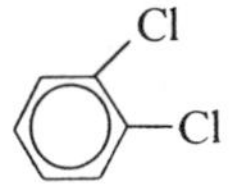

$\vec{\mu} = 2{,}26$
$7{,}46 \cdot 10^{-30}\ \mathrm{C \cdot m}$

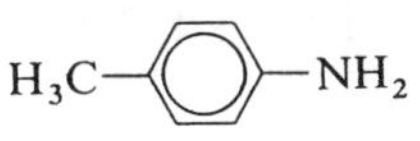

$\vec{\mu} = 1{,}32$
$4{,}36 \cdot 10^{-30}\ \mathrm{C \cdot m}$

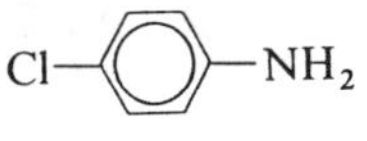

$\vec{\mu} = 3{,}00$
$9{,}9 \cdot 10^{-30}\ \mathrm{C \cdot m}$

A 83.12

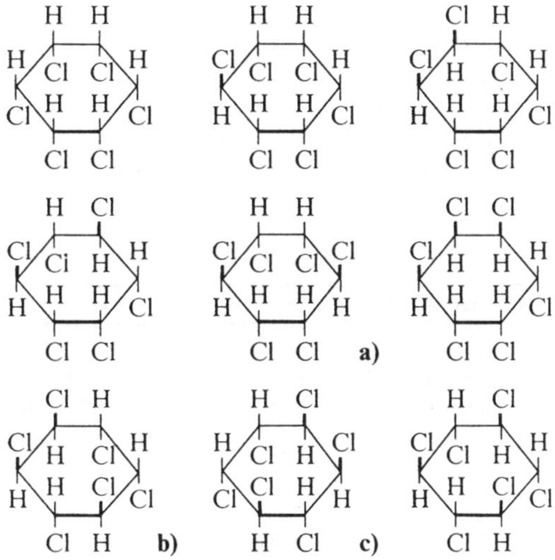

a) γ-Hexachlorcyclohexan; **b)** und **c)** sind Spiegelbildisomere.

FUNKTIONELLE GRUPPEN UND REAKTIONSMECHANISMEN

10 Halogenkohlenwasserstoffe

Die im Abschnitt „Funktionelle Gruppen und Reaktionsmechanismen" vorgegebene Reihenfolge kann nach Bedarf geändert werden. Wegen ihrer großen Bedeutung wird bei den Halogenverbindungen auch auf die metallorganische Chemie eingegangen.

Kommentare und Lösungen

84.1 Die substitutive Nomenklatur, bei der Halogene nur als Präfixe und nicht als Suffixe genannt werden, ist der radikofunktionellen Namensgebung wie z. B. Methylchlorid vorzuziehen.

84.2 Der Vergleich zwischen Iodmethan und Decan zeigt die große Bedeutung der Oberfläche für die zwischenmolekularen Anziehungskräfte. Um der Masse des schweren Iod-Atoms gleichzukommen, sind viele CH_2-Gruppen erforderlich. Decan hat daher wegen der viel größeren Oberfläche eine wesentlich höhere Siedetemperatur: CH_3I : $M = 142\ g \cdot mol^{-1}$; $\vartheta_b = 42{,}4\ °C$; $C_{10}H_{22}$; $M = 142\ g \cdot mol^{-1}$; $\vartheta_b = 174\ °C$.

84.3 C_4F_{10} ($M = 238$ u) siedet z. B. trotz etwa doppelt so großer Molekülmasse wie C_8H_{18} ($M = 114$ u) um ca. 100 K niedriger.

84.4 —

10.1 Bedeutung und Vorkommen

Die Umweltproblematik der Freone und das DDT-Problem werden gesondert in Kapitel 25 diskutiert.

Kommentare und Lösungen

85.1 Natürlich vorkommende organische Halogenverbindungen galten lange Zeit als Kuriosität. In jüngster Zeit werden jedoch immer mehr natürlich vorkommende Organohalogene in Ozeanen, in der Luft und in Böden entdeckt.

85.2 —

85.3 **Halone** (von engl.halogenated hydrocarbon), z. B.: CF_2ClBr (Halon 1211); die Ziffern bedeuten von links nach rechts Anzahl C, F, Cl, Br-Atome (wenn vorhanden). In der EG sollen FCKW ab 1997, weltweit ab dem Jahr 2000 nicht mehr produziert und verwendet werden.

85.4 Die wasserstoffhaltigen FCKW (H–FCKW) werden als Zwischenlösung diskutiert. Langfristig werden die chlorfreien H–FKW anvisiert. Je höher der H-Anteil, umso wahrscheinlicher wird aber die Verbindung metabolisiert. Dies führt oft zu toxikologisch nicht tolerierbaren Effekten.

10.2 Nucleophile Substitution

Kommentare und Lösungen

86.1 Die Nucleophilie ist wegen der Solvatisierung stark vom Lösungsmittel abhängig. Die angegebene Abstufung gilt für das Lösungsmittel Wasser. In dipolar aprotischen Lösungsmitteln, in denen Anionen schlecht solvatisiert werden, kann sich die Reihenfolge der Nucleophilie umkehren. So nimmt zum Beispiel in Dimethylsulfoxid die Nucleophilie der Halogenid-Ionen vom Iodid-Ion zum Fluorid-Ion hin zu.
Die Nucleophilie hängt von der Basizität und der Polarisierbarkeit des Teilchens ab. Die Basizität bezieht sich auf eine Gleichgewichtsreaktion (Protolyse) und ist eine thermodynamische Größe. Die

Nucleophilie mißt man dagegen relativ zur Kinetik einer Standardreaktion, es handelt sich dabei also um eine kinetische Größe. Bei gleichem nucleophilem Atom verläuft die Nucleophilie parallel zur Basizität:

$CH_3—CH_2—O^{\ominus} > C_6H_5—O^{\ominus} > HO^{\ominus} > NO^{\ominus}$

86.2 Wegen der leichteren Verschiebbarkeit der Elektronen ist bei Annäherung eines Nucleophils an ein Iodalkan die Abstoßung geringer als bei einem Fluoralkan:

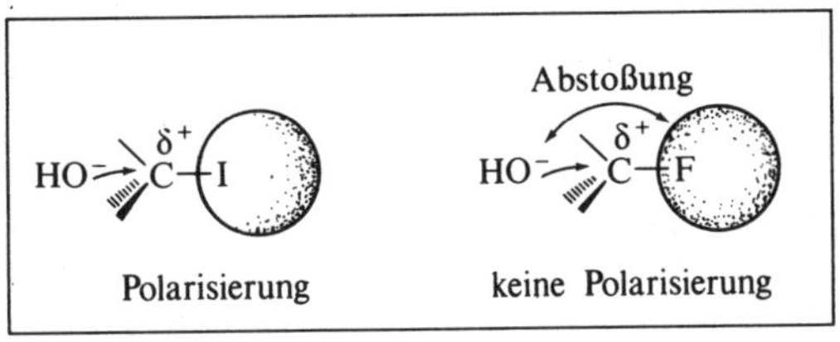

Iodalkane sind daher leichter nucleophil substituierbar als Fluoralkane.

86.3 Allgemeine Gleichung für wasserstoffhaltige Nucleophile HY:

$HY| + R-X \rightarrow R-Y + HX$

Beispiele:

$H_3N| + R-X \rightarrow R-NH_2 + HX$

$H_2O + R-X \rightarrow R-OH + HX$

A 86.1

a) Die Bindungsenthalpie C(Arom.)-Cl ist größer als die C(Aliph.)-Cl.

b) Die Bindungslänge C(Arom.)-Cl ist kürzer als die C (Aliph.)-Cl.

c) Das Dipolmoment aromatischer Halogenverbindungen ist kleiner als das aliphatischer Halogenverbindungen (s. 84.4), da der $+M$-Effekt dem $-I$-Effekt entgegenwirkt.

87.1 Die Inversion bei der SN-2-Reaktion läßt sich bei chiralen Edukten experimentell feststellen.

87.2 Im Übergangszustand wird die im Ausgangszustand vorhandene Ladung auf drei Atome verteilt. Der Übergangszustand ist daher weniger polar als der Ausgangszustand. Lösungsmittel mit geringerer Polarität begünstigen somit SN-2-Reaktionen des angegebenen Typs.

87.3 Im Übergangszustand des geschwindigkeitsbestimmenden Schrittes ist die C—X-Bindung verlängert, was mit einer Erhöhung der Polarität verbunden ist. Mit zunehmender Polarität des Lösungsmittels steigt daher die Solvatation des Übergangszustands stärker an, als die des weniger polaren Ausgangszustands. Dies bedeutet eine Herabsetzung der Aktivierungsenthalpie und damit eine Reaktionsbeschleunigung.

87.4 Das Carbenium-Ion ist nicht frei sondern solvatisiert. Im ersten Stadium trennt sich das Bromid-Ion nicht völlig vom Carbenium-Ion, sondern es liegt ein enges, unsymmetrisch solvatisiertes Ionenpaar vor. Dieses reagiert vorwiegend unter Inversion weiter. Bei stabileren Carbenium-Ionen mit großer Lebensdauer kann sich ein symmetrisch solvatisiertes Carbenium-Ion bilden, das unter Retention und Inversion weiterreagiert.

10.3 Eliminierung

Kommentare und Lösungen

88.1 Während bei E-1/SN-1 der erste Teil des Reaktionsweges, die Bildung des Carbenium-Ions völlig identisch ist, verlaufen E-2/SN-2 auf zwei völlig verschiedenen Wegen.

88.2 —

88.3 1,2-Dibromethan ist cancerogen.

A 88.1

a) 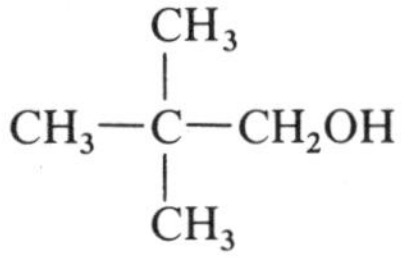

b) 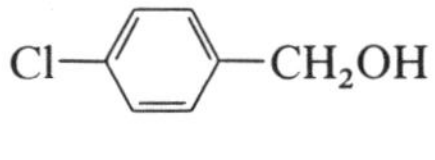

c) Die Eliminierung zu einem konjugierten, energiearmen Doppelbindungssystem ist bevorzugt, es entsteht Butadien, $CH_2═CH—CH═CH_2$.

LV 88.2 Es können auch andere Alkohole auf diese Weise dehydratisiert werden. Dehydratisierung von Cyclohexanol: Man gibt in ein Reagenzglas etwa 2 ml Cyclohexanol ($\vartheta_b = 161\ °C$), etwa 1 ml konzentrierte Phosphorsäure (w = 85%) und setzt einen Stopfen mit einem Glasrohr auf, das bis auf den Boden eines zweiten Reagenzglases reicht. Bei vorsichtigem Erhitzen läßt sich Cyclohexen ($\vartheta_b = 83\ °C$) in der Vorlage, die gekühlt wird, auffangen.

10.4 Metallorganische Verbindungen

Kommentare und Lösungen

89.1 Bei der Bildung einer *Grignard*-Verbindung wird wahrscheinlich im ersten Schritt ein Elektron vom Magnesium auf das Halogenalkan übertragen (s. auch 89.2):

$$R - X + Mg \rightarrow [R - X]^{\dot{-}} Mg^{\dot{+}} \rightarrow R - MgX$$

Bei der Umsetzung von *Grignard*-Verbindungen mit Wasser und Kohlenstoffdioxid handelt es sich um elektrophile Substitutionen am gesättigten C-Atom (s. A 89.2).

89.2 –

A 89.1

a) 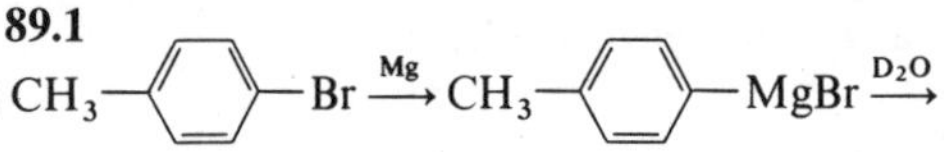

b) $CH_3—CH_2—CH_2—CH_2I \xrightarrow{Mg} C_4H_9MgI \xrightarrow{D_2O}$

A 89.2 Die C—Li-Bindung ist polarer als die C—Cl-Bindung. Im Butyllithium ist das mit dem Lithium verbundene C-Atom negativiert. Es reagiert mit Wasser unter Aufnahme eines Protons sehr heftig zu Butan. Es handelt sich um eine bimolekulare elektrophile Substitution am gesättigten C-Atom (SE-2).
Im Chlorbutan ist das mit dem Halogen verbundene C-Atom positiviert. In einer langsamen SN-2-Reaktion reagiert es mit Wasser, das über den nucleophilen Sauerstoff angreift, zu Butanol.

LV 89.3 Es entsteht:

a) Pentansäure, die man am Geruch erkennt

b) Butanol

11 Alkohole, Phenole und Ether

OH-Gruppen unterscheiden sich von anderen funktionellen Gruppen, weil sie je nach Kohlenwasserstoffrest verschiedene Stoffklassen bilden. Neben vielen Ähnlichkeiten bestehen zwischen Alkoholen und Phenolen auch wesentliche Unterschiede (vergleiche Ergänzung zu Kapitel 11.2.).

11.1 Alkohole

Kommentare und Lösungen

90.1/90.2 –

90.3 Im Wasser, Alkohol und Ether ist das Sauerstoffatom die negative Seite des permanenten Dipols, im Phenol ist auf Grund des +M-Effektes der OH-Gruppe der Phenyl-Rest die negative Seite. Zum Dipolmoment des Wassers vergleiche auch 20.1.

A 90.1 a) 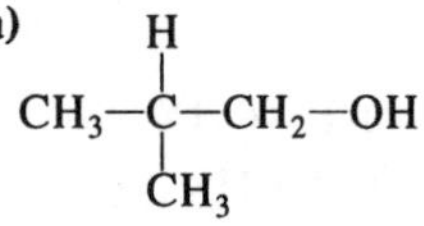

b) IUPAC-Benennung der Butanole siehe 91.1.

V 90.2 Vereinfachend wird die Stromstärke als Maß für die elektische Leitfähigkeit betrachtet. Bei 25 V Gleichspannung oder Wechselspannung erhält man mit einem Leitfähigkeitsprüfer folgende Meßwerte:

a) $I \approx 0{,}008$ mA.

b) Chlorwasserstoff aus NaCl und konz. Schwefelsäure herstellen und in absolutes Ethanol einleiten. $I \approx 500$ mA.

c) Ammoniak durch Zugabe von konz. Ammoniak-Lösung zu festem NaOH herstellen und in absolutes Ethanol einleiten. $I \approx 0{,}5$ mA.

d) Lösung durch Reaktion von Natrium mit absolutem Ethanol herstellen. $I \approx 70$ mA.
Die Meßwerte hängen jeweils von der Konzentration der gelösten Stoffe ab und sind daher nur bezüglich ihrer Größenordnung interessant.
Die elektrische Leitfähigkeit beruht auf der Bildung folgender Ionen:

a) $CH_3CH_2OH + CH_3CH_2OH \rightleftharpoons CH_3CH_2O^- + CH_3CH_2OH_2^+$

b) $HCl + CH_3CH_2OH \rightleftharpoons Cl^- + CH_3CH_2OH_2^+$

c) $CH_3CH_2OH + NH_3 \rightleftharpoons CH_3CH_2O^- + NH_4^+$

d) $2\ CH_3CH_2OH + 2\ Na \rightarrow H_2 + 2\ Na^+ + 2\ CH_3CH_2O^-$

11.1.1 Homologe Reihe der Alkohole

Methanol und Ethanol werden außer in diesem Kapitel an verschiedenen Stellen des Lehrbuchs in anderem Zusammenhang behandelt. Dies ist im folgenden Überblick zusammengestellt:

Methanol. Siedediagramm Methanol/Wasser, Abb. 34.1, NMR-Spektrum, Abb. 57.1, Dehydrierung LV 100.1, Unterscheidung von Methanol und Ethanol V 92.3.

Ethanol. Synthese aus Ethen, S. 72, Azeotrop mit Wasser, S. 35, Siedediagramm Ethanol/Wasser, Abb. 35.2, Elementaranalyse 41.4, Bestimmung der molaren Masse durch Verdampfen V 42.3, Konstitution und Struktur, S. 43, 44, IR-Spektrum, S. 53, Massenspektrum und Fragmentierung, Abb. 55.2 und Abb. 55.3, NMR-Spektrum, Abb. 58.1, Wasserstoffbrücken, Abb. 22.1.

Reaktionen. Protolyse S. 90, V 90.2, Reaktion mit Natrium, S. 90, nucleophile Substitution: Veresterung mit anorganischen Säuren, S. 92, V 92.3, V 93.2, Etherbildung, S. 93, V 93.1, Eliminierung, S. 93, V 93.1, Veresterung mit Carbonsäuren, S. 111, V 111.1, Oxidation und Dehydrierung, S. 100, Alcotesröhrchen, S. 100, Alkoholische Gärung, S. 144.

Kommentare und Lösungen

91.1/91.2 —

A 91.1

a) Ein Azeotrop ist eine Mischung zweier Flüssigkeiten, die sich durch Destillation nicht trennen lassen.

b) Wasser läßt sich durch Blaufärbung von wasserfreiem Kupfersulfat oder durch Rotfärbung von blauem Cobaltchlorid-Papier nachweisen.

c) Durch Zugabe von Calciumoxid und anschließende Destillation.

A 91.2

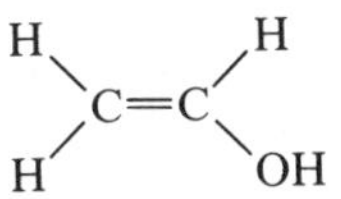

Vinylalkohol

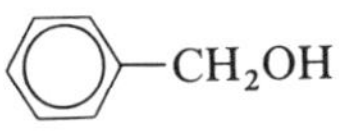

Benzylalkohol

A 91.3

a) Die niedrigste Siedetemperatur der 4 Verbindungen hat Ethanol. Die Wasserstoffbrückenbindungen im Ethanol und im Propanol sind vergleichbar, Propanol hat aber eine CH_2-Gruppe mehr als Ethanol. Dies führt zu stärkeren VAN-DER-WAAS-Bindungen und damit zu einer etwas höheren Siedetemperatur. Mit der Anzahl der OH-Gruppen im Molekül nimmt die Anzahl möglicher Wasserstoffbrücken zu. Die Siedetemperaturen von Ethylenglykol (2 OH-Gruppen) und Glycerin (3 OH-Gruppen) liegen daher wesentlich höher.

b) Die Viskosität steigt ähnlich wie die Siedetemperatur mit Zunahme der intermolekularen Wechselwirkungen vom Ethanol zum Propanol etwas, zum Ethylenglykol stark, zum Glycerin sehr stark an.

V 91.4

	Wasser	Diethylether	Hexan
Methanol	+	+	–
Ethanol	+	+	+
Propanol-1	+	+	+
Butanol-1	*	+	+
Pentanol-1	–	+	+
Ethylenglykol	+	–	–
Glycerin	+	–	–

\+ in jedem Verhältnis mischbar
– Trennung in 2 flüssige Phasen
* L(18 °C) = 6,8 g pro 100 ml H_2O

Ergänzung

Physiologische Wirkung von Alkohol

Alkohol-konzentration in mg/ml Blut	Vergiftungssymptome
0,1 – 0,5	Redseligkeit, Steigerung von Reflexen
0,5 – 1,0	Verringerung der Sehschärfe, Verlängerung der Reaktionszeit
1,0 – 1,5	Enthemmung, Euphorie
1,5 – 2,0	starke Verlängerung der Reaktionszeit, Sprachstörungen, Gleichgewichtsstörungen
2,0 – 2,5	starke Koordinations- und Gleichgewichtsstörungen
2,5 – 3,5	Lähmungserscheinungen, Bewußtseinstrübung, fehlendes Erinnerungsvermögen
3,5 – 4,0	Koma

11.1.2 Nucleophile Substitution und Eliminierung

Der Mechanismus der nucleophilen Substitution und der Eliminierung wird ausführlich bei den Halogenalkanen (S. 86) behandelt. Da die OH-Gruppe eine schlechte Abgangsgruppe ist, können Alkohole nur nach Protonierung zum Oxonium-Ion nucleophil substituiert werden. Im Gegensatz zu den Halogenalkanen verlaufen daher nucleophile Substitutionen von Alkoholen nur in saurer Lösung.

Kommentare und Lösungen

92.1 Zur Herstellung von Schwefelsäuremonocetylester vgl. V 175.2.

92.2 —

A 92.1

a) $CH_3CH_2OH + HCl \rightarrow CH_3CH_2Cl + H_2O$

b)

Protonierung

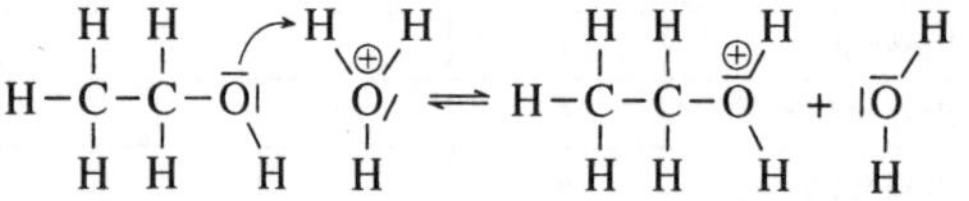

nucleophile Substitution, SN-2-Mechanismus:

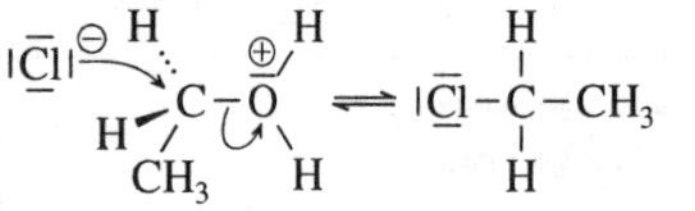

A 92.2 Die Veresterung ist eine nucleophile Substitution, die Neutralisation ist dagegen eine Protolyse.

V 92.3 Wenn zuviel Alkohol eingesetzt wird, entsteht die grüne Flammenfärbung erst nach Einengen, da die gebildeten Borsäureester schwerer flüchtig sind als die Alkohole.

93.1 Reaktionsmechanismen siehe Lösung A 97.3. Enthalpiediagramm siehe Lösung A 97.4.

V 93.1 Zu Beginn der Reaktion liegt ein Überschuß an Ethanol vor (40 ml $H_2SO_4 \hat{=} 0{,}74$ mol H_2SO_4, 90 ml Ethanol $\hat{=}$ 1,54 mol Ethanol). Es reagieren daher bevorzugt Ethanolmoleküle mit Ethyloxonium-Ionen zum Diethylether. Nachdem 50 ml Ether abdestilliert sind ($\hat{=}$ 0,48 mol) ist Schwefelsäure im Überschuß vorhanden (Rest an Ethanol = 0,58 mol). Bei Temperaturerhöhung auf 160 °C entsteht dann bevorzugt Ethen. Nachdem man sich vergewissert hat, daß die Apparatur luftfrei ist, kann das entstehende Ethen angezündet werden.

V 93.2 Bei der Reaktion entsteht in einer Gleichgewichtsreaktion Schwefelsäuremonoethylester. Das zugesetzte Bariumcarbonat neutralisiert die überschüssige Schwefelsäure unter Bildung von schwerlöslichem Bariumsulfat. Der saure Ester reagiert zum leichtlöslichen Bariummonoethylsulfat, das Filtrat enthält daher Ba^{2+}-Ionen und Monoethylsulfat-Ionen. Beim Erhitzen mit Salzsäure wird Schwefelsäuremonoethylester zurückgebildet, der dann in Schwefelsäure und Ethanol zerfällt. Reaktionsgleichungen:

Estersynthese:

$H_2SO_4 + C_2H_5OH \rightleftharpoons C_2H_5OSO_3H + H_2O$

Neutralisationen:

$H_2SO_4 + BaCO_3 \rightarrow BaSO_4 + CO_2 + H_2O$

$2\,C_2H_5OSO_3H + BaCO_3 \rightarrow Ba^{2+} + 2\,C_2H_5OSO_3^{\ominus} + CO_2 + H_2O$

Protolyse:

$C_2H_5OSO_3^{\ominus} + H_3O^{\oplus} \rightleftharpoons C_2H_5OSO_3H + H_2O$

Esterspaltung:

$C_2H_5OSO_3H + H_2O \rightleftharpoons H_2SO_4 + C_2H_5OH$

Bildung von Bariumsulfat:

$Ba^{2+} + SO_4^{2-} \rightarrow BaSO_4$

11.2 Phenole

Phenol bildet mit Wasser eine Mischungslücke (siehe S. 31 und Abb. 31.2). Zur elektrophilen Zweitsubstitution von Phenol vgl. S. 80. Phenoplasten siehe S. 157.

Kommentare und Lösungen

94.1 —

94.2 —

94.3 In den bei der Protolyse der Nitrophenole gebildeten Nitrophenolat-Ionen ist die negative Ladung auch in die Nitrogruppen delokalisiert. Dieser Effekt trägt zusätzlich zum *-M*-Effekt der Nitrogruppen dazu bei, so daß Nitrophenole sehr acide sind.

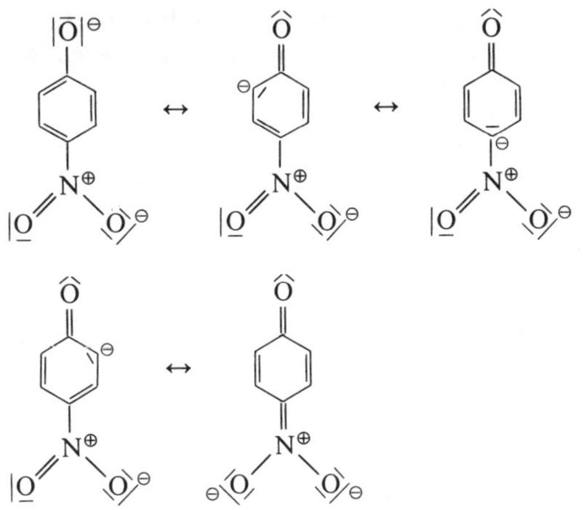

94.4 Beim Cumol-Phenol-Verfahren reagiert zunächst Benzol mit Propen in einer *Friedel-Crafts*-Alkylierung zu Isopropylbenzol (Cumol). Mit Sauerstoff läßt sich Cumol durch Autoxidation in einer wäßrig alkalischen Emulsion zu Cumolhydroperoxid umsetzen, das anschließend in saurer Lösung zu Phenol und Aceton zersetzt wird.

A 94.1

a) *Wasserlöslichkeit:* Die Löslichkeit von Phenol in Wasser beträgt bei 20 °C 7,5 g pro 100 ml Wasser (vgl. 31.2 und V 31.2) Cyclohexanol ist unlöslich in Wasser.

Acidität: Phenol reagiert infolge des +M-Effektes der OH-Gruppe und wegen der Mesomeriestabilisierung des Phenolations schwach sauer ($pK_S = 10$). Cyclohexanol protolysiert dagegen in Wasser praktisch nicht ($pK_S \approx 16$).

Dipolmoment: Beide Verbindungen sind permanente Dipole. Die Richtung der Dipolmomente ist jedoch entgegengesetzt. Im Phenol ist auf Grund des +M-Effektes der OH-Gruppe der aromatische Kern die negative Seite des Dipols, im Cyclohexanol ist wegen der hohen Elektronegativität des Sauerstoffatoms die OH-Gruppe die negative Seite des Dipols.

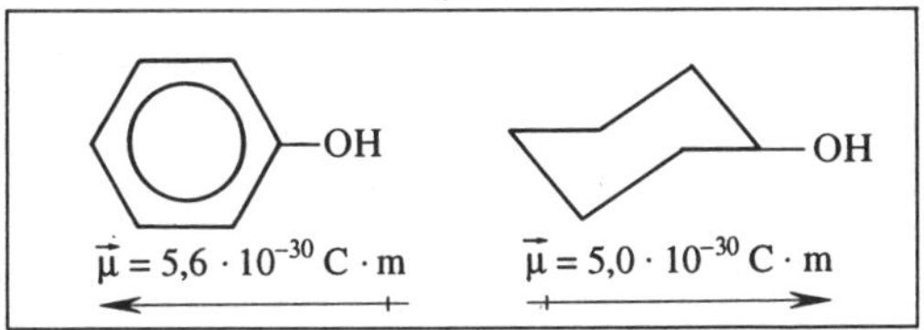

OH
OH
$\vec{\mu} = 5{,}6 \cdot 10^{-30}$ C · m
$\vec{\mu} = 5{,}0 \cdot 10^{-30}$ C · m

b) Phenol wird zu Phenolsulfonsäuren sulfoniert. Neben *o*-Hydroxybenzolsulfonsäure entsteht als Hauptprodukt *p*-Hydroxybenzolsulfonsäure. Cyclohexanol reagiert in einer E_1-Reaktion zu Cyclohexen.

LV 94.2 Die Lösung von Pikrinsäure in Heptan ist farblos (keine Protolyse). Die wäßrige Lösung ist durch teilweise Protolyse gelb. Bei Zugabe von konzentrierter Salzsäure wird das Protolysegleichgewicht durch Erhöhung der Hydroniumionenkonzentration auf die Seite der undissoziierten Pikrinsäure verschoben, die Lösung wird heller. Bei Zugabe von konz. Natronlauge dissoziiert die Säure vollständig. Durch die Erhöhung der Pikrationenkonzentration wird die Lösung dabei intensiver gelb.

95.1

	ϑ_m / °C	$\vec{\mu}$ / 10^{-30} C · m	L in g pro 100 ml H_2O
Phenol	41	5,6	7,5 (20 °C)
Brenzcatechin	104	8,6	leicht löslich
Resorcin	110	6,8	147 (13 °C)
Hydrochinon	172	4,6	5,7 (15 °C)
Pyrogallol	128	6,6	44 (13 °C)

95.2 Von 100 ml Luft werden 21 ml absorbiert. Zur quantitativen Reaktion müssen Lösung und Gas durch Schütteln gut durchmischt werden.

95.3 Zum Redox-System der Ubichinone vgl. 143.3.

A 95.1

a)

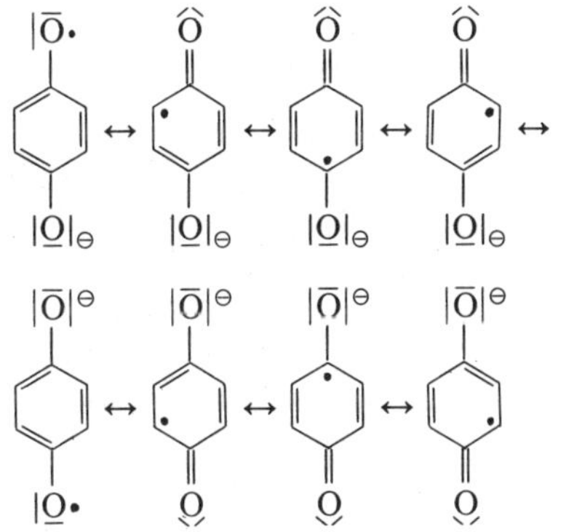

b)

$$C_6H_6O_2(aq) + 2\,AgBr(s) \rightleftharpoons C_6H_4O_2(aq) + 2\,Ag(s) + 2\,HBr(aq)$$

c) Die Reaktion führt zu einem Gleichgewicht. In alkalischer Lösung wird der gebildete Bromwasserstoff durch die Hydroxidionen abgefangen und so das Gleichgewicht nach rechts verschoben.

V 95.2

a) Vgl. Tabelle zu 95.1.

b) Man erhält farbige Fe^{3+}-Komplexe. Phenol: violett, Brenzcatechin: grün, Resorcin: blau/violett, Hydrochinon: gelb, Pyrogallol: braunrot.

c) Phenol reagiert nicht. Bei Brenzcatechin, Hydrochinon und besonders Pyrogallol entsteht eine Braunfärbung. Diese Polyphenole werden durch Luftsauerstoff von der Oberfläche der Lösung her oxidiert. Resorcin verfärbt sich grünlich, wird aber nicht oxidiert.

d) Phenol und Resorcin reagieren nicht. Die anderen Polyphenole werden unter Abscheidung von Silber oxidiert.

Ergänzung

Wichtige photographische Entwickler:

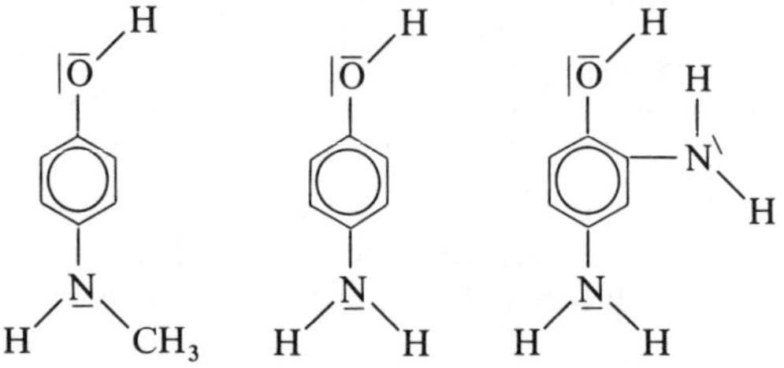

Metol · Rodinal · Amidol

Chemische Reaktionen von Alkoholen und Phenolen

Reaktion mit	Alkohol	Phenol
Natrium	Alkoholat	Phenolat
Basen	(Alkoholat)	Phenolat
Wasser	—	(Phenolat)
Iodwasserstoff	Alkyliodid	—
Schwefelsäure	Ester, Ether Alkene	Phenolsulfonsäure
Carbonsäure	Ester	—
Acetylchlorid	Ester	Ester
Acetanhydrid	Ester	Ester
Eisen(III)-chlorid	—	Komplex
Oxidationsmittel	*primärer Alkohol:* Aldehyd, Carbonsäure *sekundärer Alkohol:* Keton	Chinon

11.3 Ether

Kommentare und Lösungen

96.1 In Ethern und Alkanen liegen als zwischenmolekulare Wechselwirkungen *van der Waals*-Bindungen vor. Bei gleicher Molekülmasse haben Ether und unverzweigte Alkane daher ähnliche Siedetemperaturen. Wegen der Wasserstoffbrücken liegen dagegen die Siedetemperaturen von Alkoholen gleicher Molekülmasse wesentlich höher.

96.2 ϑ_b (Dioxan) = 101 °C, ϑ_b (THF) = 66 °C. Ethylenoxid ist ein farbloses, süßlich riechendes Gas (ϑ_b = 11 °C).

96.3 Methylphenylether (Anisol) ist eine farblose, angenehm riechende Flüssigkeit (ϑ_b = 155 °C).

A 96.1 Diethylether reagiert hier als Base und wird zum Diethyloxoniumion protoniert.

A 96.2

a) $CH_3-CH_2-CH_2-\overset{..}{O}\overset{H}{\underset{H}{\diagdown}} \xrightleftharpoons[HSO_4^-]{H_2SO_4}$

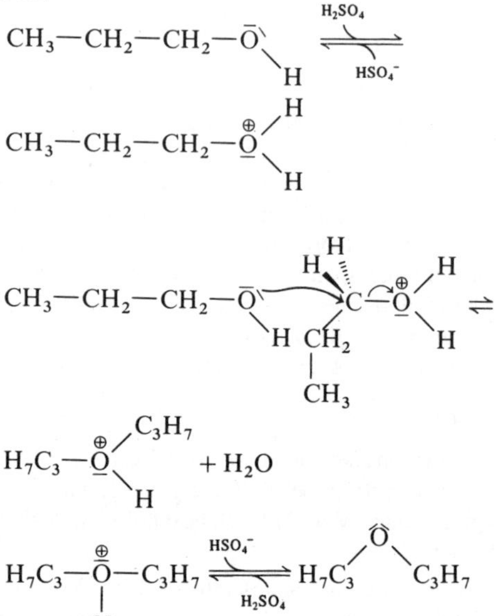

$CH_3-CH_2-CH_2-\overset{\oplus}{O}\overset{H}{\underset{H}{\diagdown}}$ H

$CH_3-CH_2-CH_2-\overset{..}{O}\diagdown \overset{H}{\underset{H CH_2}{\diagdown}}\overset{\oplus}{C}-\overset{..}{O}\overset{H}{\underset{H}{\diagdown}} \rightleftharpoons$
CH$_3$

$H_7C_3-\overset{\oplus}{O}\overset{C_3H_7}{\underset{H}{\diagdown}} + H_2O$

$H_7C_3-\overset{\oplus}{\underset{H}{O}}-C_3H_7 \xrightleftharpoons[H_2SO_4]{HSO_4^-} H_7C_3\overset{\overset{..}{O}}{\diagdown}C_3H_7$

b) $CH_3-CH_2-CH_2-\overset{..}{\overset{..}{O}}|^\ominus + \overset{H}{\underset{CH_3}{\underset{|}{CH_2}}}\overset{..}{C}{-}Br \rightarrow$

$H_7C_3\overset{\overset{..}{O}}{\diagdown}C_3H_7 + Br^-$

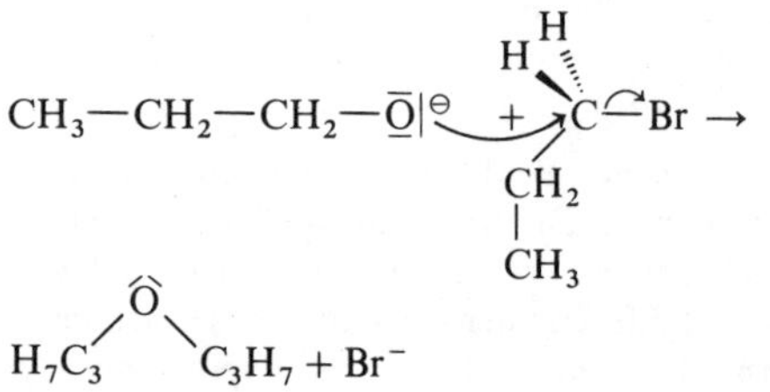

A 96.3 Die Reaktion beruht auf der hohen Acidität der Iodwasserstoffsäure und der hohen Nucleophilie des Iodidions (vgl. 86.1).

$CH_3-CH_2-O-CH_2-CH_3 + HI \rightarrow$
$CH_3-CH_2-I + CH_3-CH_2-OH$

$CH_3-CH_2-\overset{..}{O}\diagdown \overset{\curvearrowright H-\overset{\oplus}{\overset{..}{O}}\overset{H}{\underset{H}{\diagdown}}}{\underset{CH_2-CH_3}{}} \rightleftharpoons$

$CH_3-CH_2-\overset{\oplus}{\underset{CH_2-CH_3}{O}}\overset{H}{\diagdown} + H_2O$

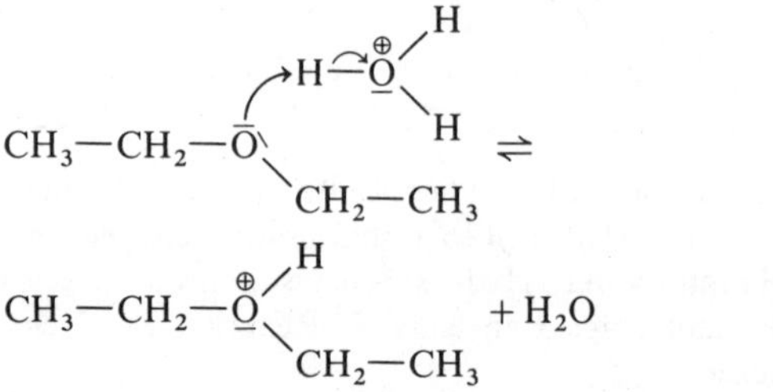

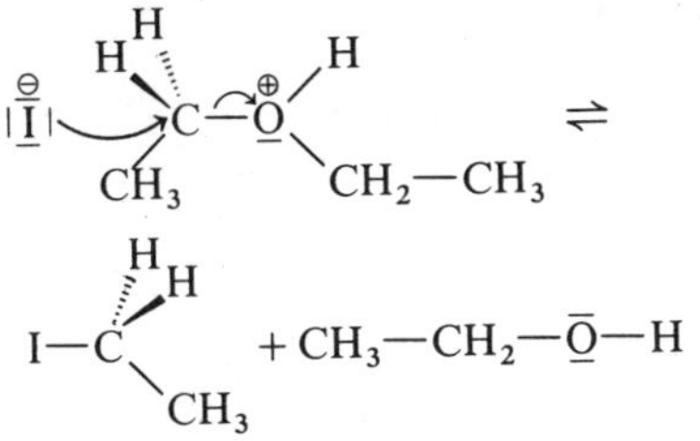

V 96.4 Methanol und Heptan sind mit Ether in jedem Verhältnis mischbar. Glycerin ist unlöslich, Iod löst sich mit brauner Farbe.

Zusätzliche Aufgaben

A 97.1

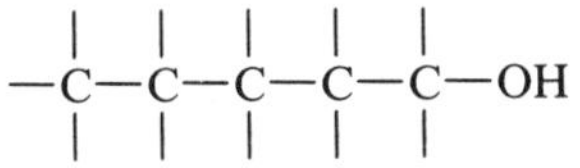

Pentan-1-ol

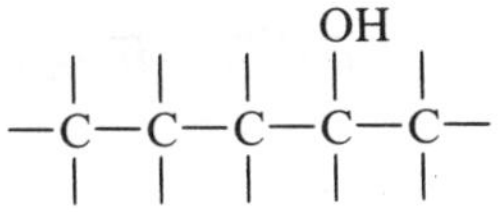

Pentan-2-ol

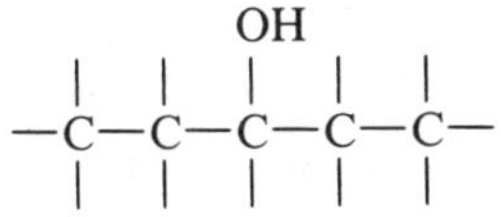

Pentan-3-ol

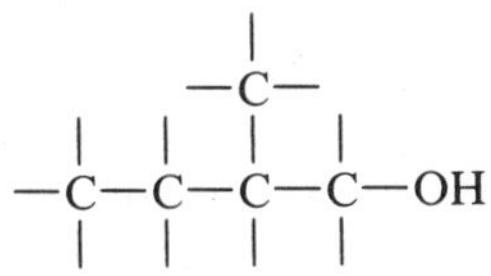

2-Methyl-
butan-1-ol

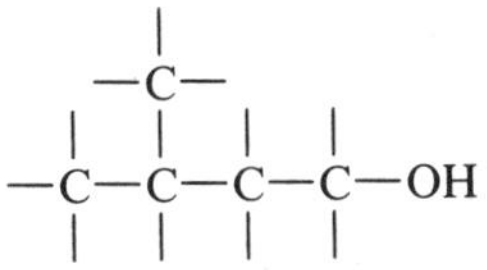

3-Methyl-
butan-1-ol

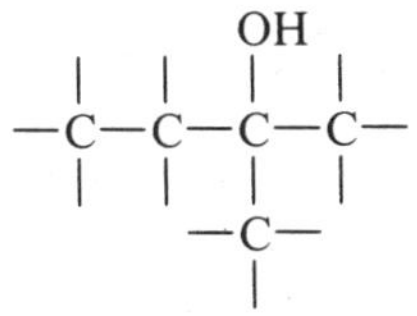

2-Methylbutan-2-ol

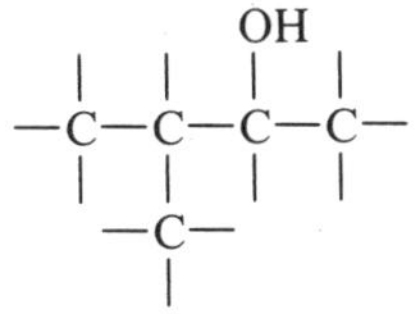

3-Methylbutan-2-ol

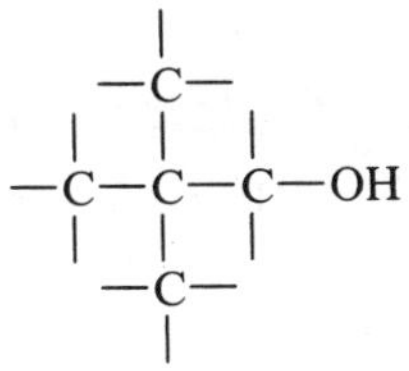

2,2-Dimethylpropan-1-ol

A 97.2 In saurer Lösung tritt das wenig nucleophile und sehr energiearme Wassermolekül aus. In basischer Lösung müßte dagegen das stark nucleophile Hydroxid-Ion verdrängt werden.

A 97.3 Bildung des Ethyloxoniumions:

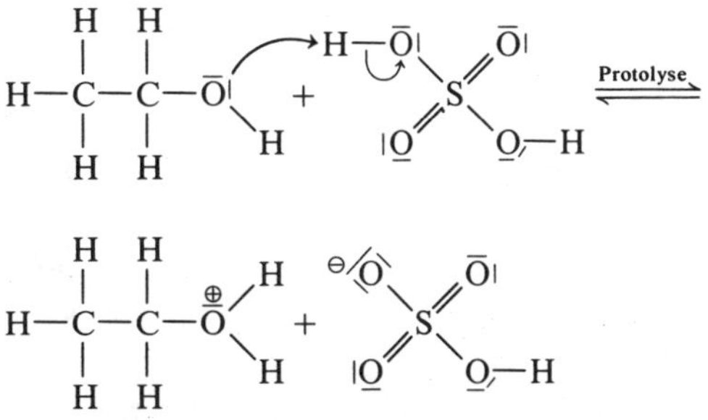

Bildung des Schwefelsäureethylesters:

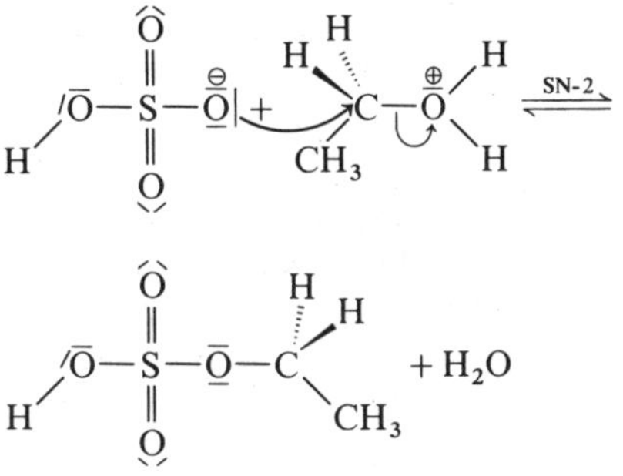

Bildung von Diethylether:

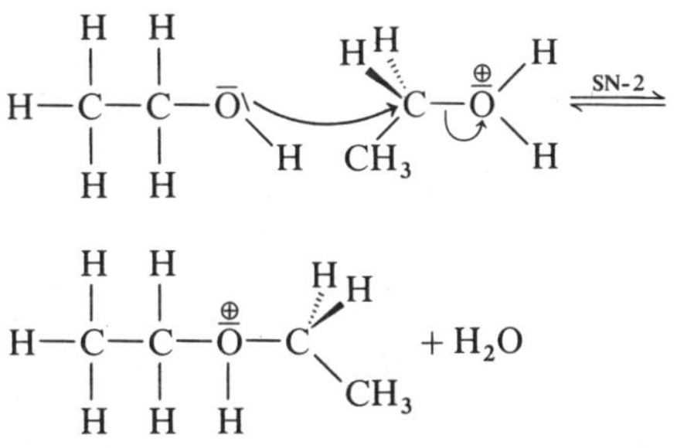

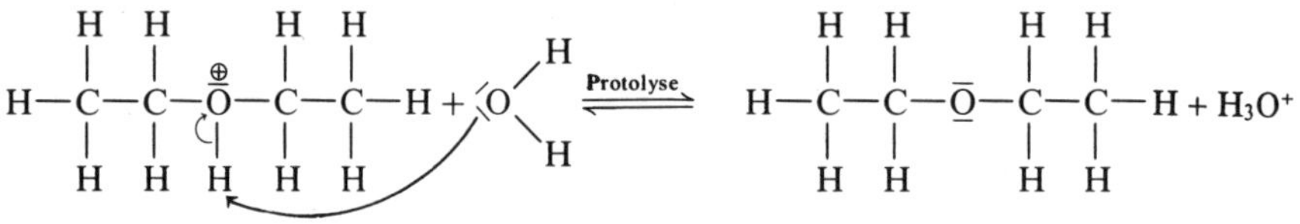

Bildung von Ethen:

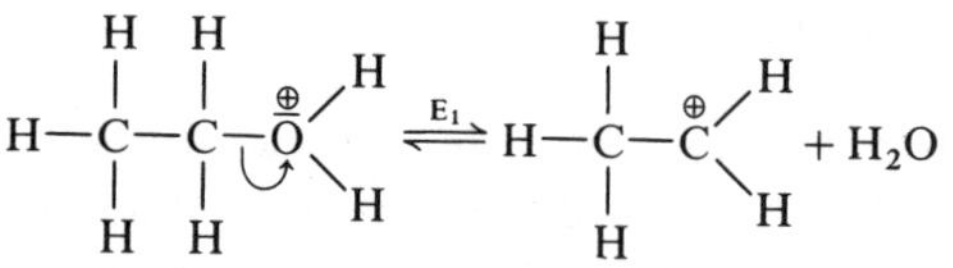

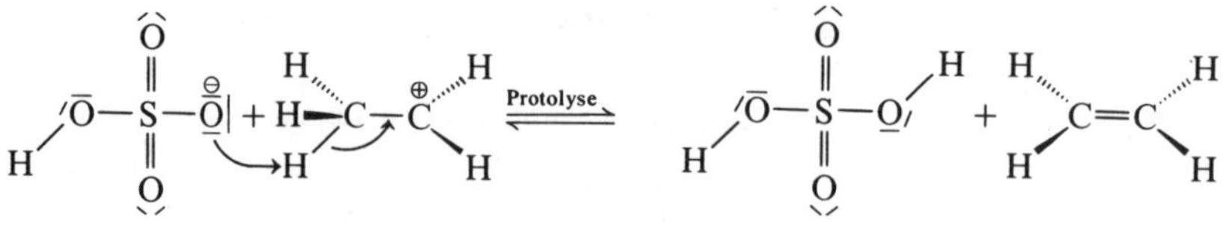

A 97.4

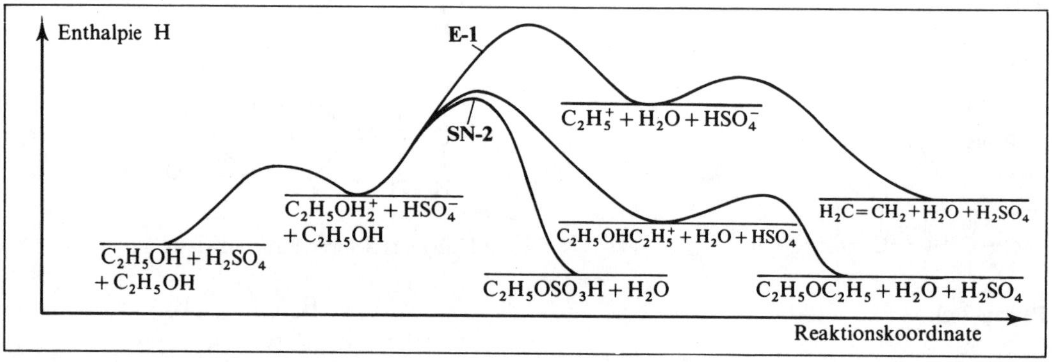

A 97.5 Die Schwefelsäure protoniert den Alkohol. Durch Erhöhung der Konzentration der Alkyloxoniumionen steigt die Reaktionsgeschwindigkeit.

A 97.6 Da bei der Reaktion gasförmiges Ethen entsteht, ist die Reaktionsentropie $\Delta_R S$ positiv. Bei niedriger Temperatur bildet sich trotzdem kein Ethen, da die Reaktion endotherm ist. Ab einer bestimmten Temperatur ist $|T \cdot \Delta_R S| > |\Delta_R H|$. Nach der *Gibbs-Helmholtz'schen* Gleichung $\Delta_R G = \Delta_R H - T \cdot \Delta_R S$ ist die freie Reaktionsenthalpie ΔG dann negativ und wird mit steigender Temperatur immer kleiner. In Konkurrenz mit der Substitution läuft die Eliminierung daher oberhalb 140 °C bevorzugt ab.

Anmerkung: Hinzu kommt noch, daß bei dieser Temperatur die notwendige Aktivierungsenthalpie vorhanden ist und daß Ethen als Gas entweicht und so dem Gleichgewicht entzogen wird.

A 97.7

a) Aus 2-Chlor-2-methyl-propan durch Hydrolyse mit Natronlauge (SN-1). Gleichzeitig erfolgt eine E-1-Reaktion zu Isobuten.

b) Durch Hydratisierung von Isobuten mit halbkonzentrierter Schwefelsäure.

A 97.8 Durch die Beteiligung eines freien Elektronenpaares des Sauerstoffatoms am delokalisierten π-Elektronensystem des Aromaten ist die Polarität der O—H-Bindung im Phenol größer als in Alkoholen. Außerdem ist das bei der Protolyse gebildete Phenolat-Ion mesomeriestabilisiert, das Alkoholat-Ion dagegen nicht.

A 97.9 $H_2O_2 \xrightarrow{\text{Katalase}} O_2 + 2\,H_2O$

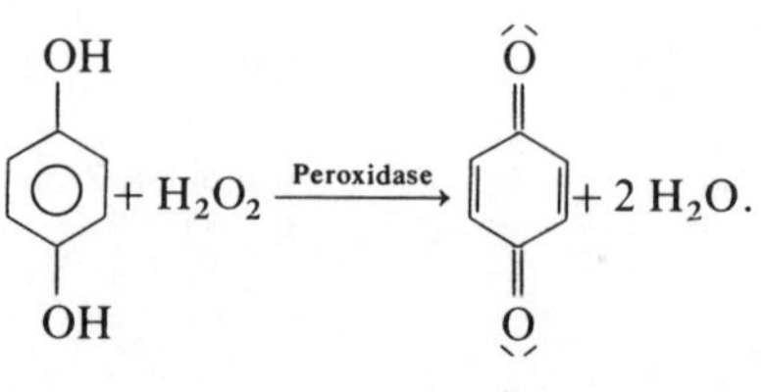

A 97.10 Die Etherspaltung ist eine nucleophile Substitution. Ether reagieren nicht mit Natronlauge, da die angreifenden Hydroxid-Ionen weniger nucleophil sind, als die zu verdrängenden Alkoholat-Ionen. Durch starke Säuren wie HBr oder HI wird der Ether protoniert. Die Etherspaltung erfolgt dann durch Substitution eines Alkoholmoleküls durch ein Halogenid-Ion.

A 97.11

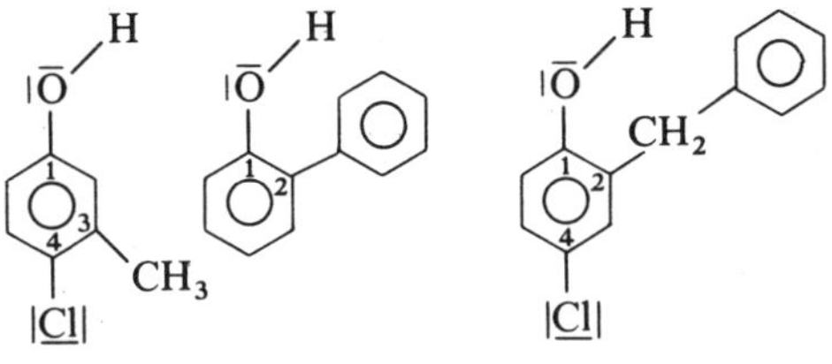

A 97.12

a) Durch Ausschütteln mit verdünnter Natronlauge, Phenol geht als Phenolat in Lösung. Oder durch Reaktion mit Brom: Unter Entfärbung wird Phenol elektrophil substituiert.

b) Durch Reaktion mit Natrium. Propanol reagiert unter Wasserstoffentwicklung, der Ether nicht.

c) Durch die unterschiedliche Bildungsgeschwindigkeit der Borsäureester. Borsäuretrimethylester entsteht beim Erhitzen von Methanol mit Borax, zur Bildung des Borsäuretriethylesters muß konzentrierte Schwefelsäure zugesetzt werden. Der Nachweis der Ester erfolgt durch grüne Flammenfärbung beim Verbrennen des Reaktionsgemisches.

d) Beim Erhitzen in Gegenwart von Phosphorsäure reagiert tert. Butanol zu Isobuten.

A 97.13

a) Folgereaktion. 1. Schritt: Protolyse zum Methyloxoniumion. 2. Schritt: SN-2-Reaktion.

b) Protolyse

c)

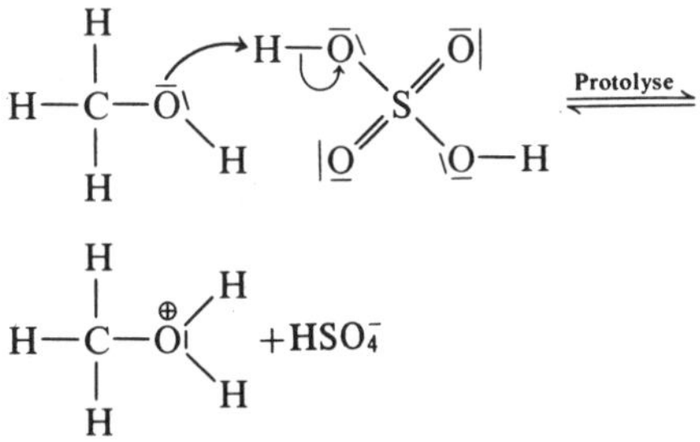

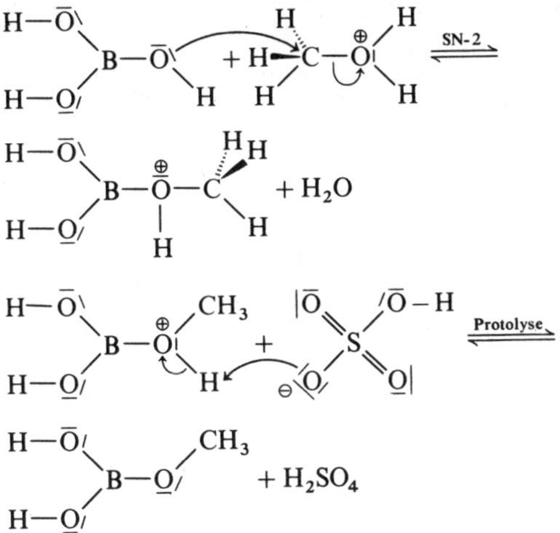

Borsäuremonomethylester

Die Veresterung der beiden anderen OH-Gruppen der Borsäure erfolgt analog. Endprodukt: Borsäuretrimethylester.

d) SN-2-Reaktion

e)

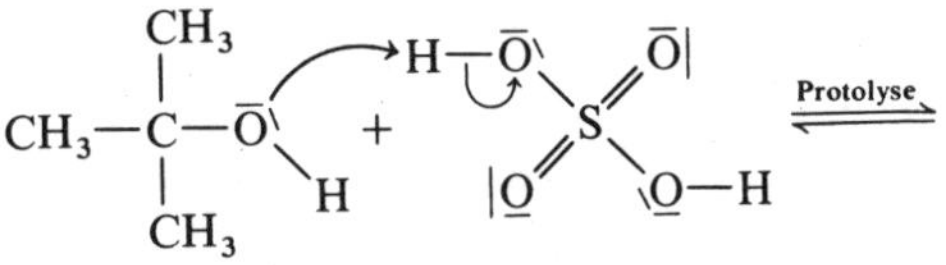

tert. Butanol

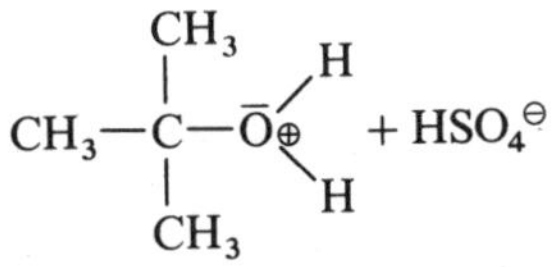

tert. Butyl-Oxoniumion

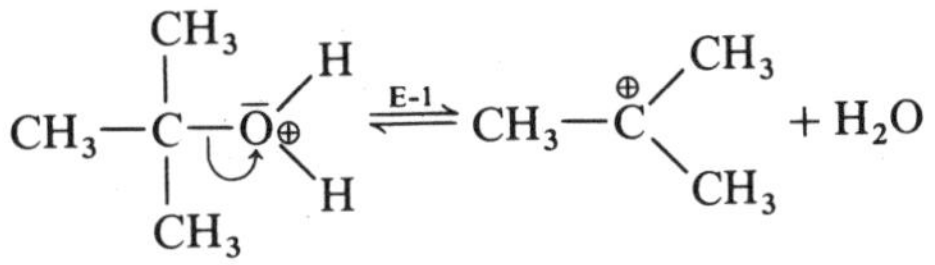

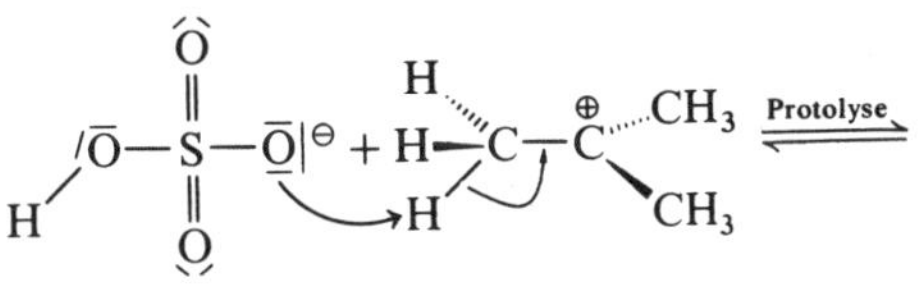

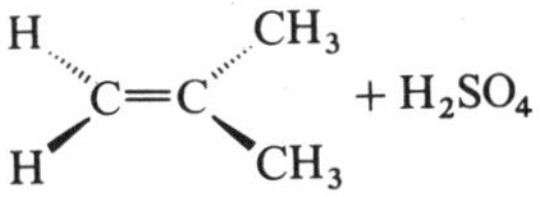

Isobuten

f) SN-2-Reaktion

g) Protolyse

h)

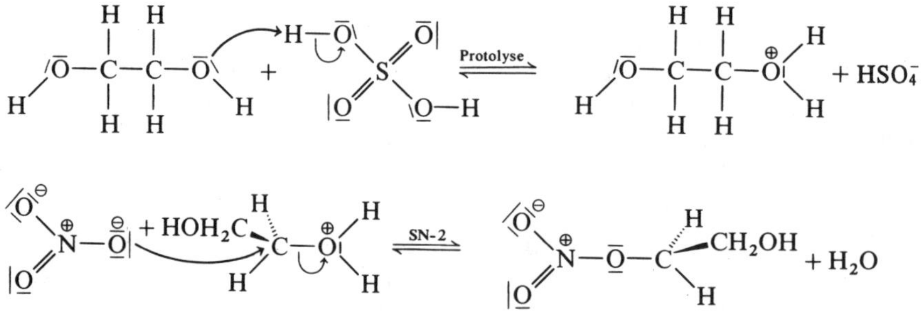

Nitrat-Ion

Monosalpetersäureglykolester

Die Veresterung der zweiten OH-Gruppe des Glykols erfolgt analog. Endprodukt: Disalpetersäureglykolester.

i) Redoxreaktion

k) SN-2-Reaktion

l)

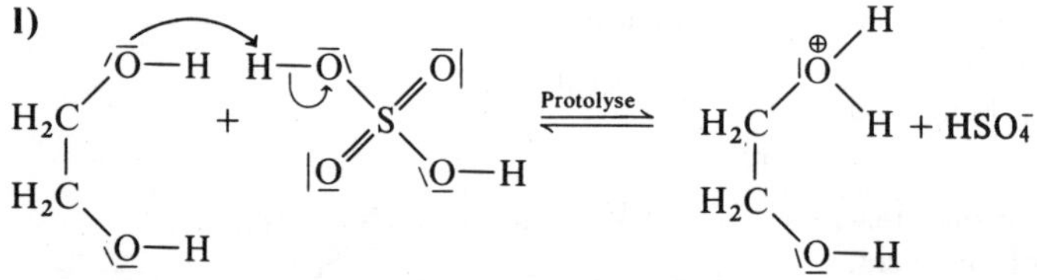

Glykol

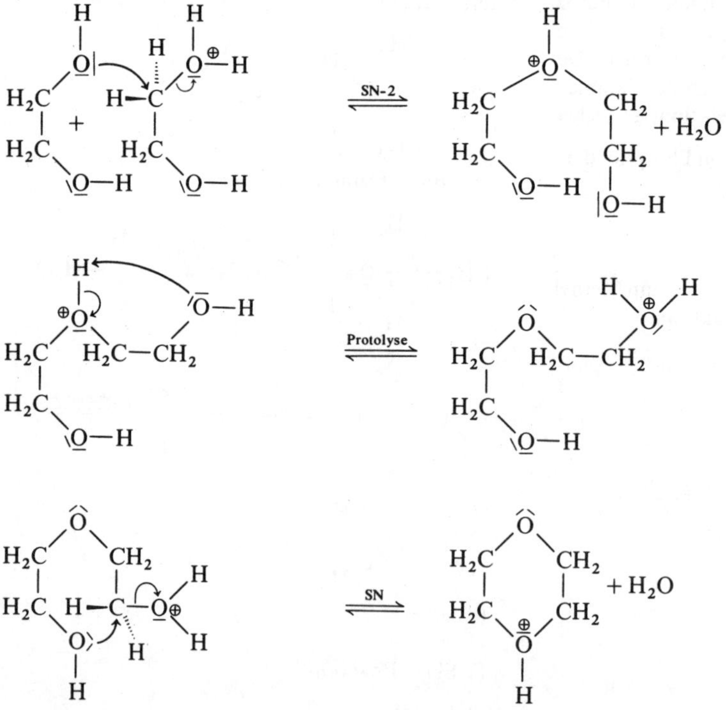

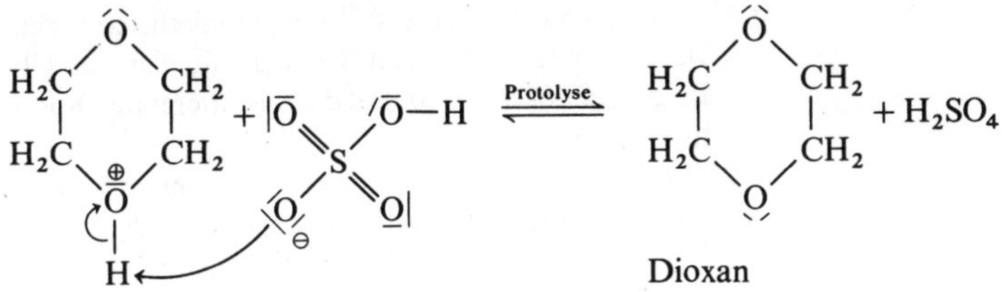

Dioxan

m) Hydrochinon wird zu Chinon oxidiert.
Reaktionsmechanismus:
1. Schritt: Protolyse zum Dianion
2. Schritt: siehe A 95.1.

12 Aldehyde und Ketone

Aldehyde und Ketone sind Carbonylverbindungen, die sowohl in der Natur als auch im Labor und in der Technik eine große Rolle spielen. Der Vergleich zwischen der C=C-Doppelbindung und der C=O-Doppelbindung ist sehr aufschlußreich und zeigt deutlich, daß Bindungsstärke und chemische Reaktivität nicht parallel verlaufen wie man vielfach annehmen könnte (s. z. B.: nucleophile Substitution von R–I und R–F). Eine große Bindungsstärke hat nicht unbedingt eine geringe Reaktivität zur Folge. Bindungsstärke ist eine thermodynamische Größe, Reaktivität ist dagegen ein Phänomen der Kinetik.
Die Nachweise der Aldehyde werden bereits am Anfang des Kapitels besprochen, damit diese bei der Herstellung und den Reaktionen dieser Stoffklasse angewandt werden können. Die verschiedenen Reaktionen der Aldehyde und Ketone lassen sich in beliebiger Reihenfolge behandeln.

Kommentare und Lösungen

98.1 Es bietet sich der Vergleich zu Ethen an.

98.2 Diagramme dieser Art geben in erster Linie eine Übersicht. Genaue Siedetemperaturen siehe Tabellenbücher.

98.3 —

98.4 Obwohl Sauerstoff und Chlor annähernd die gleiche Elektronegativität haben, ist das Dipolmoment von Ketonen und Aldehyden wegen der leichteren Polarisierbarkeit der π-Elektronen erheblich größer:

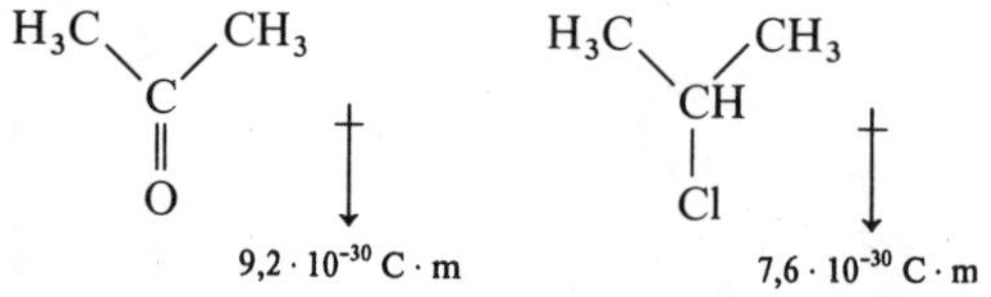

$9{,}2 \cdot 10^{-30}$ C · m
$7{,}6 \cdot 10^{-30}$ C · m

Bei gegebener funktioneller Gruppe X und verschiedenen Alkylgruppen ändern sich die Dipolmomente nur wenig. Man kann daher jeder Bindung zu einer funktionellen Gruppe ein bestimmtes Bindungsmoment zuordnen.
Das experimentell ermittelte Dipolmoment bezieht sich auf das Gesamtmolekül, das Bindungsmoment nur auf eine einzelne Bindung. Durch einfache Vektoraddition der Bindungsmomente erhält man näherungsweise das Dipolmoment eines Moleküls.
Im Tetrachlorkohlenstoff, CCl_4, kompensieren sich wegen der tetraedrischen Struktur die vier C—Cl-Bindungsmomente, so daß das resultierende Dipolmoment null ist.
Die Grenze zwischen polaren und unpolaren Verbindungen ist unscharf und liegt im Bereich von $1{,}65 \cdot 10^{-30}$ C · m bis $3{,}3 \cdot 10^{-30}$ C · m.

12.1 Unterscheidung von Aldehyden und Ketonen

Kommentare und Lösungen

99.1 Die Bildung des hydratisierten Aldehyds ist eine nucleophile Additionsreaktion:

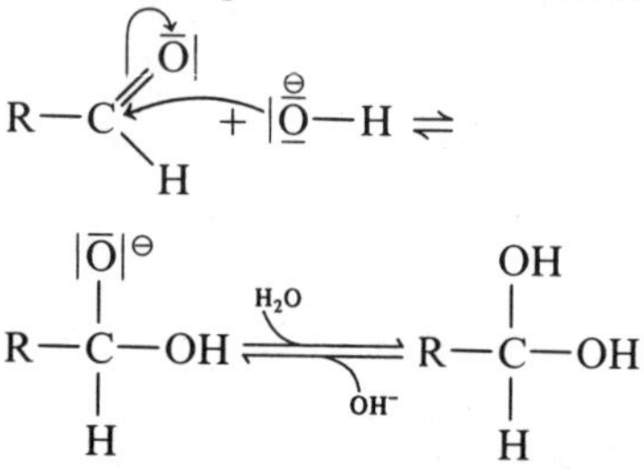

Das abgespaltene Hydrid-Ion überträgt zwei Elektronen auf zwei Silber-Ionen, wobei elementares Silber entsteht. Das aus dem Hydrid-Ion gebildete Proton reagiert mit OH^--Ionen zu Wasser.

99.2
a)

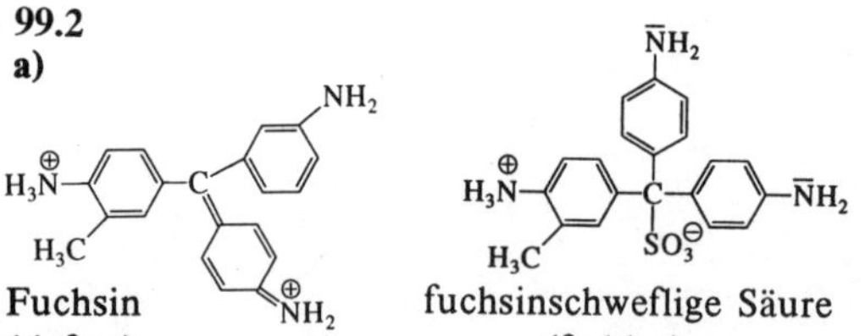

Fuchsin (tiefrot) — fuchsinschweflige Säure (farblos)

b)

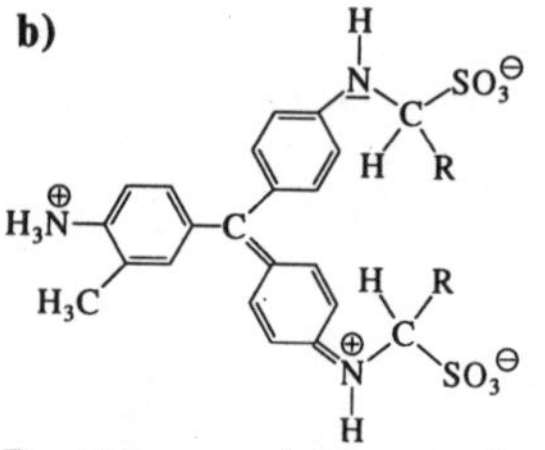

Reaktionsprodukt von fuchsinschwefliger Säure mit Aldehyd: rotvioletter Triphenylmethanfarbstoff

V 99.1 Fuchsin ist cancerogen. Fuchsinschweflige Säure ist gebrauchsfertig im Handel erhältlich (z. B.: Fa. Merck).

Ergänzung

Die Autoxidation des Benzaldehyds verläuft über die Peroxybenzoesäure:

$$R-CHO + O_2 \rightarrow R-\underset{\underset{O}{\|}}{C}-O-OH$$

Peroxybenzoesäure

$$R-\underset{\underset{O}{\|}}{C}-O-OH + R-CHO \rightarrow 2\,R-\underset{\underset{O}{\|}}{C}-OH$$

Benzoesäure

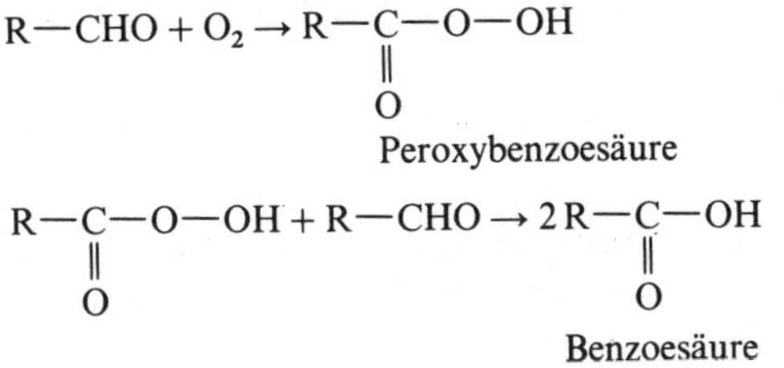

Die Bildung der Perbenzoesäure wird durch Metallionen katalysiert, von denen schon Spuren eine radikalische Kettenreaktion einleiten:

$$Fe^{3+} + C_6H_5-\overset{H}{\underset{\underset{\bar{O}|}{|}}{C}} \rightarrow Fe^{2+} + H^+ + C_6H_5-\dot{C}=O$$

$$C_6H_5-\dot{C}=O + O_2 \rightarrow C_6H_5-C\overset{\bar{O}|}{\underset{\bar{O}-\bar{O}\cdot}{}}$$

$$C_6H_5-C\overset{\bar{O}|}{\underset{\bar{O}-\bar{O}\cdot}{}} + C_6H_5-\overset{H}{\underset{\bar{O}|}{C}} \rightarrow$$

$$C_6H_5-\dot{C}=O + C_6H_5-C\overset{\bar{O}|}{\underset{\bar{O}-\bar{O}H}{}}$$

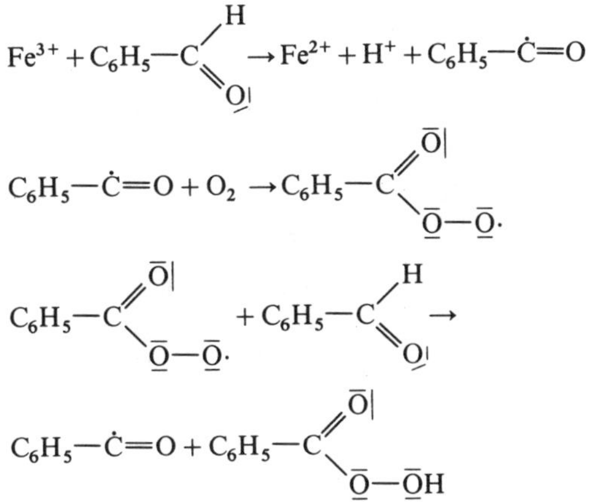

Durch die gebildete Peroxybenzoesäure wird Benzaldehyd zu Benzoesäure oxidiert (*Baeyer-Villiger*-Oxidation):

$$R-\underset{\underset{O}{\|}}{\overset{H}{C}}-H + R-\underset{\underset{O}{\|}}{C}-O-\bar{O}H \rightarrow$$

$$R-\underset{OH}{\overset{H}{\underset{|}{C}}}-O-O-\underset{\underset{O}{\|}}{C}-R$$

$$R-\underset{OH}{\overset{H}{\underset{|}{C}}}-O-O-\underset{\underset{O}{\|}}{C}-R \rightarrow$$

$$\left[R-\underset{\underset{\oplus OH}{\|}}{C}-OH\right] + \left[^{\ominus}|\bar{O}-\underset{\underset{O}{\|}}{C}-R\right] \rightarrow$$

$$2\,R-\underset{\underset{O}{\|}}{C}-OH$$

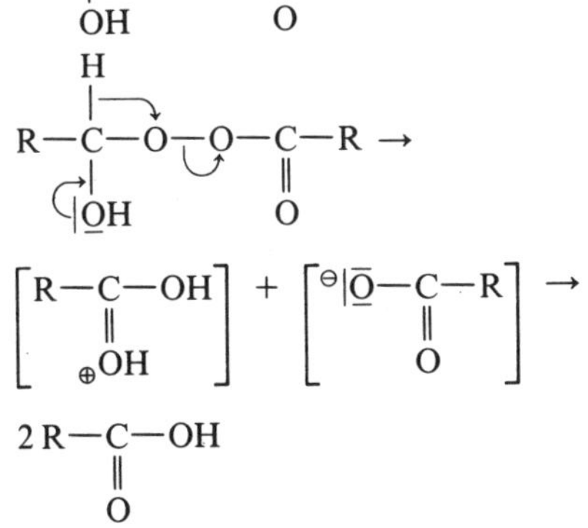

12.2 Oxidation von Alkoholen zu Aldehyden und Ketonen

Die Oxidation der Alkohole wird nicht in Kapitel 11 besprochen, da dort die Nachweisreaktionen für die Oxidationsprodukte noch nicht bekannt sind. Der industriellen Oxidation und der Labor-Oxidation kann die biologische Oxidation mit NAD^+ (143.3 und 144.2) angeschlossen werden.

Kommentare und Lösungen

100.1 Zur Ermittlung der Oxidationszahlen siehe die Regeln in 28.2.

100.2

a) $\Delta_R H_m^0 = \Delta_f H_m^0 (CH_3CHO) - \Delta_f H_m^0 (C_2H_5OH) =$
$-166\,kJ \cdot mol^{-1} - (-235\,kJ \cdot mol^{-1}) = 69\,kJ \cdot mol^{-1}$

b) $\Delta_R H_m^0 = [\Delta_f H_m^0 (CH_3CHO) - \Delta_f H_m^0 (H_2O)_g]$
$- \Delta_f H_m^0 (C_2H_5OH)$
$= -166\,kJ \cdot mol^{-1} - 242\,kJ \cdot mol^{-1} - (-235\,kJ \cdot mol^{-1}$
$= -173\,kJ \cdot mol^{-1}$

100.3 Deuteriertes Isopropanol $(CH_3)_2CDOH$ wird langsamer oxidiert, d.h. die Spaltung der C—H-Bindung im Isopropanol ist am geschwindigkeitsbestimmenden Schritt der Oxidation beteiligt. Die Oxidation von Alkoholen durch Permanganat-Ionen in saurer Lösung kann man analog über Permangansäureester formulieren. Der Mechanismus der Oxidation durch Permanganat-Ionen in basischer Lösung ist völlig anders:

$$\underset{H_3C}{\overset{H_3C}{>}}\!\!C\!\!\underset{OH}{\overset{H}{<}} + OH^- \underset{}{\overset{schnell}{\rightleftharpoons}} \underset{H_3C}{\overset{H_3C}{>}}\!\!C\!\!\underset{\bar{O}^\ominus}{\overset{H}{<}} + H_2O$$

$$\underset{H_3C}{\overset{H_3C}{>}}\!\!C\!\!\underset{\bar{O}^\ominus}{\overset{H}{<}} + \overset{\bar{O}}{\underset{\underset{O}{\|}}{\|}}\!Mn\!-\!\bar{O}|^\ominus \xrightarrow[langsam]{Hydrid\text{-}übertragung}$$

$$\underset{H_3C}{\overset{H_3C}{>}}\!\!C=O + HMnO_4^{2-}$$

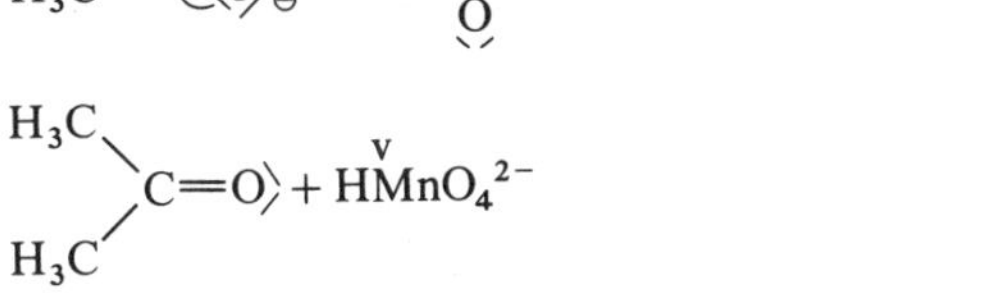

Alkohole werden von Chromat-Ionen, CrO_4^{2-}, in basischer Lösung nicht oxidiert, vermutlich weil ein Hydrid-Ion nicht auf ein zweifach negativ geladenes Chromat-Ion übertragen werden kann. Das Oxidationspotential von Cr(VI) in alkalischer Lösung ist viel geringer als in saurer Lösung.

LV 100.1 Zum Nachweis des entstehenden Ethanals gibt man einige Tropfen der fuchsinschwefligen Säure zum Alkohol. Der Papierstreifen mit fuchsinschwefliger Säure wird am besten an der Innenwand des Gefäßes mit einigen Tropfen Wasser in Berührung gebracht. Das Glühen der Spirale wird durch die Verbrennung des entstehenden Wasserstoffs verursacht. Außer mit Platin läßt sich der Versuch auch mit einer Kupferspirale durchführen. Der Versuch kann auch mit Methanol durchgeführt werden, wobei allerdings Formaldehyd (kancerogen) entsteht.

12.3 Reduktion der Carbonylgruppe

Kommentare und Lösungen

101.1 Ein Molekül $NaBH_4$ kann vier Moleküle eines Aldehyds oder Ketons reduzieren:

$NaBH_4 + 4 R_2CO + 3 H_2O \rightarrow$
$\qquad\qquad\qquad 4 R_2CHOH + NaOB(OH)_2$

Lithiumaluminiumhydrid ist mit Grignard-Verbindungen vergleichbar; es reagiert mit Luftsauerstoff und Luftfeuchtigkeit sehr heftig.

101.2 Die Reduktion mit Säuren verläuft nur mit Halogenwasserstoffsäuren, wahrscheinlich spielt eine Komplexbildung mit Halogenid-Ionen eine Rolle. Der Mechanismus ist komplex und nicht exakt bekannt. Die Reduktion mit Hydrazin in alkalischer Lösung verläuft über ein Hydrazon, das nicht isolierbar wird, sondern durch Erhitzen in Kohlenwasserstoff und Stickstoff zerfällt.

101.3 Die hohe Bindungsenthalpie der C=O-Doppelbindung erklärt, warum viele Reaktionen bevorzugt unter Ausbildung der Carbonylgruppe verlaufen bzw. warum viele Additionsreaktionen im Vergleich zur C=C-Doppelbindung nicht stattfinden (s. 102.2). Hydrierenthalphien:

$>C=C< + H_2 \rightarrow H-\underset{|}{\overset{|}{C}}-\underset{|}{\overset{|}{C}}-H;$

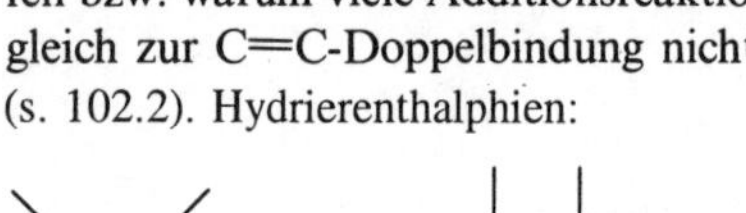

$\Delta_R H^0 = -124$ kJ

$>C=O + H_2 \rightarrow H-\underset{|}{\overset{|}{C}}-O-H;$

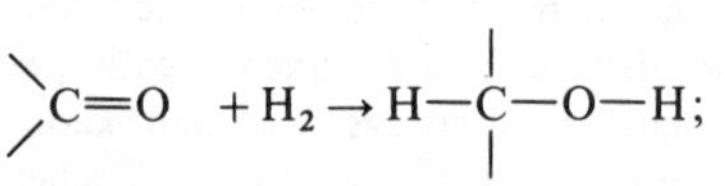

$\Delta_R H^0 = -53$ kJ

A 101.1

$\underset{R'}{\overset{R}{>}}\overset{II}{C=O} + 4 HCl + 2 \overset{\pm0}{Zn} \longrightarrow \underset{R'}{\overset{R}{>}}\overset{-II}{CH_2} + H_2O + 2 \overset{II}{ZnCl_2}$

$\underset{R'}{\overset{R}{>}}\overset{II}{C=O} + \overset{-II}{H_2N}-\overset{-II}{NH_2} \xrightarrow{Base} \underset{R'}{\overset{R}{>}}\overset{-II}{CH_2} + \overset{\pm0}{N_2} + H_2O$

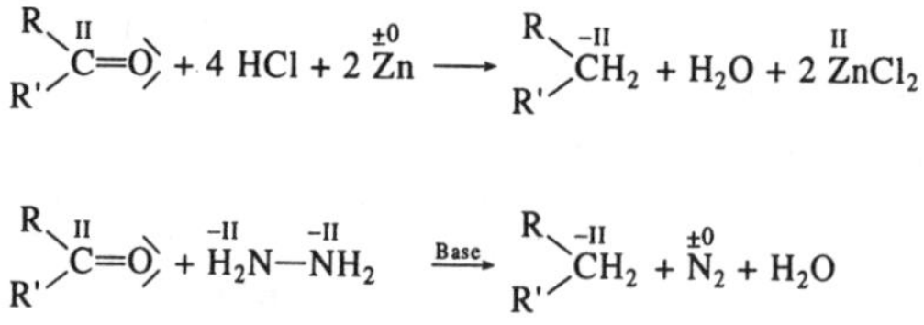

LV 101.2 Natriumborhydrid ist wasserlöslich und reagiert in neutraler und basischer Lösung nur sehr langsam mit Wasser, so daß in wässerigem Medium Reduktionen durchgeführt werden können. Die Reaktion von Natriumborhydrid mit Säuren ist äußerst heftig (größte Vorsicht):

$2 NaBH_4 + H_2SO_4 + 6 H_2O \rightarrow$
$\qquad\qquad\qquad Na_2SO_4 + 8 H_2 + 2 B(OH)_3$

LV 101.3 Es entsteht wahrscheinlich Isopropanol:

$Na + \underset{H_3C}{\overset{H_3C}{>}}C=O \longrightarrow \underset{H_3C}{\overset{H_3C}{>}}\dot{C}-\bar{\underline{O}}|^{\ominus} + Na^{\oplus}$

$\underset{H_3C}{\overset{H_3C}{>}}\dot{C}-\bar{\underline{O}}|^{\ominus} + Na \xrightarrow{2H_2O} \underset{H_3C}{\overset{H_3C}{>}}\overset{H}{\underset{OH}{C}} + Na^{\oplus} + 2OH^{\ominus}$

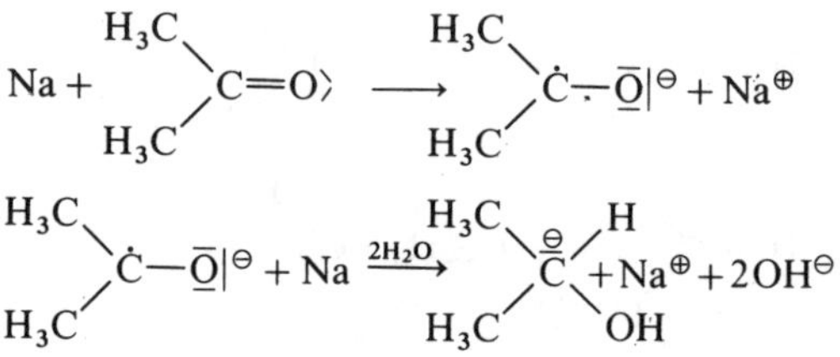

12.4 Nucleophile Addition

Das Kapitel enthält eine Auswahl nucleophiler Additionsreaktionen, die experimentell leicht durchführbar sind.

Kommentare und Lösungen

102.1 Die Reihe kann durch Carbonsäuren und Carbonsäurederivaten ergänzt werden:

$R-C\underset{Cl}{\overset{\bar{\underline{O}}|}{<}} > R-C\underset{\underset{\bar{\underline{O}}|}{}}{\overset{\bar{\underline{O}}|}{<}}O-C-R > R-C\underset{R'}{\overset{\bar{\underline{O}}|}{<}} >$

$R-C\underset{\bar{\underline{O}}-R'}{\overset{\bar{\underline{O}}|}{<}} > R-C\underset{NH_2}{\overset{\bar{\underline{O}}|}{<}} > R-C\underset{\bar{\underline{O}}H}{\overset{\bar{\underline{O}}|}{<}}$

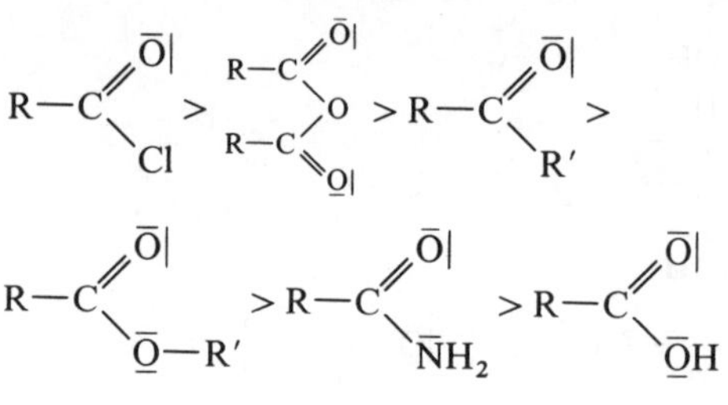

102.2 Obwohl die Bindungsenthalpie der C=O-Doppelbindung größer ist als die der C=C-Doppelbindung, reagiert zum Beispiel Methanal schneller als Ethen. In einigen Fällen verläuft eine hohe Bindungsenthalpie parallel zu einer geringen Reaktivität (z.B. S_N-Reaktion bei Halogenalkanen). Allgemein sagt jedoch die Bindungsenthalpie nichts über die Geschwindigkeit einer Reaktion aus.
Thermodynamik: $\Delta_R G^0_m$ (Alkene) < $\Delta_R G^0_m$ (Aldehyde)
Kinetik: ΔG^{+} (Alkene) > ΔG^{+} (Aldehyde).
Die Gleichgewichtskonstante K ist bei Methanal etwa 10^3, bei höheren aliphatischen Aldehyden in der Größenordnung von 1 und bei Ketonen etwa 10^{-3}. Zum weiteren Vergleich kann man die Enthalpieänderungen folgender Reaktionen aus Bindungsenthalpien berechnen:

$$H_2C{=}O + HBr \rightleftharpoons Br{-}CH_2{-}OH; \quad \Delta_R H^0_m = +5\ kJ \cdot mol^{-1}$$

$$H_2C{=}CH_2 + HBr \rightleftharpoons Br{-}CH_2{-}CH_2{-}H; \quad \Delta_R H^0_m = -66\ kJ \cdot mol^{-1}$$

$$H_2C{=}O + Br_2 \rightleftharpoons Br{-}CH_2{-}O{-}Br; \quad \Delta_R H^0_m = +61\ kJ \cdot mol^{-1}$$

$$H_2C{=}CH_2 + Br_2 \rightleftharpoons Br{-}CH_2{-}CH_2{-}Br; \quad \Delta_R H^0_m = -111\ kJ \cdot mol^{-1}$$

102.3 Das C-Atom einer Carbonylgruppe ist stärker positiviert als das C-Atom mit zwei C—O-Einfachbindungen. Durch die Addition von Wasser wird die Positivierung benachbarter C-Atome vermindert, die „Hydratform" ist daher stabiler. Chloral setzt sich mit Wasser zu kristallinem Chloralhydrat um, $\vartheta_m = 51\ °C$.
Bei Carbonylverbindungen ohne elektronenziehende Substituenten am α-C-Atom ist die „Hydratform" instabil. Nach der Regel von *Erlenmeyer* spaltet eine Verbindung mit zwei OH-Gruppen an einem C-Atom im allgemeinen Wasser ab unter Bildung einer Carbonylgruppe.
Aus diesem Grund läßt sich auch zum Beispiel Kohlensäure bei Raumtemperatur nicht isolieren.
Die *Erlenmeyer*-Regel beruht auf der hohen Bindungsenthalpie der C=O-Doppelbindung, deren Bildung aus diesem Grund thermodynamisch bevorzugt ist.

102.4 Die Bildung eines Halbacetals wird sowohl durch Säuren als auch Basen katalysiert. Ein Halbacetal reagiert jedoch nur in Gegenwart von Säuren zum Acetal. Die Reaktion verläuft über ein mesomeriestabilisiertes Carbenium-Ion nach einem SN-1-Mechanismus.

Die Acetalbildung ist bei Ketonen weniger exotherm als bei Aldehyden, z.B.:

$$HCHO + 2\,CH_3OH \rightleftharpoons CH_2(OCH_3)_2 + H_2O; \quad \Delta_R H^0_m = -79{,}5\ kJ \cdot mol^{-1}$$

$$CH_3COCH_3 + 2\,CH_3OH \rightleftharpoons (CH_3)_2C(OCH_3)_2 + H_2O \quad \Delta_R H^0_m = -48{,}9\ kJ \cdot mol^{-1}$$

Die Entropie nimmt bei der Acetalisierung ab, da die Teilchenzahl geringer wird. Die Entropieabnahme wirkt sich bei Ketonen so stark aus, daß das Gleichgewicht auf der Seite der Edukte liegen kann. Den ungünstigen Entropieeffekt kann man vermeiden, indem man die Acetalbildung mit 1,2-Diolen durchführt.
Acetale sind gegenüber Basen beständig. Da die Acetalisierung reversibel ist, werden sie durch verdünnte Säuren in die Ausgangskomponenten überführt. Acetale werden häufig als Schutzgruppen verwendet.

LV 102.1 Das entstehende 1,1-Diethoxyethan ist wasserunlöslich, so daß man bei Zugabe verdünnter Natronlauge zwei Phasen erkennt. Die wässerige untere Phase läßt sich mit Kongorot anfärben. Die Acetalbildung tritt auch nach längerem Stehen ohne Erhitzen ein. 1,1-Dimethoyethan ist wasserlöslich, der Versuch läßt sich daher nicht entsprechend mit Methanol durchführen.

103.1 Reaktionsgleichung:

$$6\,HCHO + 4\,NH_3 \rightarrow (CH_2)_6N_4 + 6\,H_2O$$

Hexamethylentetramin spaltet bei der sauren Hydrolyse leicht wieder Methanal ab und wird daher zum Härten von Kunstharzen verwendet. Zur Struktur siehe 44.2.
Ketone geben im allgemeinen mit Ammoniak keine entsprechenden Additionsprodukte wie die Aldehyde.

103.2 Wichtige Kondensationsprodukte sind auch *Azomethine* oder *Schiffsche* Basen, die durch Umsetzung von primären Aminen mit Aldehyden oder Ketonen entstehen:

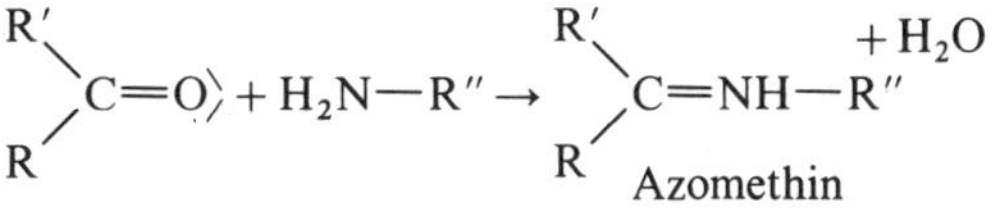
R′
R
C=O
+ H₂N—R″ →
R′
R
C=NH—R″
+ H₂O
Azomethin

Die Bildung von Azomethinen spielt in der Biochemie eine Rolle, z. B.: Opsin 149.1 oder Osazone 122.4.

103.3 Die Geschwindigkeiten dieser Reaktionen hängen stark vom pH-Wert ab. In Gegenwart von Säuren sind die Edukte an folgenden Protolysegleichgewichten beteiligt:

$G{-}\overline{N}H_2 + H^+(aq) \rightleftharpoons G{-}NH_3^+$

nucleophil — nicht nucleophil

$\rangle C{=}O\rangle + H^+(aq) \rightleftharpoons \rangle C{=}\overline{O}^{\oplus}{-}H$

weniger reaktiv — reaktiv

Ein niedriger pH-Wert erhöht folglich die Reaktivität der Carbonylverbindung, vermindert aber die Reaktivität des Nucleophils. Die Geschwindigkeit der Reaktion erreicht bei dem pH-Wert ein Maximum, bei dem die Konzentration von $G{-}NH_2$ und $\rangle C{=}OH^+$ am größten ist.

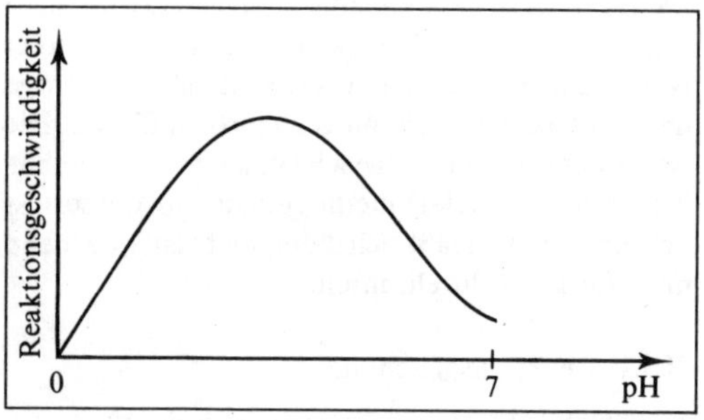

A 103.1 Das Gemisch wird mit gesättigter Natriumhydrogensulfit-Lösung durchschüttelt, die entstehenden Kristalle saugt man mit der Filternutsche ab. Cyclohexanol bleibt zurück. Durch Zugabe von verdünnter Schwefelsäure zu dem Bisulfitaddukt läßt sich Cyclohexanon zurückgewinnen.

LV 103.2 Die Produkte der Bisulfit-Addition bezeichnet man als Natrium-α-hydroxysulfonate. Durch Erwärmen in Wasser, besser in verdünnten Säuren oder Basen können aus den Bisulfit-Addukten wieder die Carbonylverbindungen gewonnen werden (s. A 107.10).

Ergänzung

Addition von Ammoniak an Ethanal:

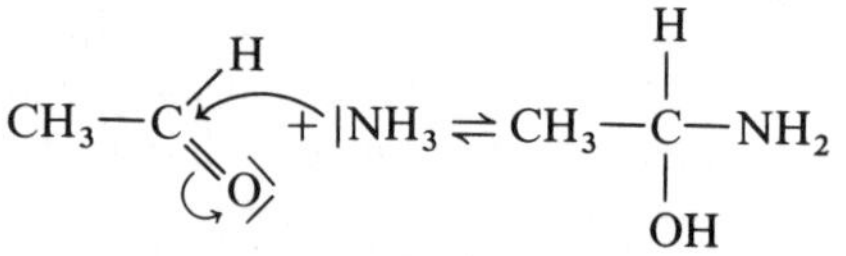

1-Amino-1-hydroxy-ethan, $\vartheta_b = 97\ °C$

Trimerisierung:

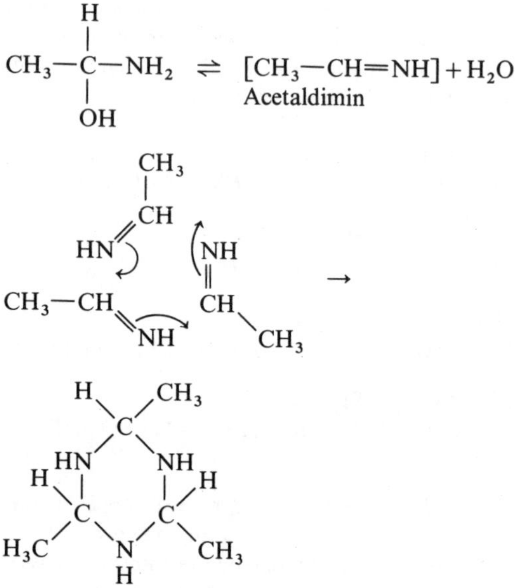

2, 4, 6-Trimethyl-hexahydro-1, 3, 5-triazin

12.5 Aldolreaktion

Reaktionen vom Typ der Aldoladdition und der Aldolkondensation sind in der Biochemie und der synthetischen organischen Chemie für die Bildung größerer Moleküle unter C—C-Verknüpfung von Bedeutung.

Kommentare und Lösungen

104.1 But-2-enal (Crotonaldehyd) ist krebserregend. Die Aldolkondensation wird daher nach V 104.2 durchgeführt.

Carbanionen sind, sofern nicht besondere stabilisierende Effekte auftreten, in Lösung sehr instabil. Bisher war es nicht möglich, einfache Carbanionen von Alkanen, wie zum Beispiel das Methyl- oder Ethyl-Anion, darzustellen. Das aus Ethanal gebildete Carbanion ist dagegen mesomeriestabilisiert.

Die Carbanionen-Form trägt jedoch weniger zur Stabilisierung bei als die Enolat-Form, so daß es fragwürdig ist, ob bei dieser Art von Anionen überhaupt von Carbanionen gesprochen werden kann. Mesomere Grenzformeln haben physikalisch keine Realität, werden jedoch als Hilfsmittel für die Formulierung von Reaktionsmechanismen benutzt. Es ist immer wieder wichtig, darauf hinzuweisen, daß ein Teilchen nicht aus einer mesomeren Grenzstruktur heraus reagiert.

104.2 Geschwindigkeitsgesetz der *Cannizzaro*-Reaktion:

$v = k \cdot c^2(\mathrm{RCHO}) \cdot c(\mathrm{OH^-})$

Die Reaktion verläuft nicht einstufig trimolekular, sondern wie angegeben in mehreren Schriften: 1. Nucleophile Addition des OH^--Ions an die Carbonylgruppe, 2. Hydrid-Übertragung und 3. Protolyse. Bei der Reaktion in schwerem Wasser (D_2O) wird in den entstehenden Alkohol kein Deuterium eingebaut. Das Hydrid-Ion muß daher aus einem Aldehydmolekül stammen. Da die Geschwindigkeit der *Cannizzaro*-Reaktion auch vom Kation der Base abhängt, nimmt man die Bildung eines „Primärkomplexes“ an:

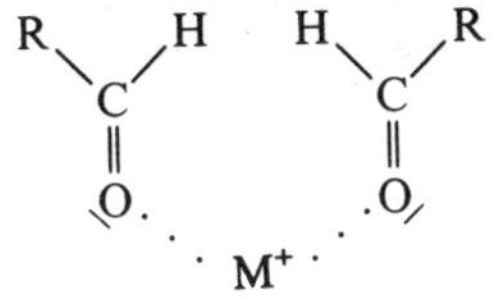

Durch diese Komplexbildung wird der nucleophile Angriff des OH^--Ions und die Hydrid-Übertragung begünstigt.

Versuch: *Disproportionierung von Benzaldehyd nach Cannizzaro*

In einem Scheidetrichter mischt man 20 ml Benzaldehyd (Xn; 0,19 mol) mit 25 ml 60%iger Kaliumhydroxid-Lösung (C). Die Suspension wird zwei Minuten kräftig durchgeschüttelt und dann mit 50 ml Wasser versetzt. Danach extrahiert man mit 50 ml Ether (Xn, F+) und trennt die entstehenden Phasen voneinander. Die untere wässerige Phase enthält Benzoat; nach dem Ansäuern mit konzentrierter Salzsäure fällt sofort Benzoesäure aus. Die obere Phase enthält Benzylalkohol neben nicht umgesetztem Benzaldehyd. Die Benzoesäure wird abgenutscht, getrocknet und zur Bestimmung der Ausbeute abgewogen. Zur Identifizierung kann der Schmelzpunkt bestimmt werden.

A 104.1 Die Bildung des Carbanions (Enolat-Ions) aus Aceton ist geschwindigkeitsbestimmend, das gebildete Carbanion reagiert sofort weiter. Bei Ethanal ist die Bildung des Anions im Vergleich zum folgenden Additionsschritt nicht geschwindigkeitsbestimmend.

V 104.2 $n(C_6H_5{-}CHO) \approx 10$ m mol;
$n(\mathrm{Aceton}) \approx 7$ m mol;
$\varrho(C_6H_5{-}CHO) = 1{,}043\ \mathrm{g/cm^3}$;
$\varrho(\mathrm{Aceton}) \quad = 0{,}785\ \mathrm{g/cm^3}$
Nach kurzer Zeit tritt eine rasche Trübung ein. Das zunächst ölige Produkt wird allmählich kristallin. Es entsteht Dibenzalaceton.

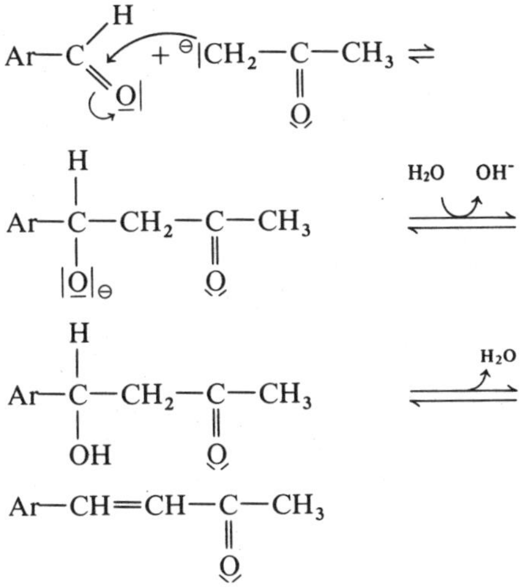

Benzalaceton, $\vartheta_m = 41$ °C (ölig)

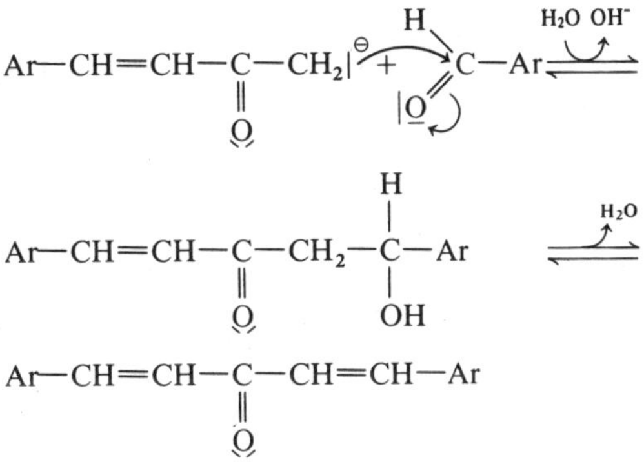

Dibenzalaceton, $\vartheta_m = 110$–112 °C

Bei einem Überschuß an Aceton entsteht Benzalaceton.

12.6 Iodoform-Reaktion

Die Iodoform-Reaktion verläuft wie die Aldol-Reaktion über Carbanionen oder Enolat-Ionen. Sie hat analytische und präparative Bedeutung.

Kommentare und Lösungen

105.1 Die Reaktion läßt sich auch über das Carbanion formulieren:

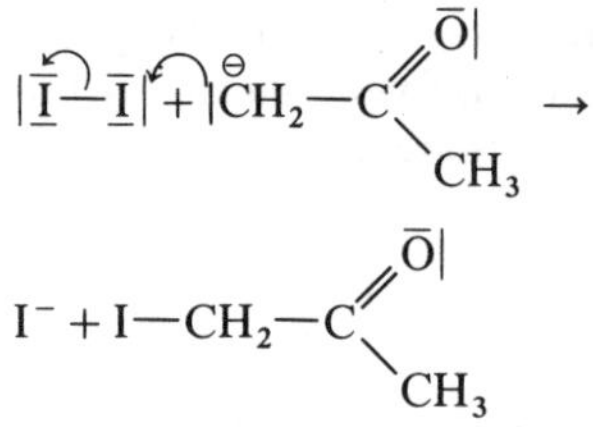

105.2 Die Hydrolyse stellt eine nucleophile Substitution am ungesättigten C-Atom dar, die nach einem Additions-Eliminierungs-Mechanismus verläuft:

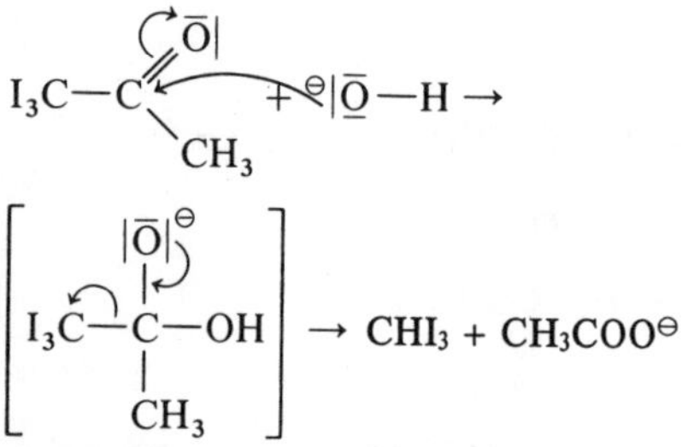

Zwischenstufe nicht isolierbar — $\vartheta_b = 119$ °C, gelbe Kristalle

105.3 Das Keto-Enol-Gleichgewicht ist ein Beispiel für die Protonenisomerie (s. auch A 46.1). Die früher verwendete Bezeichnung Keto-Enol-Tautomerie ist nicht mehr üblich.

V 105.1 Die Enolform des Acetessigesters reagiert quantitativ mit Brom. Nach völliger Entfärbung tritt langsam wieder die Farbe des Acetessigester-Eisen(III)-Komplexes auf, da sich das ursprüngliche Keto-Enol-Gleichgewicht wieder einstellt.
Bei der Addition von Brom an die Enolform spaltet das zunächst entstehende Additionsprodukt Bromwasserstoff ab, wobei α-Brom-acetessigester entsteht:

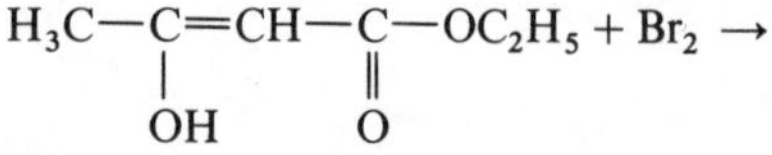

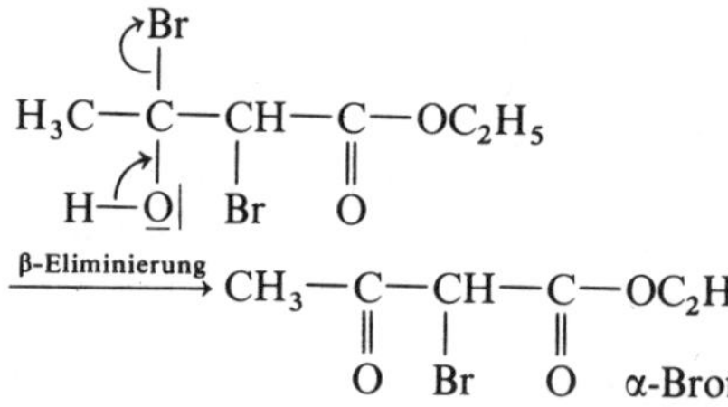

α-Brom-acetessigester

V 105.2 Siehe auch A 107.15.

12.7 Polymere Aldehyde

Kommentare und Lösungen

106.1 Polyformaldehyd wird auch als „Polyoxymethylen" oder „Paraldehyd" bezeichnet.

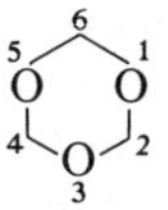

1,3,5-Trioxan, $\vartheta_b = 114$ °C

Durch Erhitzen kann man Trioxan wieder depolymerisieren. Man benutzt es daher wie Polyformaldehyd im Labor zur Herstellung von wasserfreiem, gasförmigem Formaldehyd.

106.2 Polymerisation von Methanal unter Bindung von C—C-Bindungen siehe 137.3.

106.3 Paraldehyd (2,4,6-Trimethyl-1,3,5-trioxan) wird in der Medizin bei epileptischen Anfällen angewandt. Eine gewisse Bedeutung hat es auch noch in Heilanstalten zur Behandlung von Geisteskranken.
Polymerisation von Ethanal unter Bildung von C—C-Bindungen:

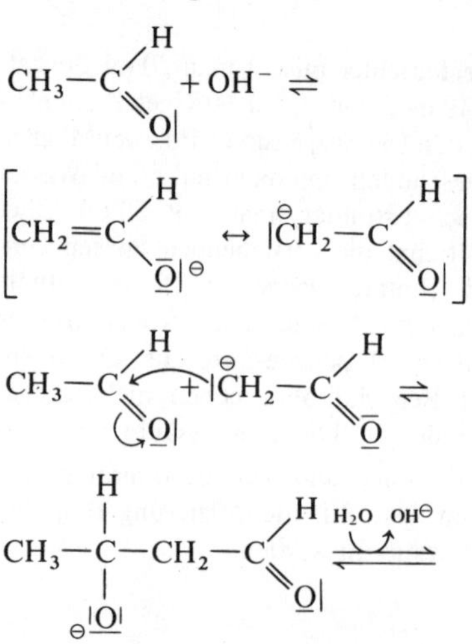

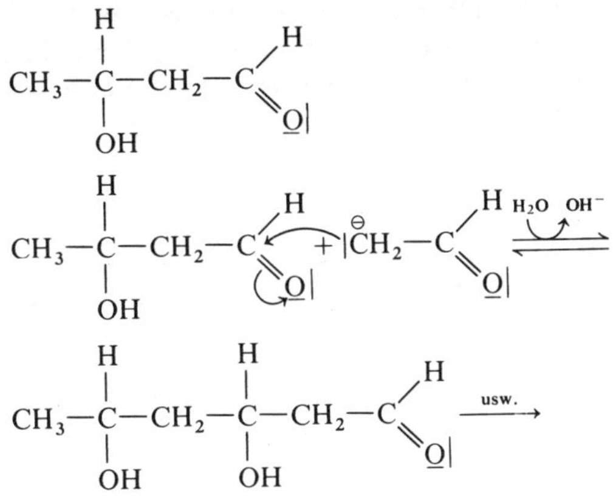

$$CH_3-\underset{\underset{OH}{|}}{\overset{\overset{H}{|}}{C}}-CH_2-\overset{H}{\underset{O|}{C}}$$

$$CH_3-\underset{\underset{OH}{|}}{\overset{\overset{H}{|}}{C}}-CH_2-\overset{H}{\underset{\curvearrowleft O|}{C}} \; +|\overset{\ominus}{C}H_2-\overset{H}{\underset{O|}{C}} \quad \overset{H_2O \; OH^-}{\rightleftharpoons}$$

$$CH_3-\underset{\underset{OH}{|}}{\overset{\overset{H}{|}}{C}}-CH_2-\underset{\underset{OH}{|}}{\overset{\overset{H}{|}}{C}}-CH_2-\overset{H}{\underset{O|}{C}} \quad \xrightarrow{usw.}$$

Unter Wasserabspaltung bildet sich schließlich ein braunes Harz, für dessen Hauptkomponente man folgende Formel angeben kann:

$CH_3-(CH=CH)_n-CHO$

V 106.1 Es bilden sich zwei Phasen, da Paraldehyd ($\vartheta_b = 124\,°C$) wasserunlöslich ist.

LV 106.2 Die Depolymerisation ist wegen der damit zunehmenden Entropie bei hohen Temperaturen begünstigt (s. Organische Chemie, S. 160).

Zusätzliche Aufgaben

A 107.1

$CH_3-CH_2-CH_2-CH_2-CHO$
Pentanal

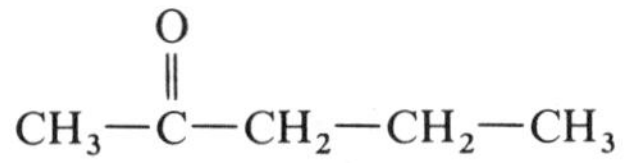

$CH_3-\overset{\overset{O}{\|}}{C}-CH_2-CH_2-CH_3$
Pentanon-2

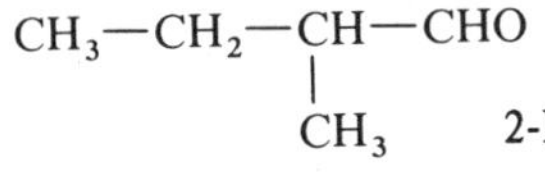

$CH_3-CH_2-\underset{\underset{CH_3}{|}}{CH}-CHO \quad$ 2-Methylbutanal

$CH_3-CH_2-\overset{\overset{O}{\|}}{C}-CH_2-CH_3 \quad$ Pentanon-3

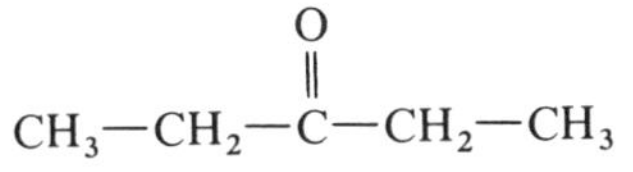

$CH_3-\underset{\underset{CH_3}{|}}{CH}-CH_2-CHO \quad CH_3-\underset{\underset{CH_3}{|}}{CH}-\overset{\overset{O}{\|}}{C}-CH_3$

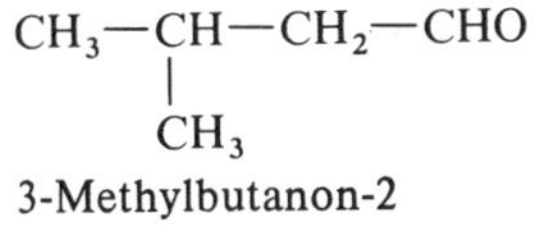

3-Methylbutanon-2   3-Methylbutanal

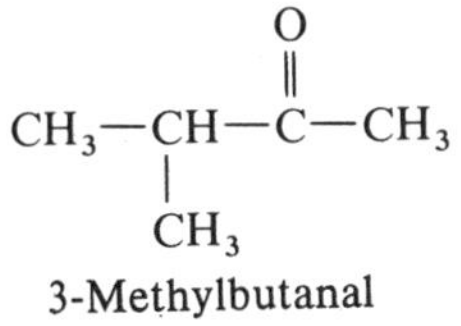

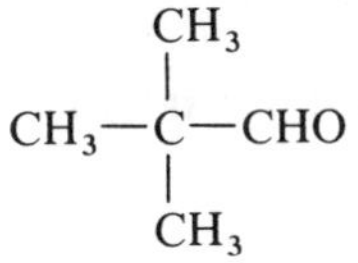

$CH_3-\underset{\underset{CH_3}{|}}{\overset{\overset{CH_3}{|}}{C}}-CHO \quad$ 2,2-Dimethylpropanal

A 107.2

a) Die π-Elektronen der C=O-Doppelbindung sind leichter polarisierbar als σ-Bindungselektronen der C—Cl-Bindung.

b) $\vec{\mu} = 1{,}6 \cdot 10^{-19}\,C \cdot 0{,}12 \cdot 10^{-9}\,m$
$= 1{,}92 \cdot 10^{-29}\,C \cdot m$

A 107.3
Oxidation:

$HCHO + OH^- \rightarrow H-COO^- + 2\,e^- + 2\,H^+ \quad /\cdot 3$

Reduktion:

$\underline{Bi^{3+} + 3\,e^- \rightarrow Bi \qquad\qquad\qquad\qquad /\cdot 2}$

$2\,Bi^{3+} + 3\,HCHO + 3\,OH^- \rightarrow 3\,HCOO^- + 6\,H^+ + 2\,Bi$

A 107.4
Teilgleichungen:

1) $CH_3CH_2OH \rightarrow CH_3-CHO + 2\,e^- + 2\,H^+$
2) $CH_3CH_2OH + H_2O \rightarrow CH_3-COOH + 4\,e^- + 4\,H^+$
3) $MnO_4^- + 5\,e^- + 8\,H^+ \rightarrow Mn^{2+} + 4\,H_2O$

In saurer Lösung benötigt man für a) 0,4 mol MnO_4^--Ionen und für b) 0,8 mol MnO_4^--Ionen.

A 107.5
In basischer Lösung kann sich kein Chromsäureester bilden. Auch eine Hydrid-Übertragung vom Alkohol auf das in basischer Lösung vorliegende Chromat-Ion (CrO_4^{2-}) ist wegen der elektrostatischen Abstoßung nicht möglich. Das Oxidationspotential von Cr(VI) in basischer Lösung ist geringer.

A 107.6

a) Katalytische Hydrierung

b) Reduktion mit Natriumborhydrid

A 107.7

a) Das BH_4^--Ion wird von OH^--Ionen nicht angegriffen, da sich die Ionen wegen ihrer gleichartigen Ladung abstoßen. Mit H^+(aq)-Ionen erfolgt eine heftige Reaktion unter Wasserstoffentwicklung:

$2\,NaBH_4 + H_2SO_4 \rightarrow B_2H_6 + 2\,H_2 + Na_2SO_4$

b) Im BH_4^--Ion trägt Bor formal eine negative Ladung. Die Abspaltung eines H^--Ions ist somit wegen der elektrostatischen Abstoßung begünstigt.

A 107.8

a) Fuchsinschweflige Säure reagiert nur mit Ethanal;

b) und c) Mit *Fehling*- oder *Tollens*-Reagenz lassen sich Aldehyde nachweisen.

A 107.9 Die Bildung von Acetalen ist säurekatalysiert und reversibel. Ein Überschuß an Säure verschiebt das Gleichgewicht zugunsten der Ausgangskomponenten. Die Spaltung mit OH^--Ionen erfordert den Austritt von Alkoholat-Ionen, RO^-, was energetisch nicht möglich ist.

A 107.10 Das Bisulfit-Addukt bildet in Wasser folgendes Gleichgewicht:

$$\underset{\underset{OH}{|}}{\overset{\overset{SO_3^- Na^+}{|}}{>C<}} \rightleftharpoons \;>C=O + HSO_3^- + Na^+$$

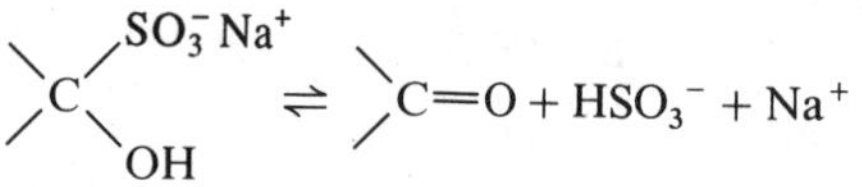

Mit Säuren wird das Gleichgewicht nach rechts verschoben, da gasförmiges SO_2 entsteht, mit Basen verschiebt sich das Gleichgewicht nach rechts, da Sulfit-Ionen gebildet werden:

$HSO_3^- + H^+ (aq) \rightarrow SO_2(g) + H_2O$

$HSO_3^- + OH^- (aq) \rightarrow SO_3^{2-} (aq) + H_2O$

A 107.11

$CH_3-\underset{\underset{O}{\|}}{C}-CH_2-CH_2-CH_3$ oder

$CH_3-\underset{\underset{O}{\|}}{C}-CH\overset{CH_3}{\underset{CH_3}{<}}$

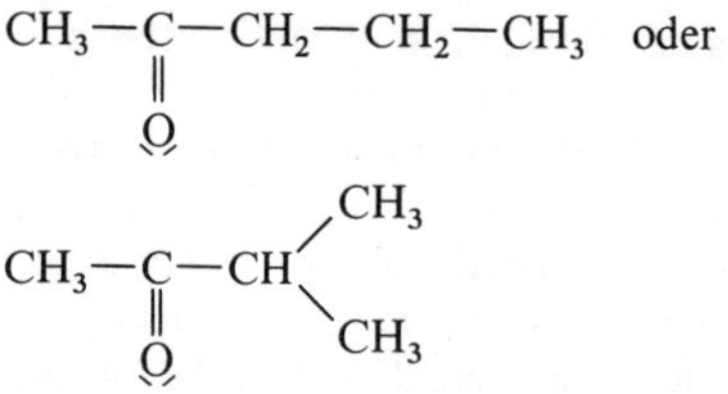

A 107.12

a) Reduktion mit $NaBH_4$

b) Umsetzung mit Brom in basischer Lösung

c) Aldoladdition, dann Oxidation mit MnO_4^--Ionen

d) Aldoladdition in basischer Lösung, dann Dehydratisierung in saurer Lösung (Aldolkondensation) ergibt $CH_3-CH=CH-CHO$. Reduktion der Aldehydgruppe mit Natriumborhydrid und katalytische Hydrierung der $C=C$-Doppelbindung ergibt Butanol.

e) Aldoladdition ergibt $CH_3-\underset{\underset{OH}{|}}{CH}-CH_2-CHO$,

Reduktion mit Natriumborhydrid und Eliminierung von Wasser in saurer Lösung liefert Butadien.

A 107.13 Ethanal kann mit sich selbst eine Aldolreaktion eingehen: $CH_3-CHOH-CH_2-CHO$; Aceton reagiert nicht mit sich selbst; es kann ein Carbanion bilden und mit Ethanal reagieren:

$$CH_3-\underset{\underset{O}{\|}}{C}-\overset{\ominus}{CH_2} + CH_3-\overset{\overset{H}{|}}{\underset{\underset{O|}{|}}{C}} \rightleftharpoons CH_3-\underset{\underset{O}{\|}}{C}-CH_2-\overset{\overset{H}{|}}{\underset{\underset{|O|^-}{|}}{C}}-CH_3 \xrightarrow{H_2O\;OH^-}$$

$$CH_3-\underset{\underset{O}{\|}}{C}-CH_2-\underset{\underset{OH}{|}}{CH}-CH_3 \xrightarrow{(OH)^-} CH_3-\underset{\underset{O}{\|}}{C}-CH=CH-CH_3 + H_2O$$

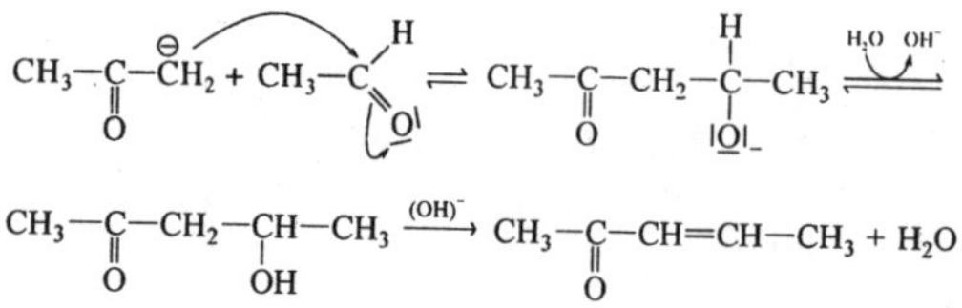

A 107.14 Nur bei Abspaltung des H_2-Atoms ist das Anion mesomeriestabilisiert:

$$CH_3-\overset{\ominus}{CH}-C\overset{H}{\underset{\underset{O|}{\|}}{<}} \leftrightarrow CH_3-CH=C\overset{H}{\underset{|O|_\ominus}{<}}$$

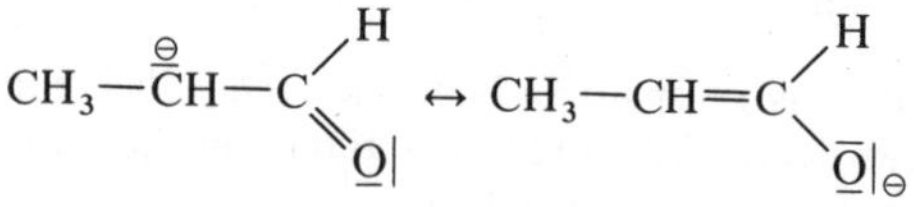

A 107.15 Alle Verbindungen mit der Gruppierung

$CH_3-\underset{\underset{OH}{|}}{\overset{\overset{H}{|}}{C}}-$ oder $CH_3-\underset{\underset{O}{\|}}{C}-$

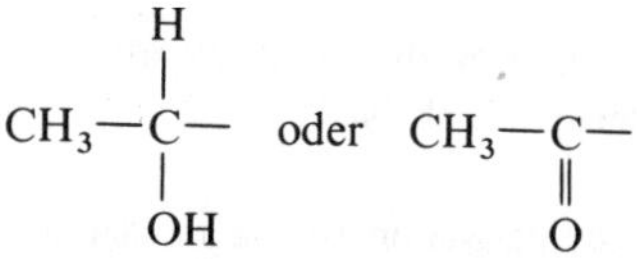

ergeben eine positive Iodoform-Reaktion, also c), e) und f).

A 107.16

a) Aldehyde ohne α-H-Atom gehen vorwiegend die *Cannizzaro*-Reaktion ein.

b) Beim Sieden am Rückfluß werden die entstehenden Aldehyde sofort weiter zu Carbonsäuren oxidiert. Es reagieren nur primäre Alkohole.

c) Nur Ketone mit der Gruppierung CH_3-CO- gehen die Iodoform-Reaktion ein.

d) Nur niedere Ketone sind wasserlöslich.

e) Eine $C=C$-Doppelbindung ist nicht doppelt so fest wie zwei $C-C$-Einfachbindungen, eine $C=O$-Doppelbindung ist mehr als doppelt so fest wie zwei $C-O$-Einfachbindungen.

13 Carbonsäuren und Derivate

Außer in diesem Kapitel werden Carbonsäuren und Carbonsäurederivate an folgenden Stellen des Lehrbuchs in anderem Zusammenhang behandelt: *Spektren:* UV-Spektrum von Essigsäure und Acetylchlorid, 50.1, IR-Spektrum von Acrylsäure, S. 53, Massenspektrum, IR-Spektrum und NMR-Spektrum von Propionsäuremethylester A 61.3, *Fettsäuren* Kap. 18.1, *Seife*, Herstellung von Seife aus Palmitinsäure V 174.1, *Fettsäureabbau* Kap. 19.5, *Polyester* und *Polyamide* Kap. 21.

13.1 Monocarbonsäuren

Kommentare und Lösungen

108.1 Die Stabilität der dimeren Carbonsäuren läßt sich folgendermaßen erklären:
1. Es liegen 2 stabile Wasserstoffbrücken vor.

2. Die sp^2-Hybridisierung der an den Wasserstoffbrücken beteiligten Sauerstoffatome führt zu einem größeren kovalenten Bindungsanteil als in normalen Wasserstoffbrücken.

108.2 Zu den nach IUPAC nicht erlaubten Trivialnamen gehört die Bezeichnung Capronsäure für Hexansäure. Die Benennung von Carbonsäuren mit cyclischem Alkylrest erfolgt durch Anhängen der Endung *-carbonsäure* an den Stammnamen, z. B. Cyclohexancarbonsäure, $C_6H_{11}COOH$.

V 108.1 Die Ameisensäure darf im flüssigen Zustand nicht in den Kolbenprober geraten, da die Flüssigkeit dann teilweise zwischen Kolben und Hülse hochkriecht und die Messung verfälscht. Wenn die Ameisensäure genau einpipettiert wird, liefert der Versucht gute, reproduzierbare Ergebnisse. Zur Kontrolle kann man überprüfen, ob der Kolbenprober nach dem Abkühlen auf null zurückgeht. Theoretischer Wert:
$M(HCOOH)_2 = 92\ g \cdot mol^{-1}$. Auswertung vgl. S. 42.

Versuchsergebnisse:
$p = 1010$ hPa, $\varrho(HCOOH) = 1{,}22\ g \cdot cm^{-3}$

$\frac{V(HCOOH)}{ml}$	$\frac{m(HCOOH)}{g}$	$\frac{V(Gas)}{ml}$	$\frac{\vartheta}{°C}$	$\frac{T}{K}$	$\frac{M(Gas)}{g \cdot mol^{-1}}$
0,05	0,061	22	130	403	92,0
0,17	0,207	70	127	400	92,0
0,18	0,22	82	140	413	91,2
0,18	0,22	79	132	405	92,8
0,18	0,22	79	135	408	93,5

$$M(Gas) = \frac{m \cdot R \cdot T}{p \cdot V(Gas)}$$

LV 108.2

a) Ameisensäure wird zu Kohlenstoffdioxid oxidiert, Nachweis mit $Ca(OH)_2$-Lösung.

b) Es entsteht Kohlenstoffmonooxid und Wasser, das von der konzentrierten Schwefelsäure gebunden wird.

c) $5\,H\overset{II}{C}OOH + 2\,\overset{VII}{Mn}O_4^- + 6\,H_3O^+ \rightarrow$

$5\,\overset{IV}{C}O_2 + 2\,Mn^{2+} + 14\,H_2O$

$H\overset{II}{C}OOH \xrightarrow{H_2SO_4} \overset{II}{C}O + H_2O$

109.1 —

109.2 Aus den mesomeren Grenzformeln folgt, daß die beiden C—O-Bindungen gleich lang sind, dies wurde durch Röntgenstrukturanalyse nachgewiesen.

109.3 —

V 109.1 Als Produkt erhält man verdünnte Essigsäure, die durch Acetaldehyd und Essigsäureethylester verunreinigt ist. Das Destillat reagiert sauer und riecht nach Essigsäure.

Reaktionsgleichung:

$5\,CH_3\overset{-I}{C}H_2OH + 4\,\overset{VII}{Mn}O_4^- + 12\,H_3O^+ \rightarrow$
$5\,CH_3\overset{III}{C}OOH + 4\,Mn^{2+} + 23\,H_2O$

V 109.2 Für die Neutralisation der Ameisensäure benötigt man etwa 33 ml NaOH, für die Essigsäure etwa 22 ml NaOH. Beim Halbäquivalenzpunkt ergibt sich durch Messung mit einer Glaselektrode für Ameisensäure ein pH-Wert von etwa 3,8 und für Essigsäure ein pH-Wert von etwa 4,8.

a) Am Halbäquivalenzpunkt gilt:
$c(RCOOH) = c(RCOO^-) \Rightarrow$

$$K_S = \frac{c(H_3O^+) \cdot c(RCOO^-)}{c(RCOOH)} = c(H_3O^+) \Leftrightarrow pK_S = pH$$

b) Literaturwerte:
$pK_S(HCOOH) = 3{,}74$
$K_S(HCOOH) = 1{,}82 \cdot 10^{-4}\ mol \cdot l^{-1}$
$pK_S(CH_3COOH) = 4{,}76$
$K_S(CH_3COOH) = 1{,}74 \cdot 10^{-5}\ mol \cdot l^{-1}$

13.2 Dicarbonsäuren

Nach IUPAC werden acyclische Dicarbonsäuren durch Anhängen der Endung *-disäure* an den Stammnamen (einschließlich der C-Atome der Carboxylgruppen) gebildet. Cyclische und aromatische Mono- und Dicarbonsäuren sowie Verbindungen mit mehr als zwei Carboxylgruppen werden durch Anhängen der Endung *-carbonsäure* an den Stammnamen gebildet (ohne C-Atome der Carboxylgruppen). Beispiele:

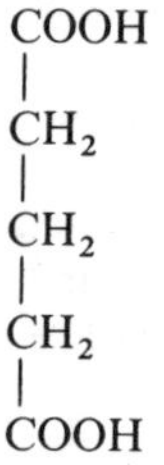

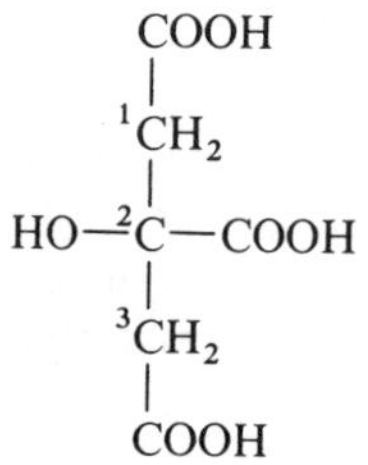

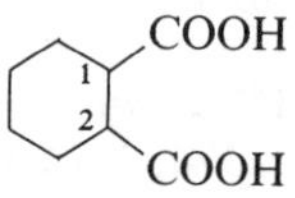

Pentandisäure (Glutarsäure)	2-Hydroxypropan-1,2,3-tricarbonsäure (Citronensäure)	Cyclohexan-1,2-dicarbonsäure

Kommentare und Lösungen

110.1 —

110.2 Die hohe Acidität der Maleinsäure ist ein gutes Beispiel dafür, daß die Acidität nicht nur von der Struktur der Säure, sondern auch von der Stabilität der korrespondierenden Base abhängt. Zur Isomerisierung von Maleinsäure und Fumarsäure vgl. LV 68.1.

110.3 Zur Herstellung von Trevira aus Terephthalsäure vgl. S. 156.

110.4 —

13.3 Veresterung durch nucleophile Substitution

Kommentare und Lösungen

111.1 Der angegebene Additions-Eliminierungs-Mechanismus gilt für die Veresterung primärer und sekundärer Alkohole. Zum Mechanismus der Veresterung tertiärer Alkohole vgl. Ergänzungen.

111.2 —

V 111.1 *Versuchsergebnisse:*

Reaktionszeit	V(Probe)	V(NaOH)
0 Min.	1 ml	25,3 ml
60 Min.	1 ml	23,3 ml

Siedetemperatur nach Einstellung des Gleichgewichts: $\vartheta = 95\,°C$. Das Gleichgewicht stellt sich nach etwa 45 Minuten ein. Durch das Verdünnen der heißen Probe mit Wasser wird die Reaktionsgeschwindigkeit stark erniedrigt, das Gleichgewicht friert ein.

Auswertung: Die Gleichgewichtskonzentrationen werden aus den berechneten Ausgangskonzentrationen und der experimentell bestimmten Konzentrationsänderung der Essigsäure berechnet. Die beim Mischen der Edukte auftretende Volumenkontraktion von etwa 1 % ist bei der angewandten Berechnungsmethode vernachlässigbar.

Berechnung der Ausgangskonzentrationen: $V = 62$ ml

$$c_0(\text{Ess.}) = \frac{n(\text{Ess.})}{V} = \frac{m(\text{Ess.})}{M(\text{Ess.}) \cdot V} = \frac{\varrho(\text{Ess.}) \cdot V(\text{Ess.})}{M(\text{Ess.}) \cdot V}$$

$$c_0(\text{Ess.}) = \frac{1{,}049 \cdot 6}{60 \cdot 62} \text{ mol} \cdot \text{cm}^{-3} = 1{,}69 \text{ mol} \cdot \text{l}^{-1}$$

$$c_0(\text{Eth.}) = \frac{\varrho(\text{Eth.}) \cdot V(\text{Eth.})}{M(\text{Eth.}) \cdot V} = \frac{0{,}794 \cdot 6}{46 \cdot 62} = 1{,}67 \text{ mol} \cdot \text{l}^{-1}$$

$$c_0(\text{Ester}) = 0$$

$$c_0(H_2O) = \frac{\varrho(H_2O) \cdot V(H_2O)}{M(H_2O) \cdot V} = \frac{1{,}000 \cdot 50}{18 \cdot 62} = 44{,}8 \text{ mol} \cdot \text{l}^{-1}$$

$$c_0(\text{HCl}) = \frac{V(\text{HCl}) \cdot c(\text{HCl})}{V} = \frac{50 \cdot 1}{62} = 0{,}806 \text{ mol} \cdot \text{l}^{-1}$$

Berechnung der Gesamtsäure-Konzentrationen:

$$c_0(\text{HCl} + \text{Ess.}) = \frac{c(\text{NaOH}) \cdot V(\text{NaOH})}{V(\text{Probe})} = \frac{0{,}1 \cdot 25{,}3}{1} = 2{,}53 \text{ mol} \cdot \text{l}^{-1}$$

$$c_{Gl}(\text{HCl} + \text{Ess.}) = \frac{0{,}1 \cdot 23{,}3}{1} = 2{,}33 \text{ mol} \cdot \text{l}^{-1}$$

Berechnung der Gleichgewichtskonzentrationen:

$$\Delta c(\text{Ess.}) = c_{Gl}(\text{HCl} + \text{Ess.}) - c_0(\text{HCl} + \text{Ess.}) = -0{,}2 \text{ mol} \cdot \text{l}^{-1}$$

$$\Delta c(\text{Ester}) = \Delta c(H_2O) = -\Delta c(\text{Ess.}) = -\Delta c(\text{Eth.})$$

$$c_{Gl}(\text{Ess.}) = c_0(\text{Ess.}) + \Delta c(\text{Ess.}) = 1{,}49 \text{ mol} \cdot \text{l}^{-1}$$

$$c_{Gl}(\text{Eth.}) = c_0(\text{Eth.}) + \Delta c(\text{Ess.}) = 1{,}47 \text{ mol} \cdot \text{l}^{-1}$$

$c_{Gl}(\text{Ester}) = 0 - \Delta c(\text{Ess.}) = 0{,}2\ \text{mol} \cdot l^{-1}$

$c_{Gl}(H_2O) = c_0(H_2O) - \Delta c(\text{Ess.}) = 45{,}0\ \text{mol} \cdot l^{-1}$

$$K(368\ K) = \frac{c_{Gl}(\text{Ester}) \cdot c_{Gl}(H_2O)}{c_{Gl}(\text{Ess.}) \cdot c_{Gl}(\text{Eth.})} = \frac{0{,}2 \cdot 45{,}0}{1{,}49 \cdot 1{,}47} = 4{,}11$$

Ergänzung

Versuch: *Synthese der Aromastoffe in Tabelle für eine Geruchsprobe:* 1 ml Säure (C) und 2 ml Alkohol (F) werden in einem Reagenzglas mit 3 Tropfen konzentrierter Schwefelsäure (C) versetzt. Anschließend läßt man die Lösung 10 Minuten verschlossen stehen.

Ester	Geruch
Ameisensäureethylester	Rum, Arrak
Essigsäureisobutylester	Banane
Essigsäureamylester	Birne
Buttersäuremethylester	Apfel
Buttersäureethylester	Ananas

Versuch: *Protonierung von Essigsäure. Schutzbrille!* In ein Reagenzglas leitet man in 5 ml Eisessig (C) Chlorwasserstoff (T, C) ein. Vergleichen Sie bei 25 V Gleichspannung die elektrische Leitfähigkeit der Lösung mit der Leitfähigkeit von Eisessig.

Mit einem Leitfähigkeitsprüfer erhält man folgende Stromstärken: Eisessig 0,002 mA, Eisessig + Chlorwasserstoff ≈ 2,5 mA (abhängig von der HCl-Konzentration). Vgl. auch Kommentar zu V 90.2.

Isotopenmarkierung. Die Veresterung und die Esterspaltung sind wichtige Beispiele für Reaktionen, deren Mechanismus mit Hilfe von Isotopenmarkierung untersucht wurde. Durch Verwendung von ^{18}O-markiertem Alkohol konnte gezeigt werden, daß bei Estern primärer und sekundärer Alkohole das Sauerstoffatom der Esterbindung aus dem Alkohol stammt. Bei Carbonsäureestern tertiärer Alkohole stammt dagegen das Sauerstoffatom der Esterbindung wie bei Estern anorganischer Säuren aus der Säure.

Mechanismus der Veresterung tertiärer Alkohole. In saurer Lösung verläuft die Veresterung tertiärer Alkohole über tertiäre Carbenium-Ionen, die sich aus dem protonierten Alkohol durch Eliminierung von Wasser bilden. Die Esterbindung entsteht durch einen nucleophilen Angriff des Carbonylsauerstoffatoms auf das Carbenium-Ion.

13.4 Carbonsäurederivate

Kommentare und Lösungen

112.1 Die auffallende Abstufung der Siedetemperaturen der Alkansäuren und ihrer Derivate beruht auf unterschiedlichen intermolekularen Bindungen. In *Carbonsäurehalogeniden, Carbonsäureestern* und *Carbonsäureanhydriden* liegen VAN-DER-WAALS-Bindungen vor. Mit steigender Kettenlänge nimmt die Polarisierbarkeit und damit die Festigkeit der VAN-DER-WAALS-Bindungen zu. *Alkansäuren* bilden infolge von Wasserstoffbrücken stabile Dimere, die als Ganzes unpolar sind und untereinander ebenfalls VAN-DER-WAALS-Bindungen ausbilden. Die Siedetemperatur der *Carbonsäureamide* liegt infolge von Wasserstoffbrückenbindungen am höchsten.

112.2 —

A 112.1

Die auffallende Abstufung der Siedetemperaturen der Alkansäuren und ihrer Derivate beruht auf unterschiedlichen intermolekularen Bindungen. In *Carbonsäurehalogeniden, Carbonsäureestern* und *Carbonsäureanhydriden* liegen VAN-DER-WAALS-Bindungen vor. Mit steigender Kettenlänge nimmt die Polarisierbarkeit und damit die Festigkeit der VAN-DER-WAALS-Bindungen zu. Alkansäuren bilden infolge von Wasserstoffbrücken stabile Dimere, die als Ganzes unpolar sind und untereinander ebenfalls VAN-DER-WAALS-Bindungen ausbilden. Die Siedetemperatur der, *Carbonsäureamide* liegt infolge von Wasserstoffbrückenbindungen am höchsten.

V 112.2

a) Es entsteht Essigsäure und Chlorwasserstoff, der mit Wasser sofort zu Salzsäure reagiert. Die Lösung riecht nach Essigsäure, färbt Lackmuspapier rot und enthält Chlorid-Ionen.

$CH_3COCl + H_2O \rightarrow CH_3COOH(aq) + HCl(aq)$

b) Acetanhydrid ist mit kaltem Wasser nicht mischbar. Beim Erhitzen entsteht Essigsäure. Methylorange schlägt von orange nach gelb um (soviel Indikator verwenden, daß eine intensive Färbung entsteht).

$(CH_3CO)_2O + H_2O \rightarrow 2\,CH_3COOH$

c) Es stellt sich ein Gleichgewicht ein. Essigsäure läßt sich mit pH-Papier, der Ester durch seinen Geruch nachweisen.

113.1 —

113.2 Harnstoffsynthese nach *Wöhler* siehe LV 8.1.

113.3 Harnstoff schmilzt bei 132 °C.
Bei der Reaktion entsteht als Zwischenprodukt Isocyansäure.

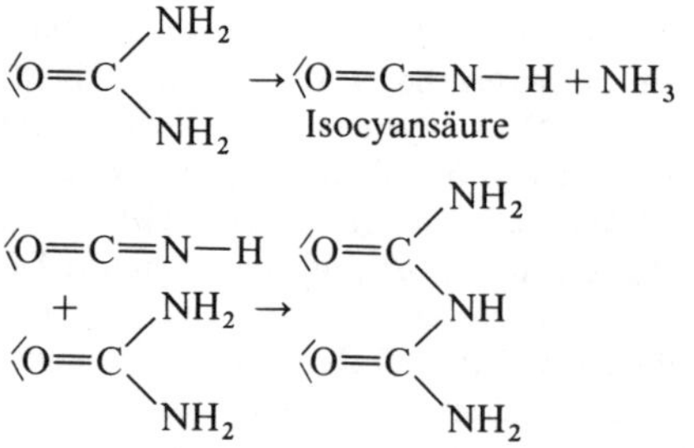
NH2
O=C
NH2
→ O=C=N—H + NH3
Isocyansäure
O=C=N—H
+
O=C
NH2
NH2
→
O=C
NH
O=C
NH2
NH2

V 113.1

a) Bei der Veresterung entsteht Chlorwasserstoff, der durch die Natronlauge neutralisiert wird. Der Ester scheidet sich bei Zugabe von Wasser ab (obere Schicht).

b) Es entsteht Essigsäureethylester und Essigsäure. Die Schwefelsäure wirkt katalytisch, maximal einen Tropfen zusetzen.

c) Bromthymolblau löst sich in Ethanol gelb-orange. Bei Zugabe von Acetylchlorid entsteht durch Chlorwasserstoff eine Violettfärbung, die bei Zugabe von Wasser nach gelb und bei Zugabe von Natronlauge nach blau umschlägt. Bromthymolblau löst sich außerdem im Ester (gelb-orange). Die Lösung von Bromthymolblau in einem Gemisch von Ethanol und Acetanhydrid ist ebenfalls gelb-orange. Bei Zugabe von Schwefelsäure und Bildung der Produkte entsteht eine rotviolette Farbe, die bei Zugabe von Natronlauge nach gelb und dann nach blau umschlägt.

V 113.2 In basischer Lösung bildet sich der violett gefärbte Kupfer(II)-Biuret-Komplex:

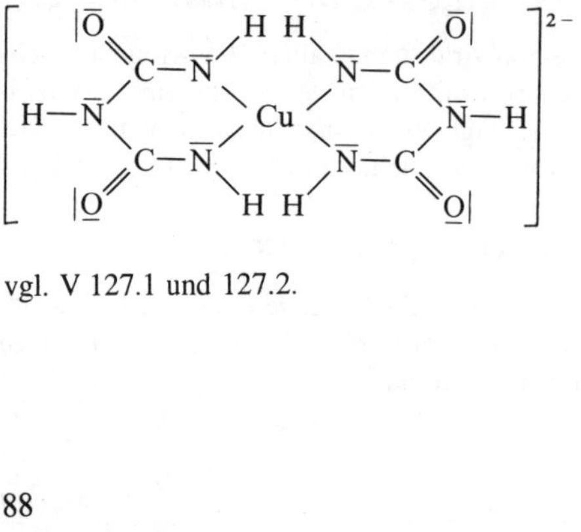
2−
|O
H H
O|
C—N
N—C
H—N
Cu
N—H
C—N
N—C
|O
H H
O|

vgl. V 127.1 und 127.2.

13.5 Spiegelbildisomerie

Kommentare und Lösungen

114.1 —

114.2 Vgl. Ergänzung.

114.3 Die spezifische Drehung der Weinsäure ist stark konzentrationsabhängig. Der Wert in Tab. 112.3. bezieht sich auf eine Lösung der Konzentration $c = 0{,}758\ \text{mol} \cdot l^{-1} \triangleq 0{,}114\ \text{g} \cdot \text{cm}^{-3}$.

Spezifische Drehung von L-(+)-Weinsäure in Abhängigkeit von der Konzentration

Massenanteil Weinsäure in %	Konzentration Weinsäure in mol · l⁻¹	$[\alpha]_D^{17} (H_2O)$
11,4	0,758	+16,6
20	1,33	+12
50	3,33	+ 7,4

A 114.1 a) und **c)**

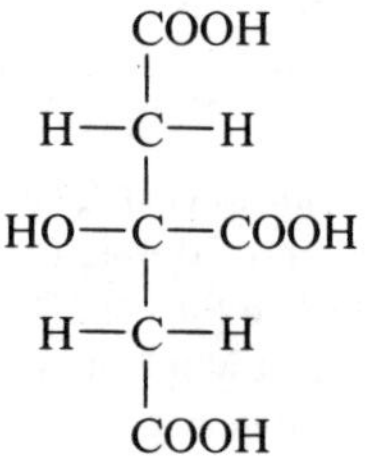
COOH
H—C—H
HO—C—COOH
H—C—H
COOH

Citronensäure

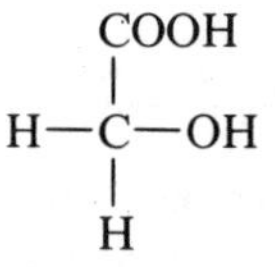
COOH
H—C—OH
H

Hydroxy-
essigsäure

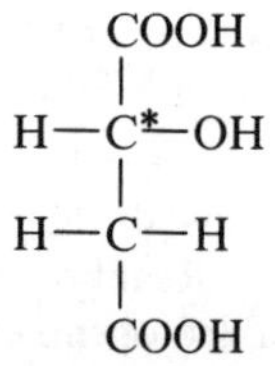
COOH
H—C*—OH
H—C—H
COOH

D-Äpfelsäure

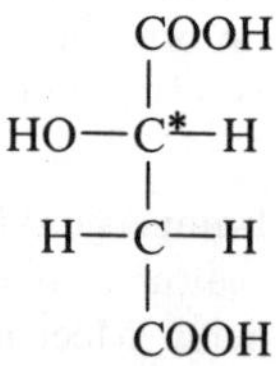
COOH
HO—C*—H
H—C—H
COOH

L-Äpfelsäure

b) Äpfelsäure ist optisch aktiv, Citronensäure und Hydroxyessigsäure nicht.

115.1/115.2 —

A 115.1

$$c = \frac{\alpha}{[\alpha] \cdot l} = \frac{4{,}3\ \text{grd}}{16{,}6\ \frac{\text{grd} \cdot \text{cm}^3}{\text{g} \cdot \text{dm}} \cdot 2\ \text{dm}} = 0{,}13\ \text{g} \cdot \text{cm}^{-3}$$

$M(C_4H_6O_6) = 150\ \text{g} \cdot \text{mol}^{-1}$

Molare Konzentration: $c = \frac{n}{V}$

$$n = \frac{m}{M} \Rightarrow c = \frac{m}{M \cdot V} = \frac{130\,\mathrm{g \cdot l^{-1}}}{150\,\mathrm{g \cdot mol^{-1}}} = 0{,}87\,\mathrm{mol \cdot l^{-1}}$$

A 115.2

a) Pentansäure (Valeriansäure) und Pentanol (Amylalkohol) sind beide schwerlöslich in Wasser. Beim Ausschütteln mit verdünnter Natronlauge geht die Säure als Carboxylat-Ion in Lösung und kann im Scheidetrichter abgetrennt werden (untere Phase). Durch Ansäuern der alkalischen Lösung wird die Säure anschließend zurückgebildet.

b) D- und L-Milchsäure lassen sich mit einer optisch aktiven Base, beispielsweise mit D-1-Phenylethylamin, und anschließender fraktionierten Kristallisation der beiden diastereomeren Salze trennen. Nach der Trennung werden die Salze gelöst. Beim Ansäuern fällt die Milchsäure aus.

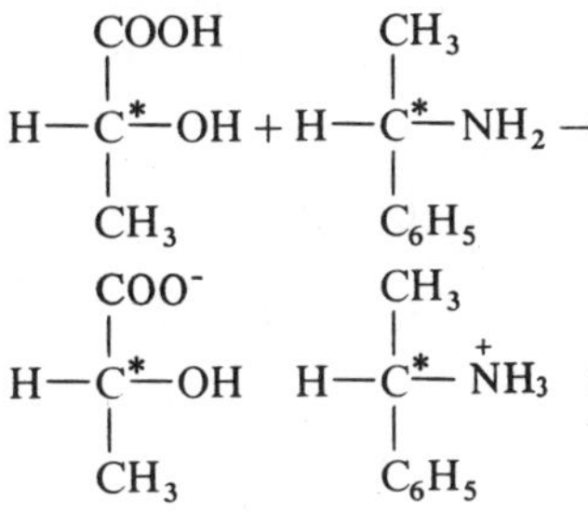
Salz I

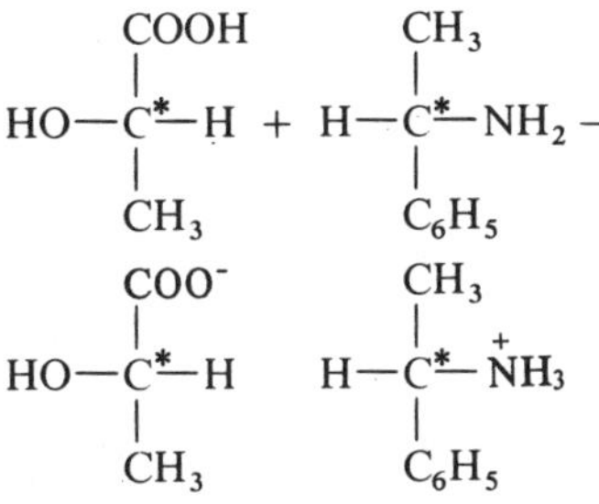
Salz II

A 115.3 Auf Grund der geringen Wasserlöslichkeit (bei 20°C 0,5 g pro 100 ml H_2O) kann man Weinstein nicht direkt im Polarimeter untersuchen. Man muß daher das Salz zu Weinsäure umsetzen und stellt dann durch die Drehrichtung fest, daß es sich um L-(+)-Weinsäure handelt.

Herstellung von L-Weinsäure aus Weinstein:
Weinstein mit verdünnter Salzsäure erhitzen und anschließend mit Kalkmilch neutralisieren. Der dabei gebildete Niederschlag von Calciumtartrat wird filtriert und durch Zugabe von verdünnter Schwefelsäure zu L-Weinsäure und einem Niederschlag von Calciumsulfat umgesetzt.

V 115.4 *Versuchsergebnisse:*
$c = 0{,}1\ \mathrm{g \cdot cm^{-3}}$; $l = 2\ \mathrm{dm}$; $\alpha = +3{,}2°$
$\Rightarrow [\alpha] = 16{,}0\ \mathrm{grd \cdot cm^3 \cdot g^{-1} \cdot dm^{-1}}$

Ergänzung

RS-Nomenklatur

1956 führten *Cahn, Ingold* und *Prelog* einheitliche Regeln zur Kennzeichnung der Konfiguration chiraler Verbindungen ein. Danach wird zunächst für die Substituenten eines asymmetrischen C-Atoms eine Rangfolge festgelegt: Man ordnet die Substituenten nach abnehmender Ordnungszahl der direkt an das asymmetrische C-Atom gebundenen Atome. Bei gleicher Ordnungszahl hat das Atom Priorität, welches selbst mit Atomen höherer Ordnungszahl verbunden ist. Bei Isotopen ordnet man nach abnehmender Masse. Mehrfachbindungen werden formal wie mehrere Einfachbindungen behandelt.

Für die wichtigsten Substituenten ergibt sich somit folgende Rangfolge:

I, Br, Cl, SO_3H, SH, F, OR, OH, NO_2, NR_2, NHR, NH_2, CCl_3, COCl, COOR, COOH, $CONH_2$, COR, CHO, CR_2OR, CR_2OH, CHROH, CH_2OH, CR_3, C_6H_5, CR_2H, CH_3, ^3H, D, H, freies Elektronenpaar.

Das Molekül wird so gedreht, daß der Substituent niedrigster Rangordnung vom Betrachter weggerichtet ist. Ist einer der vier Substituenten ein H-Atom, so ist dies stets der Substituent niedrigster Priorität. Die drei anderen Substituenten werden nun nach sinkender Rangordnung geordnet. Ist diese Rangfolge aus der Sicht des Betrachters *im Uhrzeigersinn,* so wird dem Chiralitätszentrum die *R-Konfiguration* zugeordnet, ist die Reihenfolge *im Gegenuhrzeigersinn,* so handelt es sich um die *S-Konfiguration:*

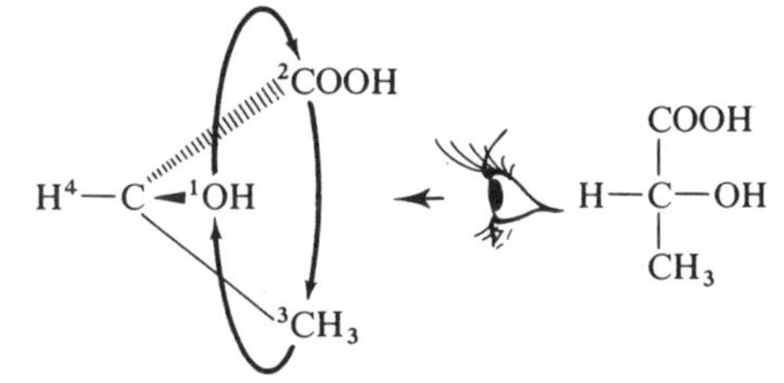

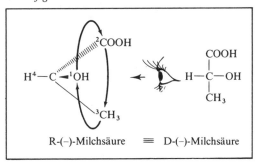

R-(−)-Milchsäure ≡ D-(−)-Milchsäure

RS-Nomenklatur von Weinsäure:
D-Weinsäure ≡ (2S, 3S)-Weinsäure
L-Weinsäure ≡ (2R, 3R)-Weinsäure

Absolute und relative Konfiguration. Polarimetrische Messungen erlauben keine Aussagen über die Konfiguration eines Chiralitätszentrums. Man kann jedoch mit Hilfe stereospezifisch verlaufender Reaktionen chirale Verbindungen bestimmter Konfiguration in chirale Produkte definierter Konfiguration überführen. Durch Festlegung einer Bezugssubstanz lassen sich daher *relative Konfigurationen* angeben. Als Bezugssubstanz wählte man Glycerinaldehyd und ordnete dem rechtsdrehenden (+)-Glycerinaldehyd willkürlich die D-Konfiguration zu. 1951 gelang es *Bijvoet* durch Röntgenstrukturanalyse von Natriumrubidiumtartrat-Kristallen die *absolute Konfiguration* von L-(+)-Weinsäure zu ermitteln. Dabei stellte er fest, daß die absolute Konfiguration der L-(+)-Weinsäure mit ihrer relativen Konfiguration zum D-(+)-Glycerinaldehyd übereinstimmt. Damit erwies sich die willkürlich festgesetzte Konfiguration des D-(+)-Glycerinaldehyds als richtig.

Bedingungen für das Auftreten chiraler Verbindungen. Chiralität ist nicht auf Verbindungen mit asymmetrischen C-Atomen beschränkt. Andere Beispiele sind Ammonium-Ionen mit vier verschiedenen Substituenten, substituierte Allene und Verbindungen, in denen die Chiralität durch eine Ringstruktur oder durch eine sterische Hinderung bedingt ist. *Allgemein sind Moleküle chiral und somit optisch aktiv, wenn sie keine Drehspiegelachse haben.* Da Moleküle mit einer *Symmetrieebene* und Moleküle mit einem *Symmetriezentrum* mindestens eine Drehspiegelachse haben, sind solche Verbindungen grundsätzlich achiral. Bei chiralen Molekülen lassen sich zwei Fälle unterscheiden:

1. Die Verbindung hat weder eine Symmetrieebene noch eine Symmetrieachse. Solche Verbindungen heißen *asymmetrisch.* Beispiele sind Moleküle mit asymmetrischem C-Atom, Ammonium-Ionen mit vier verschiedenen Substituenten, chirale cyclische Moleküle, Allene mit verschiedenen Substituenten:

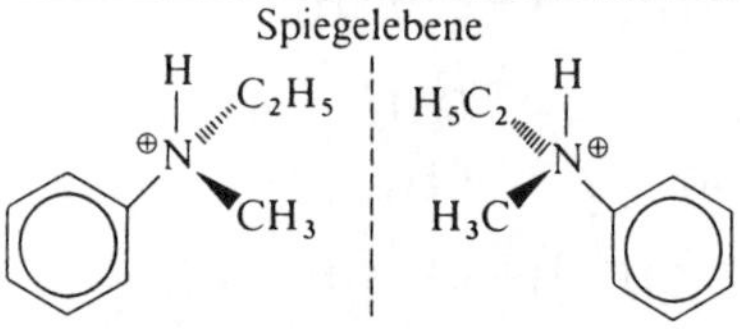

Ethylmethylphenylammonium-Ion

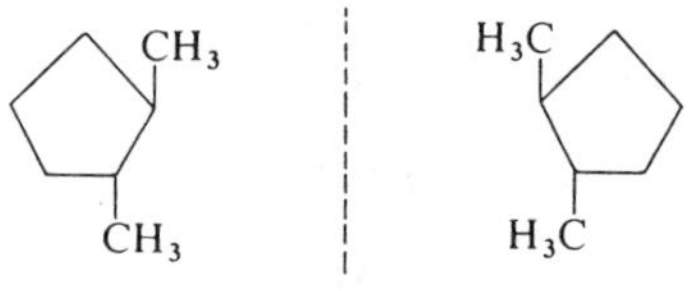

trans-1,2-Dimethylcyclopentan

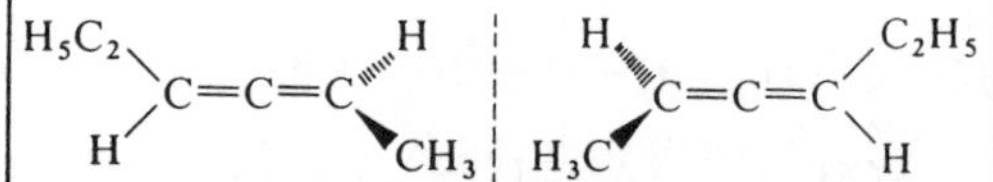

1-Ethyl-3-methylallen (Hexa-2,3-dien)

2. Die Verbindung hat keine Symmetrieebene, aber eine oder mehrere Symmetrieachsen. Beispiele sind D,L-Weinsäure, Allene mit gleichen Substituenten, substituierte Biphenyle, Hexahelicen. Alle diese Verbindungen haben eine C_2-Achse.

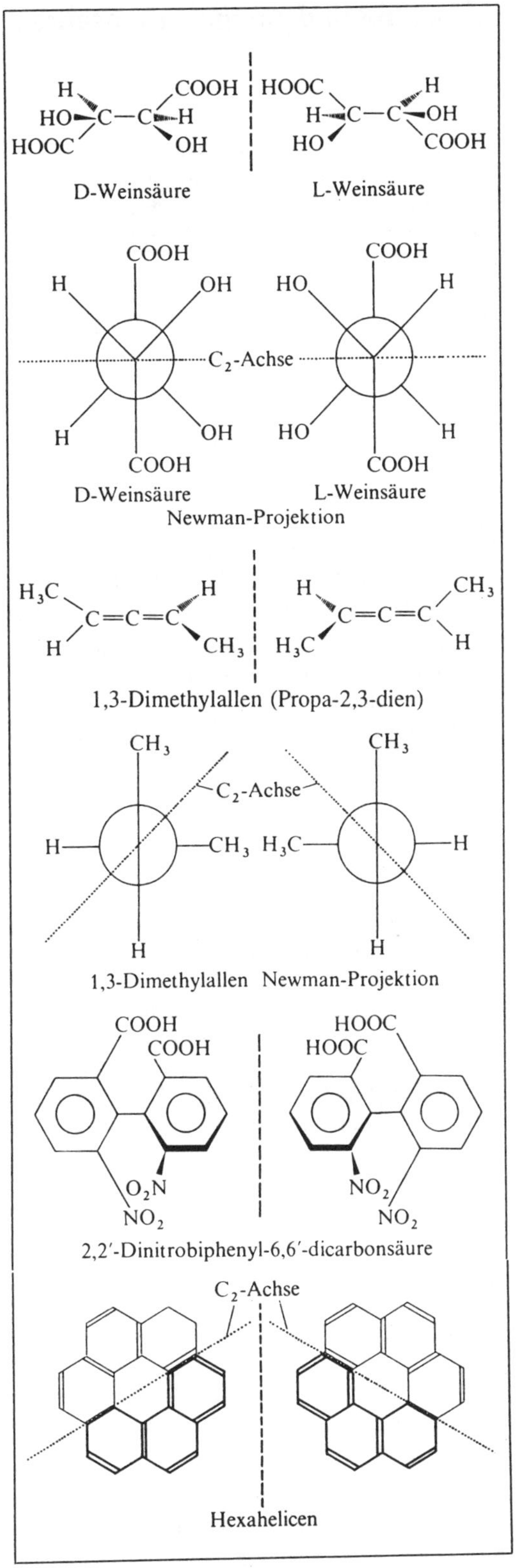
D-Weinsäure
L-Weinsäure
C_2-Achse
D-Weinsäure
L-Weinsäure
Newman-Projektion
1,3-Dimethylallen (Propa-2,3-dien)
C_2-Achse
1,3-Dimethylallen Newman-Projektion
2,2'-Dinitrobiphenyl-6,6'-dicarbonsäure
C_2-Achse
Hexahelicen

Erläuterung der Begriffe:

Symmetrieebene. Eine Ebene, die ein Molekül so in 2 Teile halbiert, daß die eine Hälfte genau das Spiegelbild der anderen Hälfte ist, heißt Symmetrieebene E.

Symmetrieachse. Eine Achse, die so durch ein Molekül läuft, daß man bei Drehung des Moleküls um den Winkel $\frac{360^\circ}{n}$, $n \in \{2, 3, 4...\}$ um diese Achse ein Molekül erhält, das sich vom ursprünglichen Molekül nicht unterscheiden läßt, heißt Symmetrieachse C_n. Für $n = 2$ bezeichnet man die Achse als *C_2-Achse* oder *zweizählige Symmetrieachse*. Einzählige Symmetrieachsen werden nicht berücksichtigt.

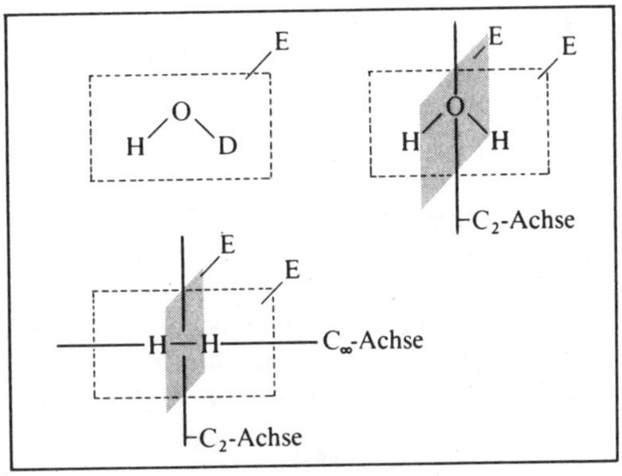
E
O
H
D
E
E
O
H
H
C_2-Achse
E
E
H—H
C_∞-Achse
C_2-Achse

HOD, monodeuteriertes Wasser, hat eine Symmetrieebene, aber keine Symmetrieachse, *H_2O* hat zwei aufeinander senkrecht stehende Symmetrieebenen und eine zweizählige Symmetrieachse, das *H_2*-Molekül hat unendlich viele Symmetrieebenen, die sich alle in der C_∞-Achse schneiden. Jede dieser Symmetrieebenen wird außerdem durch eine C_2-Achse halbiert. In der Abbildung ist nur eine Symmetrieebene und die zugehörige C_2-Achse eingezeichnet. Alle C_2-Achsen liegen auf einer weiteren Symmetrieebene, die das Molekül halbiert.

Verbindung	Anzahl der Symmetrieebenen	Symmetrieachsen
HCl	∞	1 C_∞-Achse
NH_3	3	1 C_3-Achse
CH_4	6	4 C_3-Achsen
$\cdot CH_3$	4	1 C_3-Achse 3 C_2-Achsen
C_6H_6	7	1 C_6-Achse 6 C_2-Achsen

Symmetriezentrum. Moleküle mit Symmetriezentrum sind *punktsymmetrisch.* Jedem Atom bzw. jeder Atomgruppe läßt sich eindeutig ein gleiches Atom bzw. eine gleiche Atomgruppe zuordnen, wobei die Strecken zwischen den beiden Atomen bzw. Atomgruppen durch das Symmetriezentrum Z halbiert werden. Beispiele sind *trans*-1,2-Dichlorethen und Mesoweinsäure:

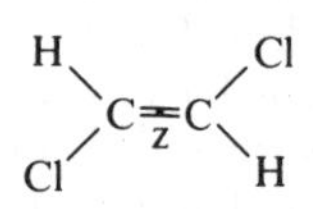

trans-1,2-Dichlorethen

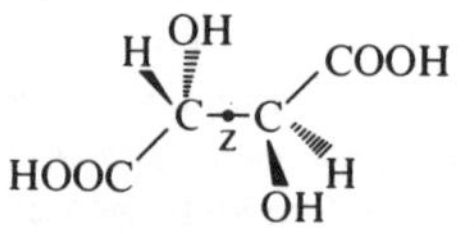

Mesoweinsäure

Drehspiegelachse. Eine Achse heißt Drehspiegelachse S wenn ein Molekül beim Spiegeln an einer zu S senkrechten Ebene und anschließender Drehung um den Winkel $\frac{360°}{n}$, n ∈ ℕ um die Achse in sich selbst überführt wird. Drehspiegelachsen dienen zum Erkennen, ob ein Molekül und sein Spiegelbild identisch sind. Beispiele: C_2H_5Cl, ein Molekül mit Symmetrieebene; Mesoweinsäure, ein Molekül mit Symmetriezentrum; ein Spiran, das weder eine Symmetrieebene noch ein Symmetriezentrum hat:

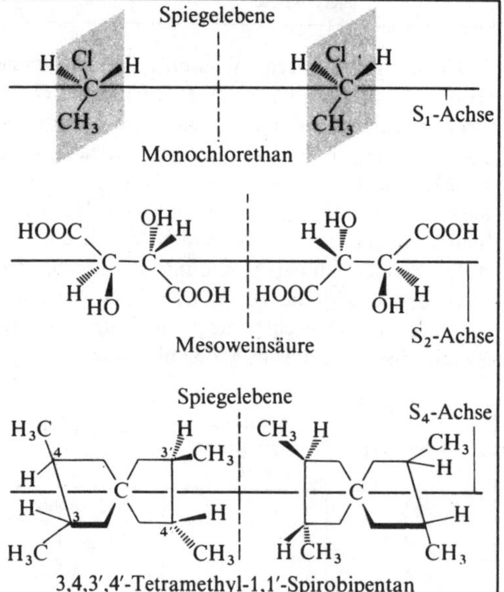
Spiegelebene
S_1-Achse
Monochlorethan
S_2-Achse
Mesoweinsäure
Spiegelebene
S_4-Achse
3,4,3',4'-Tetramethyl-1,1'-Spirobipentan

Bei einer S_2-Achse muß das Spiegelbild um $\frac{360°}{2}$ = 180° gedreht werden, um das ursprüngliche Molekül zu erhalten. Bei einer S_4-Achse entsprechend um 90°.

14 Amine und Aminocarbonsäuren

Die Kenntnis der Eigenschaften von Aminen ist Voraussetzung für eine sinnvolle Behandlung der Aminosäuren. Aus diesem Grund werden beide Stoffklassen in diesem Kapitel zusammengefaßt. Amine können aber auch im Anschluß an die Alkohole besprochen werden, da sich ein Vergleich zwischen der OH- und NH_2-Gruppe anbietet.

Kommentare und Lösungen

116.1 Neben der radikofunktionellen Nomenklatur wird für primäre Amine R—NH_2 bevorzugt die substitutive Nomenklatur angewandt. Der Name ergibt sich dabei durch Anhängen von „-amin" an den Namen des Verbindungsstammes R—H, z. B.: Methanamin, CH_3NH_2, Cyclohexanamin, $C_6H_{11}NH_2$,1,2-Ethandiamin, $H_2H—(CH_2)—NH_2$.

Nomenklatur von Ammoniumverbindungen:

1. Die Namen der organischen Reste eines Ammoniumsalzes stehen vor dem Wort „-ammonium", der Name des Anions wird anschließend genannt. Beispiel: Diethyl-hexyl-methyl-ammoniumchlorid.

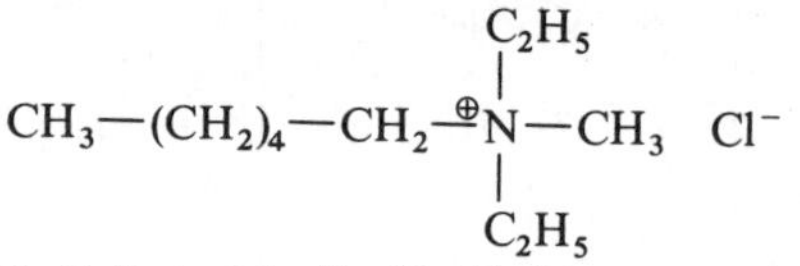

2. Leitet sich die Verbindung von einem Amin ab, dessen Name nicht auf „amin" endet, wird ihr Ionen-Charakter durch Anhängen von „-ium" an den Namen dieser Base bezeichnet und der Name des Anions angefügt. Beispiel: Aniliniumbromid. Substituenten gibt man als Präfixe an, z. B.: N-Methyl-aniliniumbromid. Die Angabe von N ist notwendig und weist darauf hin, daß die Methylgruppe am N-Atom sitzt und nicht mit dem aromatischen Rest verbunden ist.

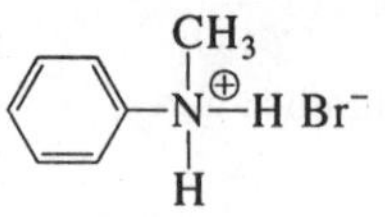

116.2 Die pyramidale Struktur ist nicht fixiert. Es erfolgt laufend eine Konfigurationsumkehr (Inversion) über einen planaren Übergangszustand. Inversionsfrequenz bei NH_3: $4 \cdot 10^{10}\,s^{-1}$; Inversionsfrequenz bei R_3N: $10^3\,s^{-1}$ bis $10^5\,s^{-1}$;

116.3 Die Abspaltung von Aminosäuren führt teilweise zu biologisch hochwirksamen Aminen, man nennt sie biogene Amine.

Einige biogene Amine:

Aminosäure	Biogenes Amin	Biologische Bedeutung
Tyrosin	Tyramin Dopamin Noradrenalin Adrenalin	Hormone bzw. Gewebshormone
Tryptophan	Tryptamin Serotonin Melatonin	Hormone bzw. Gewebshormone
Histidin	Histamin	Gewebshormon
Cystein	Cysteamin	CoA-Baustein
Asparaginsäure	β-Alanin	CoA-Baustein
Glutaminsäure	γ-Aminobuttersäure	Transmittersubstanz des Nervengewebes
Threonin	Propanolamin	Cobalamin
Serin	Ethanolamin	Phosphatide
Lysin Ornithin	Cadaverin Putrescin	bakterielle Abbauprodukte
Arginin	Agmatin	bakterielles Abbauprodukt

14.1 Basizität und nucleophile Eigenschaften der Amine

Außer in der Acidität und Basizität lassen sich Amine auch noch in anderen Eigenschaften mit Alkoholen vergleichen. Wie die OH-Gruppe, so ist auch die NH_2-Gruppe eine schlechte Abgangsgruppe bei Substitutionsreaktionen. Die OH-Gruppe wird durch Protonierung oder Umwandlung in eine Sulfonestergruppe $R{-}O{-}SO_2R'$ aktiviert. Für die Aminogruppe ist am besten die Umwandlung in ein Diazonium-Ion, $R{-}\overset{\oplus}{N}{\equiv}N|$. Amine lassen sich wie Alkohole oxidieren. Sie zeigen jedoch ein komplexeres Verhalten, da Stickstoff eine größere Anzahl stabiler Oxidationszustände eingeht als Sauerstoff.

Kommentare und Lösungen

117.1 In der Gasphase, wo Solvatationseffekte keine Rolle spielen, beobachtet man die nach den elektronischen Effekten der Alkylgruppen erwartete Abstufung der Basizität: $(H_3C)_3N > (CH_3)_2NH > CH_3NH_2 > NH_3$

117.2 —

117.3 Im Cyclohexen ist keine Mesomerie möglich, es besitzt daher eine etwa 6fach stärkere Basizität.

117.4 Beispiele für Siedetemperaturen im Vergleich zu Kohlenwasserstoffen:

$CH_3{-}CH_2{-}CH_2{-}CH_2{-}CH_2{-}NH_2$ Pentanamin (H-Brücken) $M = 87\ g \cdot mol^{-1}$, $\vartheta_b = 130\ °C$
$CH_3{-}CH_2{-}CH_2{-}CH_2{-}CH_2{-}CH_3$ Hexan $M = 86\ g \cdot mol^{-1}$, $\vartheta_b = 69\ °C$
$CH_3{-}\underline{N}(CH_3){-}CH_3$ N, N-Dimethylmethanamin (keine H-Brücken) $M = 59\ g \cdot mol^{-1}$, $\vartheta_b = 3{,}5\ °C$
$CH_3{-}CH(CH_3){-}CH_3$ 2-Methyl-propan $M = 58\ g \cdot mol^{-1}$, $\vartheta_b = -0{,}5\ °C$

14.2 Struktur von Aminosäuren

Um Unklarheiten zu vermeiden, ist es wichtig, zwischen der Struktur einer Aminosäure in festem Zustand und in wässeriger Lösung zu unterscheiden. In festem Zustand gibt es keine elektrisch neutralen Aminosäuren mit ungeladenen Amino- und Carboxylgruppen. In wässeriger Lösung ist ihr Anteil unbedeutend (s. 119.1). Die Formel

$H_2N{-}CHR{-}COOH$

sollte man daher mit Hinweis verwenden, daß es auf den genauen Protolysezustand der funktionellen Gruppen im Moment nicht ankommt.

Kommentare und Lösungen

118.1 Es gibt noch andere Möglichkeiten, Aminosäuren zu klassifizieren, z.B.:

Aliphatische Aminosäuren

1. neutrale: Gly, Ala, Ser, Thr, Val, Leu, Ile
   saure Aminosäuren und ihre Amide:
   Asp, Asp—NH_2, Glu, Glu—NH_2
   basische: Arg, Lys
   schwefelhaltige: Cys, Cys—Cys, Met
2. Aromatische Aminosäuren: Tyr, Phe
3. Heterocyclische Aminosäuren: Pro, His, Try

14.3 Säure-Base-Eigenschaften von Aminocarbonsäuren

Die in diesem Abschnitt angesprochenen Protolysegleichgewichte treten auch bei Proteinen auf und sind daher grundlegend für das Verständnis der Eigenschaften von Proteinen in wässeriger Lösung.

Kommentare und Lösungen

119.1 —

A 119.1

$$^{\ominus}OOC-CH_2-\overline{N}H_2 + Ar-C\begin{smallmatrix}\overline{O}|\\\\Cl\end{smallmatrix} \rightarrow$$

$$Ar-\underset{Cl}{\overset{|\overline{O}|^{\ominus}}{C}}-\overset{\oplus}{N}H_2-CH_2-COO^{\ominus} \xrightarrow{OH^-\ H_2O+Cl^-}$$

$$Ar-\overset{\overset{\widehat{O}}{\|}}{C}-\overline{N}H-CH_2-COO^{\ominus} \xrightarrow{H_3O^+\ H_2O}$$

$$Ar-\overset{\overset{\widehat{O}}{\|}}{C}-\overline{N}H-CH_2-COOH$$

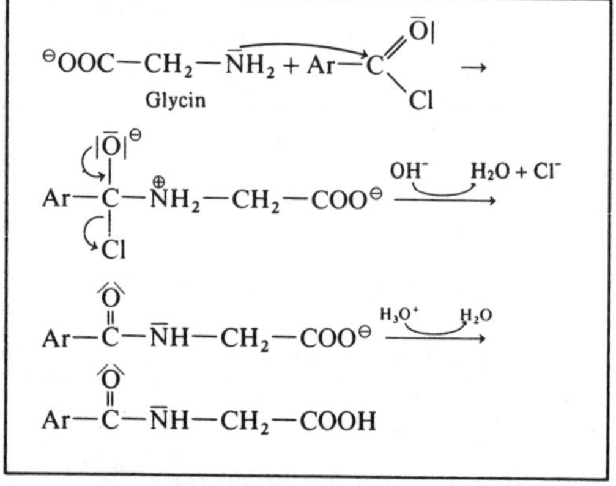

In saurer Lösung ist die Aminogruppe des Glycins protoniert und kann daher nicht als Nucleophil reagieren.

A 119.2 Pufferwirkung bei pH 9–10,5 Puffersystem: $H_3\overset{\oplus}{N}-CH_2-COO^{\ominus}/H_2N-CH_2-COO^{\ominus}$.

$H_3\overset{\oplus}{N}-CH_2-COO^{\ominus} + OH^{\ominus}$ (aq) $\rightleftharpoons$
$H_2N-CH_2-COO^{\ominus} + H_2O$
$H_2N-CH_2-COO^{\ominus} + H^+$ (aq) $\rightleftharpoons$
$H_3\overset{\oplus}{N}-CH_2-COO^{\ominus}$

Pufferwirkung bei pH 2–3, Puffersystem:
$H_3\overset{\oplus}{N}-CH_2-COOH/H_3\overset{\oplus}{N}-CH_2-COO^{\ominus}$

$H_3\overset{\oplus}{N}-CH_2-COOH + OH^{\ominus}$ (aq) $\rightleftharpoons$
  $H_3\overset{\oplus}{N}-CH_2-COO^{\ominus} + H_2O$
$H_3\overset{\oplus}{N}-CH_2-COO^{\ominus} + H^+$ (aq) $\rightleftharpoons$
$H_3\overset{\oplus}{N}-CH_2-COOH$

Ein Puffersystem besteht aus einer äquimolaren Mischung einer Säure und ihrer korrespondierenden Base. Am IP des Glycins liegt kein korrespondierendes Säure-Base-System vor. Beim pH-Wert des IP werden $H^{\oplus}$ (aq)- und $OH^{\ominus}$ (aq)-Ionen vom Zwitter-Ion nicht abgefangen, da bei pH = 6 die Protolysegleichgewichte auf der linken Seite liegen:

$H_3\overset{\oplus}{N}-CH_2-COO^{\ominus} + H^+$ (aq) $\rightleftharpoons H_3\overset{\oplus}{N}-CH_2-COOH$
$H_3\overset{\oplus}{N}-CH_2-COO^{\ominus} + OH^-$ (aq) $\rightleftharpoons H_2N-CH_2-COO^{\ominus} + H_2O$

Zwitter-Ionen puffern also nicht, was auch der Verlauf der Titrationskurve zeigt.

A 119.3 Eine Monoaminomonocarbonsäure ist etwas stärker sauer als basisch. Beim Lösen in Wasser liegt die Anion-Form in größerer Konzentration vor als die Kation-Form, die Lösung reagiert saurer:

$H_3\overset{\oplus}{N}-CH_2-COO^{\ominus} + H_2O \rightleftharpoons H_2N-CH_2-COO^{\ominus} + H_3O^+$

Um den isoelektrischen Punkt zu erreichen, muß man die Bildung der Anion-Form durch Zugabe von Säuren unterdrücken. Der IP liegt daher unter pH = 7. Bei basischen Aminosäuren liegen die Verhältnisse gerade umgekehrt.

V 119.4 Salzsäure und Natronlauge werden für die ersten beiden Meßwerte jeweils in 0,5 ml-Portionen, dann in 1 ml-Portionen zugegeben. Der Versuch kann auch mit 10fach verdünnten Lösungen durchgeführt werden. Man stellt Lösungen von Glycerinhydrochlorid her und beginnt die Messungen bei pH 6.

Ergänzung

Berechnung des pH-Werts am isoelektrischen Punkt:
Die Kation-Form des Glycins bildet als zweiprotonige Säure zwei Protolysestufen.

1. Protolyse:

$$H_3\overset{\oplus}{N}—CH_2—COOH + H_2O \rightleftharpoons H_3\overset{\oplus}{N}—CH_2—COO^{\ominus} + H_3O^+$$

$$K_{S1} = \frac{c(H_3\overset{\oplus}{N}—CH_2—COO^{\ominus}) \cdot c(H_3O^+)}{c(H_3\overset{\oplus}{N}—CH_2-COOH)} \Rightarrow$$

$$c(H_3\overset{\oplus}{N}—CH_2—COOH) = \frac{c(H_3\overset{\oplus}{N}—CH_2—COO^{\ominus}) \cdot c(H_3O^+)}{K_{S1}}$$

2. Protolyse:

$$H_3\overset{\oplus}{N}—CH_2—COO^{\ominus} + H_2O \rightleftharpoons H_2N—CH_2—COO^{\ominus} + H_3O^+$$

$$K_{S2} = \frac{c(H_2N—CH_2—COO^{\ominus}) \cdot c(H_3O^+)}{c(H_3\overset{\oplus}{N}—CH_2—COO^{\ominus})} \Rightarrow$$

$$c(H_2N—CH_2—COOH^{\ominus}) = \frac{c(H_3\overset{\oplus}{N}—CH_2—COO^{\ominus}) \cdot K_{S2}}{c(H_3O^+)}$$

Am isoelektrischen Punkt ist

$c(H_3\overset{\oplus}{N}-CH_2-COOH) = c(H_2N-CH_2-COO^{\ominus})$.

$$\frac{c(H_3\overset{\oplus}{N}—CH_2—C(H_3O^{\oplus})}{K_{S1}} \cdot c(H_3O^+)$$

$$= \frac{K_{S2} \cdot c(H_3\overset{\oplus}{N}—CH_2—COO^{\ominus})}{c(H_3O^+)}$$

$c^2(H_3O^+) = K_{S1} \cdot K_{S2}$; $-\lg c^2(H_3O^+) = -\lg(K_{S1} \cdot K_{S2})$

$$pH\ (I) = \frac{pK_{S1} + pK_{S2}}{2}$$

NATURSTOFFE UND BIOCHEMIE

15 Kohlenhydrate

In diesem Kapitel werden die Strukturen wichtiger Kohlenhydrate sowie einige Reaktionen und technische Anwendungen behandelt. Zum biochemischen Abbau der Glucose siehe Kap. 19.2.

Kommentare und Lösungen

120.1 —

120.2 In der Natur kommen von den 16 stereoisomeren Aldohexosen nur 4 vor: D-Glucose, D-Mannose sowie D- und L-Galactose. D- und L-Galactose sind Enantiomere. Man erhält daher formal L-Galactose, indem man die Konfiguration aller asymmetrischen C-Atome der D-Galactose umkehrt, also jeweils das H-Atom mit der OH-Gruppe vertauscht. Zur Definition der *Fischer*-Projektionsformeln vgl. S. 114.

V 120.1

b) Der spezifische Nachweis von D-Glucose mit Glukoteststreifen (erhältlich z.B. in Apotheken zum Nachweis von Glucose im Harn) ist sehr einfach und schnell durchführbar. Die Ergebnisse sind eindeutig und außerdem halbquantitativ. Primär wird Glucose in Gegenwart von Glucoseoxidase (GOD) durch Luftsauerstoff zu Gluconsäure oxidiert. Das gleichzeitig gebildete Wasserstoffperoxid oxidiert in einer durch Peroxidase katalysierten Reaktion ein Diaminobiphenylderivat zu einem blauen Farbstoff. Da das Testpapier selbst gelb gefärbt ist, entsteht eine Grünfärbung, deren Intensität von der Konzentration der Glucose abhängt.

$$\text{D-Glucose} + H_2O + O_2 \xrightarrow{\text{GOD}} \text{D-Gluconsäure} + H_2O_2$$

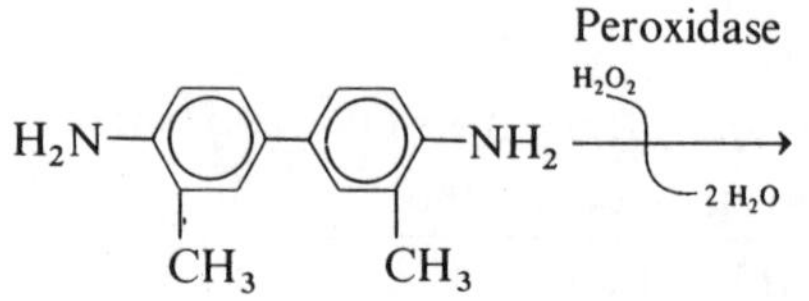

Peroxidase
H_2O_2
H_2N
NH_2
$2\,H_2O$
CH_3
CH_3

o-Tolidin (4,4′-Diamino-3,3′-dimethylbiphenyl)

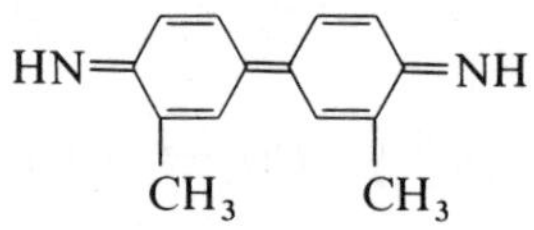

HN
NH
CH_3
CH_3

blau

c) Selendioxid reagiert mit Wasser unter Bildung von Seleniger Säure H_2SeO_3. Die in der neutralisierten Lösung enthaltenen Selenit-Ionen SeO_3^{2-} werden durch Fructose zu rotem Selen reduziert, während die anderen im Unterricht behandelten Zucker keine Reaktion eingehen.

15.1 Glucose

Kommentare und Lösungen

121.1 In dieser Abbildung wird versucht, die Bildung der Halbacetalform aus der Aldehydform und der Zusammenhang zwischen *Fischer*-Projektionsformel und *Haworth*-Formel für den Lernenden durch eine perspektivische Darstellung verständlicher zu machen. Durch Drehung um die Bindung zwischen dem C-4- und dem C-5-Atom wird zunächst die OH-Gruppe am C-5-Atom nach unten gebracht. Die so erhaltene Projektionsformel ist anschließend räumlich dargestellt. Da die vertikalen Bindungen definitionsgemäß hinter die Papierebene zeigen, kommt die OH-Gruppe am C-5-Atom in direkte Nachbarschaft mit dem Carbonyl-C-Atom. Durch nucleophile Addition der OH-Gruppe am C-5-Atom erfolgt der Ringschluß. Je nach der zufälligen Stellung der Aldehydgruppe bildet sich dabei die α- oder die β-Form, die durch anschließende Protolyse in α- bzw. β-Glucose übergeht. Alle Substituenten, die in der Projektionsformel auf einer Seite waren, sind auch in dem gebildeten Ring auf einer Seite. Eine *Haworth*-Formel ergibt sich aus der so erhaltenen Ringformel durch Drehung um 90° im Uhrzeigersinn oder entgegen dem Uhrzeigersinn.

121.2 Für α-Glucose und β-Glucose ist die jeweils stabilere Sesselform dargestellt; bei der α-Glucose ist nur eine OH-Gruppe in der ungünstigen axialen Stellung, bei der β-Glucose keine.

121.3 —

V 121.1 Bei Zimmertemperatur stellt sich das Gleichgewicht nach 3 Stunden ein. Falls diese Zeit zur Verfügung steht, kann auf die Zugabe von Natronlauge verzichtet werden.

Meßwerte:
Einwaage: $m = 13{,}75$ g α-Glucosemonohydrat
$c(\alpha\text{-Glucose}) = 0{,}125\ \text{g} \cdot \text{cm}^{-3}$
$l = 2$ dm $\quad \vartheta = 20\,°\text{C}$

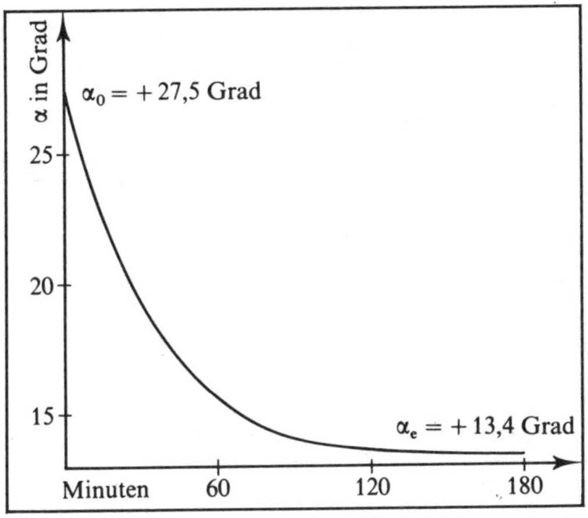

Bei Zugabe von konz. NaOH zu einer weiteren Probe ergab sich nach 15 Minuten als Endwert $\alpha_e = +13{,}4$ Grad. (Der pH-Wert sollte etwa 12 betragen, Endwert 3 Minuten nach Zugabe der Natronlauge ablesen.)

a) Der Anfangsdrehwert α_0 wird durch Extrapolation der Meßkurve auf die Zeit $t = 0$ ermittelt: $\alpha_0 = +27{,}5$ Grad.

$$[\alpha]_D^{20}(\alpha\text{-D-Glucose}) = \frac{\alpha_0}{c \cdot l} = \frac{27{,}5\ \text{grd}}{0{,}125\ \text{g} \cdot \text{cm}^{-3} \cdot 2\ \text{dm}} = +110\ \frac{\text{grd} \cdot \text{cm}^3}{\text{g} \cdot \text{dm}}$$

b) $$[\alpha]_D^{20}(\text{D-Glucose}) = \frac{\alpha_e}{c \cdot l} = +53{,}6\ \frac{\text{grd} \cdot \text{cm}^3}{\text{g} \cdot \text{dm}}$$

Ergänzung

Aufgabe: a) Berechnen Sie aus den spezifischen Drehungen die Anteile von α- und β-Glucose im Gleichgewicht. **b)** Geben Sie sterische Gründe für die unterschiedliche Stabilität der Anomere an.

Lösung: Es werden folgende Abkürzungen verwendet:

α = α-Glucose, β = β-Glucose, D = D-Glucose
$n(\alpha)$ = Stoffmenge der α-Glucose
$n(\beta)$ = Stoffmenge der β-Glucose

$$a = \frac{n(\alpha)}{n(\alpha) + n(\beta)}, \text{ Stoffmengenanteil α-Glucose}$$

$$b = \frac{n(\beta)}{n(\alpha) + n(\beta)}, \text{ Stoffmengenanteil β-Glucose.}$$

a) Die Beiträge der beiden Stereoisomeren zur Gesamtdrehung der Lösung sind additiv. Es gilt:

$$[\alpha]_D^{20}(\text{D}) = a \cdot [\alpha]_D^{20}(\alpha) + b \cdot [\alpha]_D^{20}(\beta)$$

Außerdem gilt: $a + b = 1$

Aus den beiden Gleichungen ergibt sich:

$$[\alpha]_D^{20}(\text{D}) = a \cdot ([\alpha]_D^{20}(\alpha) - [\alpha]_D^{20}(\beta)) + [\alpha]_D^{20}(\beta)$$

$$a = \frac{[\alpha]_D^{20}(\text{D}) - [\alpha]_D^{20}(\beta)}{[\alpha]_D^{20}(\alpha) - [\alpha]_D^{20}(\beta)} = \frac{+52{,}7 - (+18{,}7)}{+112{,}2 - (+18{,}7)} = 0{,}364$$

$$b = 0{,}636$$

Im Gleichgewicht liegen demnach 36,4 % α-Glucose und 63,6 % β-Glucose vor.

b) α- und β-Glucose unterscheiden sich in der Stellung der halbacetalischen OH-Gruppe. β-Glucose ist stabiler weil alle OH-Gruppen und die CH_2OH-Gruppe äquatorial angeordnet sind, in der α-Glucose steht dagegen die halbacetalische OH-Gruppe axial.

Kommentare und Lösungen

122.1 —

122.2 —

122.3 Die Isomerisierung beruht darauf, daß α-C—H-Bindungen in Carbonylverbindungen acide sind (vgl. Aldolreaktion, S. 104). Die Reaktion verläuft über mesomeriestabilisierte Enolat-Ionen bzw. Carbanionen:

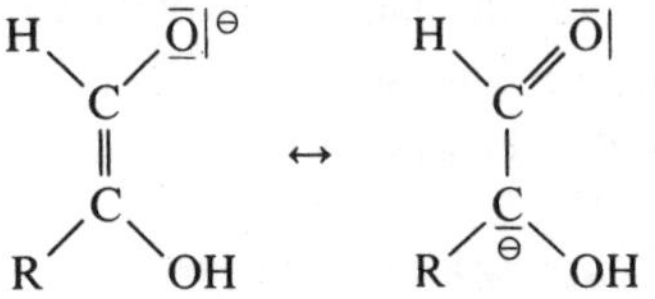

Die Bildung von D-Glucose und D-Mannose erfolgt durch Angriff eines Wassermoleküls auf verschiedene Seiten des mesomeren Anions:

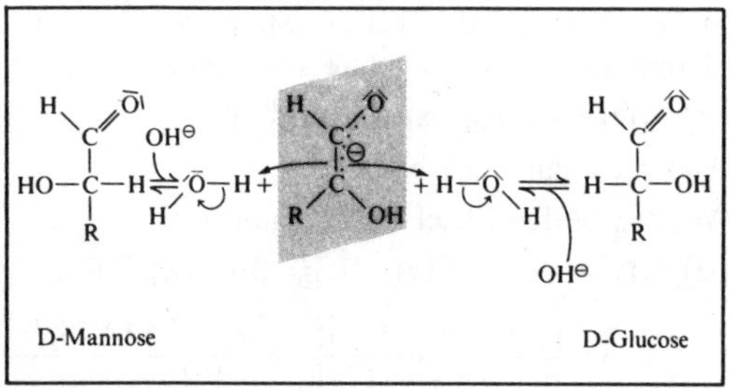

122.4 Der Mechanismus der Osazonbildung ist noch nicht genau bekannt. Primär reagiert die Carbonylgruppe zum normalen Phenylhydrazon (vgl. 103.3). In der Analytik zieht man neben der Schmelztemperatur des Osazons noch dessen Kristallform zur Identifizierung eines Zuckers heran. Außerdem lassen sich Zucker IR-spektroskopisch oder chromatographisch identifizieren. Glucose, Fructose und Mannose liefern gleiche Osazone, da sich diese Zucker nur am C-1- und C-2-Atom unterscheiden, diese C-Atome aber im Osazon nicht mehr chiral sind und gleiche Reste tragen.

V 122.1 Nach der Reaktion lassen sich in beiden Proben Glucose und Fructose nachweisen. Außerdem entsteht etwas Mannose. Im Gleichgewicht liegt überwiegend Glucose vor.

Ergänzungen

Versuch *zur Osazonbildung:* Zur Lösung von 2 ml Phenylhydrazin (T, N), 2 ml Eisessig (C) und 8 ml Wasser gibt man eine Lösung von 1 g des Zuckers in 5 ml Wasser und erhitzt 30 Minuten im siedenden Wasserbad. Die abgekühlte Lösung wird filtriert, das Osazon wird aus Wasser oder Ethanol (F) umkristallisiert.

Osazon von	$\frac{\vartheta_m}{°C}$
D-Glucose, D-Fructose, D-Mannose	205
D-Galactose	201
D-Ribose	166

Mechanismus der Bildung von α- und β-Methylglucosid aus Glucose und Methanol mit Chlorwasserstoff-Gas als Katalysator.

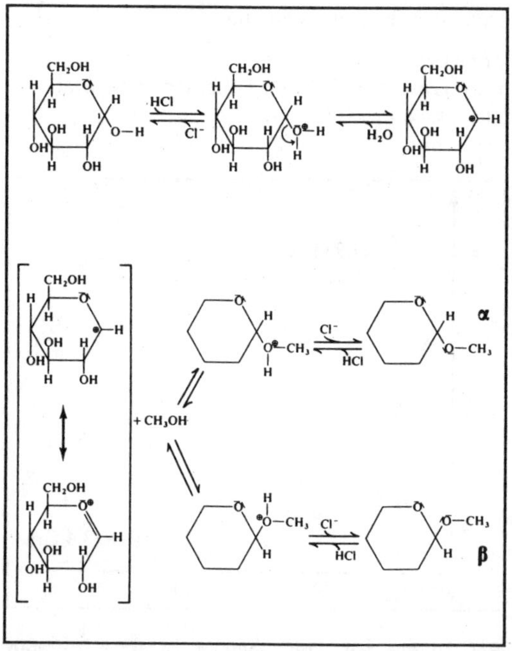

	$\frac{\vartheta_m}{°C}$	$\frac{[\alpha]_D^{20}}{grd \cdot cm^3 \cdot g^{-1} \cdot dm^{-1}}$
Methyl-α-D-(+)-glucosid	165	+158
Methyl-β-D-(+)-glucosid	105	+ 32

15.3 Disaccharide

Kommentare und Lösungen

123.1 Zur Bestimmung der molaren Masse von Rohrzucker durch Gefriertemperaturerniedrigung vgl. V 43.1.

123.2 Es ist zu beachten, daß 1 g Rohrzucker 1,052 g Hydrolysat ergibt (0,526 g Glucose und 0,526 g Fructose). Berechnung des Drehwerts eines Hydrolysats mit der Ausgangskonzentration $c(\text{Rohrzucker}) = 1\ \text{g} \cdot \text{ml}^{-1}$ und $l = 1\ \text{dm}$:

$$\alpha(\text{Hy}) = 0{,}526 \cdot [\alpha]_D^{20}(\text{Gluc.}) + 0{,}526 \cdot [\alpha]_D^{20}(\text{Fruc.})$$

$$\alpha(\text{Hy}) = 0{,}526 \cdot (52{,}7\ \text{grd} - 92{,}4\ \text{grd}) = -20{,}9\ \text{grd}$$

V 123.1

	Nachweis red. Zucker (Fehling)	Nachweis von Glucose (Glukotest)	Nachweis von Fructose (SeO_2)
Rohrzucker	neg.	neg.	neg.
R.-Hydrolysat	pos.	pos.	pos.
Maltose	pos.	neg.	neg.
M.-Hydrolysat	pos.	pos.	neg.

Zum Test mit SeO_2-Reagenz vgl. Anmerkung zu V 120.1.

15.4 Polysaccharide

Kommentare und Lösungen

124.1 —

124.2 —

A 124.1

a) Glucose-Einheiten, die durch α(1,4)- oder α(1,6)-glykosidische Bindungen miteinander verknüpft sind, liefern bei der Hydrolyse Maltose oder Isomaltose.

b) Bei der Hydrolyse von Amylose entsteht als Disaccharid nur Maltose, bei der Hydrolyse von Cellulose nur Cellobiose.

c) Maltose, Cellobiose: siehe Abb. 123.1

Isomaltose:

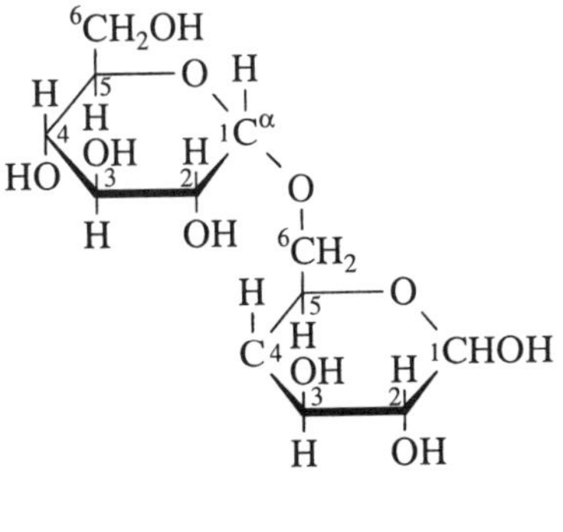

V 124.1 Die Hydrolyseprodukte unterscheiden sich bei der chromatographischen Trennung stark in ihren R_f-Werten. Polysaccharide wandern praktisch nicht, Glucose hat den größten R_f-Wert; außerdem kann Maltose identifiziert werden. Maltotriose sowie höhere Glucoside sind als Produkte erkennbar, werden jedoch kaum getrennt. Mit steigender Reaktionszeit nimmt der Anteil der niedermolekularen Produkte zu.

Weitere Versuche zur Hydrolyse von Amylose: Parallel zur Dünnschichtchromatographie kann man die einzelnen Proben von V 124.1 mit Iod-Kaliumiodid-Lösung, *Fehling*'scher Lösung und Glukoteststreifen untersuchen. Ergebnisse:

a) Anfangs erhält man eine Blaufärbung durch die Iod-Amylose-Einschlußverbindung. Im Verlauf der Reaktion ändert sich die Farbe über violett und braun zu hellbraun. Nach etwa 30 Minuten ist die Amylose soweit abgebaut, daß mit Iod-Kaliumiodid-Lösung keine Färbung mehr entsteht.

b) Stärke hat reduzierende Endgruppen und reagiert daher geringfügig mit *Fehling*-Reagenz. Dabei bleibt die Blaufärbung durch überschüssige Cu^{2+}-Ionen zunächst erhalten, es setzt sich aber rotes Cu_2O ab. Im Verlauf der Hydrolyse nimmt die Reaktivität mit *Fehling*-Reagenz stark zu.

c) Mit Glukoteststreifen reagiert Stärke nicht. Nach einiger Zeit läßt sich jedoch Glucose nachweisen, im weiteren Verlauf steigt die Glucosekonzentration stark an.

125.1 —

125.2 Xanthogenat-Verfahren

Lehrerversuch: *Abzug, Vorsicht CS_2 ist giftig.* In einem 250-ml-Erlenmeyerkolben durchfeuchtet man 1 g Watte mit 10 ml Natronlauge $c(\text{NaOH}) \approx 5\ \text{mol} \cdot \text{l}^{-1}$, (C) verrührt dann mit 10 ml Schwefelkohlenstoff (F, T) und läßt über Nacht verschlossen stehen. Zur Weiterverarbeitung gießt man den überschüssigen Schwefelkohlenstoff ab, versetzt mit 25 ml Natronlauge, $c(\text{NaOH}) \approx 0{,}5\ \text{mol} \cdot \text{l}^{-1}$, und rührt gut um. Die gebildete zähflüssige, orangefarbene Viskose kann nach 2 Stunden mit einer spitzausgezogenen Tropfpipette in ein Fällbad mit Schwefelsäure, $c(H_2SO_4) \approx 0{,}5\ \text{mol} \cdot \text{l}^{-1}$ gespritzt werden. Es entsteht ein weißer voluminöser Faden.

125.3 *Kupferseide-Verfahren*

Versuch: *Abzug.* Zu einer Lösung von 4 g Kupfersulfat (X_n) in 20 ml Wasser gibt man soviel konzentrierte Ammoniaklösung (C, N), daß sich der entstandene Niederschlag wieder auflöst und fügt dann eine Lösung von 1 g Natriumhydroxid (C) in 5 ml Wasser hinzu. Es entsteht eine tiefblaue Lösung von $[Cu(NH_3)_4](OH)_2$. Unter ständigem Rühren löst man dann 1 g Watte und läßt das Gemisch über Nacht verschlossen stehen. Am nächsten Tag spritzt man die Lösung mit einer spitzausgezogenen Tropfpipette in ein Fällbad mit Schwefelsäure $c \approx 0{,}5\ mol \cdot l^{-1}$. Es entsteht ein blauer voluminöser Faden, der allmählich weiß wird.

V 125.1 Sowohl die *Fehling*'sche Probe als auch der Glucosenachweis mit Glukoteststreifen verlaufen positiv.

Ergänzungen

Iod-Amylose-Einschlußverbindung. Ramanspektroskopisch und durch *Mössbauer*-Spektroskopie unter Verwendung von radioaktivem $^{119}_{53}$Iod konnte gezeigt werden, daß hauptsächlich I_5^--Ionen in die Amylosehelix eingelagert werden.

16 Polypeptide und Proteine

Vor der Behandlung dieser Naturstoffe ist es zweckmäßig, Aminosäuren (14.2. und 14.3.) und Carbonsäureamide (13.4.) zu besprechen. Im Zusammenhang mit Proteinen sind auch Kolloide wichtig, über die zusammenhängend in 23.4. berichtet wird. Die Peptidbindung ist grundlegend für das Verständnis des Aufbaus der Proteine und wird daher an den Anfang des Kapitels 16 gestellt.

16.1 Peptidbindung

Kommentare und Lösungen

126.1 Der Ladungszustand der bei der Hydrolyse entstehenden Aminosäuren hängt vom pH-Wert der Lösung ab. Es wurde hier willkürlich die Zwitter-Ionen-Form gewählt. Zur Energetik s. 23.2.

126.2 Der Ladungszustand der Endgruppen und der Seitenreste eines Peptids hängt wie bei Aminosäuren vom pH-Wert des Mediums ab. Kurzschreibweise: $H_3N^{\oplus}$—Gly—Ala—Ser—$COO^{\ominus}$. Die funktionellen Gruppen am Anfang und Ende können auch weggelassen werden.

126.3/126.4 —

A 126.1

a) GlyAla, AlaGly, GlyGly und AlaAla

b) Alanin: Blockierung der Amino-Gruppe (Schutzgruppe S); Aktivieren der Carboxyl-Gruppe (Aktivgruppe A).

Glycin: Blockierung der Carboxyl-Gruppe (B).

S–NH–CH–CO–[A + H]–NH–CH_2–CO–B
with CH_3 on the CH

Nach der Bildung der Peptidbindung muß die Blockierung B und die Schutzgruppe S entfernt werden.

16.2 Klassifizierung und Eigenschaften von Proteinen

Kommentare und Lösungen

127.1 Vgl. auch 113.3. Die Bezeichnung „Biuret" ist irreführend, da die Struktur des Biurets,

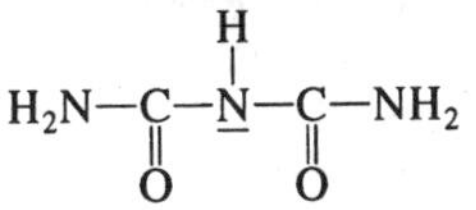

in Proteinen nicht vorliegt.

127.2 *Mögliche Klassifizierung:*

nach Molekülform		nach Nichtprotein-Anteil
Globuläre Proteine	Fibrilläre Proteine	
Albumin	Kollagen	Glykoproteine
Globulin	Elastin	Nucleoproteine
Histone	Seidenfibroin	Phosphoproteine
Prolamine	Keratin	Chromoproteine
	Fibrinogen	Lipoproteine
	Myosin	Metallproteine

V 127.1 Xanthoprotein-Reaktion: Besonders leicht werden Tyrosin und Tryptophan nitriert, da sie über Elektronendonatoren wie die OH-Gruppe bzw. die NH-Gruppe verfügen. Bei Zusatz einer Base bildet sich eine orangerote Verbindung mit orthochinoidem Bindungssystem:

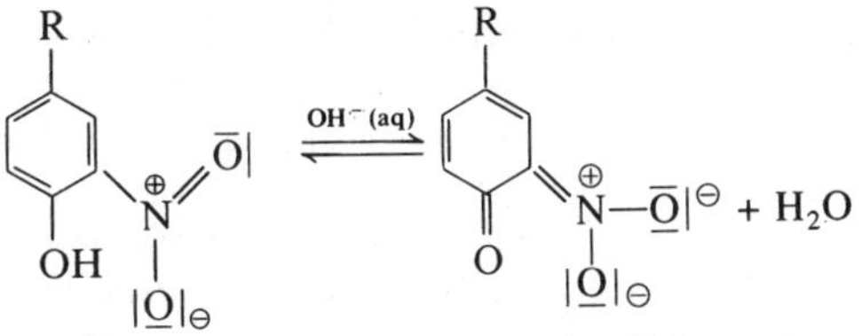

gelb orange-rot

Ein anderer Nachweis auf Proteine ist die Millon-Probe. Millons Reagenz ist eine Lösung aus Quecksilbernitrat in Salpetersäure.

V 127.2 Niedermolekulare Zucker diffundieren im Gegensatz zu den Proteinen durch die Membran. Da in kurzer Zeit nur wenig Zucker hindurchdiffundiert, darf für den Nachweis nur eine sehr verdünnte *Fehling*-Lösung verwendet werden.

16.3 Primär- und Sekundärstruktur

Kommentare und Lösungen

128.1 —

128.2 Über Disulfidbrücken verbundene Peptidketten müssen vor der Sequenzermittlung voneinander getrennt werden. Dies erfolgt durch Oxidation mit Perameisensäure (H—COOH), wobei Cysteinsäurereste entstehen (Cys—SO_3H).

128.3 Außer durch Enzyme können Peptide auch spezifisch mit chemischen Reagentien gespalten werden. So spaltet zum Beispiel Bromcyan, BrCN, stets auf der Carboxylseite von Methionin.

V 128.1 Kasein ist ein Phosphorproteid und bildet mit 83 % den Hauptbestandteil des Milcheiweißes. Elektrophoretisch läßt es sich in α-, β- und γ-Kasein trennen. Auf 100 g Kasein entfallen: 22,4 g Glutaminsäure, 11,3 g Prolin, 11,3 g Hydroxyprolin, 9,2 g Leucin, 8,2 g Lysin, 7,2 g Valin, 7,1 g Asparaginsäure und 0,85 g Serinphosphorsäure. Die Hydrolyse läßt sich auch mit Natronlauge durchführen, wobei die Aminosäuren jedoch racemisieren.

129.1 In der α-Helix bildet die NH-Gruppe des Restes n eine Wasserstoffbrückenbindung zu der CO-Gruppe des Restes n-4 aus.

129.2 Bei der *parallelen* Faltblattstruktur zwischen zwei verschiedenen Peptidsträngen können sich die H-Brückenbindungen nicht so optimal ausbilden wie bei der antiparallelen Faltblattstruktur.

129.3 —

16.4 Tertiär- und Quartärstruktur

Kommentare und Lösungen

130.1 Der bevorzugte Torsionswinkel einer S—S-Brücke beträgt 90°. Es gibt jedoch auch Abweichungen davon.
Eine kovalente Bindung zwischen zwei Peptidketten ist auch über die Hydroxylgruppen von Serin und Threonin durch Phosphorsäure möglich (Phosphorsäurediesterbindung).

130.2 Molare Masse von Myoglobin $M = 17800$ g · mol^{-1}; 0,338% Fe^{2+}; E = Sauerstoffbindende Hämgruppe mit Fe^{2+} als Zentralion. Im Innern von Myoglobin befinden sich fast ausschließlich unpolare Aminosäuren, während die Außenseite aus polaren und unpolaren Resten besteht. Die Hämgruppe liegt in einer unpolaren Vertiefung des Moleküls, wo sie gegen Oxidation zu Fe^{3+} geschützt ist.

130.3 Die reversible Spaltung von Disulfidbrücken ist mit β-Mercaptoethanol möglich.
Der Behandlung mit β-Mercaptoethanol muß meist eine Behandlung mit Harnstoff vorausgehen, wobei die nichtkovalenten Bindungen innerhalb der Tertiärstruktur gelöst werden und eine Zufalls-Knäuel-Konfiguration entsteht, Die Rückbildung der Disulfidbindungen kann durch Luftoxidation erfolgen. Ribonuclease war das erste Enzym an dem die reversible Denaturierung beobachtet wurde.

131.1 Im engeren Sinn bezeichnet man als Quartärstruktur Komplexe aus mehreren Peptidketten (Untereinheiten, Protomere), wobei die einzelnen Peptidketten nicht durch Peptidbindungen oder andere kovalente Bindungen miteinander verknüpft sind. In Lösung lassen sich solche Komplexe zum Beispiel durch Änderung des pH-Werts in die einzelnen Untereinheiten zerlegen und wieder zusammenfügen.
Im Hämoglobin steht jede α-Kette mit einer β-Kette in Kontakt während kaum Wechselwirkungen zwischen den beiden α-Ketten bzw. den beiden β-Ketten bestehen. Hämoglobin ist annähernd kugelförmig, der Durchmesser beträgt etwa 5,5 nm.
Die dreidimensionale Struktur der α- und β-Ketten sind dem Myoglobin auffallend ähnlich, obwohl zum Beispiel von 141 Aminosäuren nur 24 Aminosäuren gleich sind. Dies beweist, daß auch unterschiedliche Aminosäuresequenzen ähnliche Tertiärstrukturen determinieren können.
Bei der *Sichelzellanämie,* einer krankhaften, genetisch bedingten Veränderung des Hämoglobins (sichel- oder halbmondartige Form) ist eine einzige Aminosäure der β-Kette gegenüber dem normalen Hämoglobin vertauscht:

Hämoglobin	Val-His-Leu-Thr-Pro-**Glu**-Glu-Lys
Sichelzell-Hämoglobin S	Val-His-Leu-Thr-Pro-**Val**-Glu-Lys

131.2 —

131.3 Versuch: *Chromatographischer Nachweis von Aminosäuren im Hydrolysat von menschlichem Haar.*
Ein Büschel Haar wird in Aceton getaucht und nach dem Trocknen in 10 ml halbkonzentrierter Salzsäure am Rückfluß gekocht. Nach etwa einer Stunde filtriert man die braune Mischung und dampft auf dem Wasserbad bis auf einen Milliliter ein. Nach Zugabe von etwas Aceton wird zur Trockne eingedampft. Der Rückstand wird in wenig Ethanol aufgenommen und auf eine Cellulose-Dünnschichtplatte aufgetragen. Als Laufmittel zur Chromatographie verwendet man Wasser/Ethanol/konz. Ammoniak im Volumenverhältnis 1 : 8 : 1. Nach dem Durchlaufen läßt man trocknen, dreht die Platte um 90° und chromatographiert in einer Mischung von Butanol/Essigsäure/Wasser im Volumenverhältnis 4 : 1 : 2. Nach dem Trocknen der Platte wird mit Ninhydrin besprüht und die Platte einige Minuten in einem Ofen bei 100 °C aufbewahrt. Die entstandenen Farbflecken werden markiert, da einige oft wieder verblassen. Der Versuch kann auch mit ungefärbter Wolle durchgeführt werden.

131.4 Aminosäuresequenz siehe 128.2.

16.5 Enzyme

Seit der ersten industriellen Anwendung eines Enzyms im Jahre 1907 zum Beizen von Häuten in der Lederindustrie haben Enzyme in der Technik eine ständig steigende Bedeutung erlangt. Während anfangs Enzyme aus tierischen Organen und pflanzlichem Material gewonnen wurden, haben in den letzten 30 Jahren Mikroorganismen als Quelle für Enzyme eine überragende Bedeutung gewonnen. Diese Entwicklung wurde vor allem durch die Erfolge der Antibiotica-Gewinnung (s. Penicilline 24.2.) eingeleitet.

Kommentare und Lösungen

132.1 —

132.2 1 mg Katalase entwickelt bei 0 °C pro Stunde 2740 Liter Sauerstoff.

V 132.1
Die Hydrolyse von Harnstoff verläuft über die Carbamidsäure zu Kohlenstoffdioxid und Ammoniak:

$$(NH_2)_2C{=}O + H_2O \rightarrow \underset{\text{Carbamidsäure}}{[H_2NCOOH + NH_3]}$$

$$\rightarrow CO_2 + 2\,NH_3$$

Die Violettfärbung von Phenolphthalein zeigt, daß die Lösung alkalisch wird. Es bildet sich Ammoniumcarbonat:

$$2\,NH_3 + CO_2 + H_2O \rightarrow 2\,NH_4^+ + CO_3^{2-}$$

Urease besitzt eine hohe und spezifische Aktivität: 1 g Urease spaltet bei 20 °C 60 g Harnstoff pro Minute.
Thioharnstoff wird nicht gespalten.
Urease wurde als erstes Enzym 1926 kristallisiert erhalten (Sumner, Nobelpreis Chemie 1946).

V 132.2 Literatur: *J. Fayermann,* The use of liver to demonstrate the characteristics of enzymes, SSR 61, 214, 70, (1979); Bei den Versuchen wird die Geschwindigkeit den Enzymreaktion an der Höhe des Aufschäumens im Reagenzglas erkannt.
Ein einfacher quantitativer Versuch zur Katalaseaktivität siehe *D. Cordery,* SSR 58, 205, 709 (1977).

133.1 Aus chemischer Sicht wird die Hydrolyse einer Peptidbindung durch hohe Konzentration der Base OH^- bei gleichzeitiger Aktivierung der Carbonylaktivität der C=O-Gruppe durch Protonierung des O-Atoms der Carboxylgruppe und des N-Atoms der Peptidbindung beschleunigt

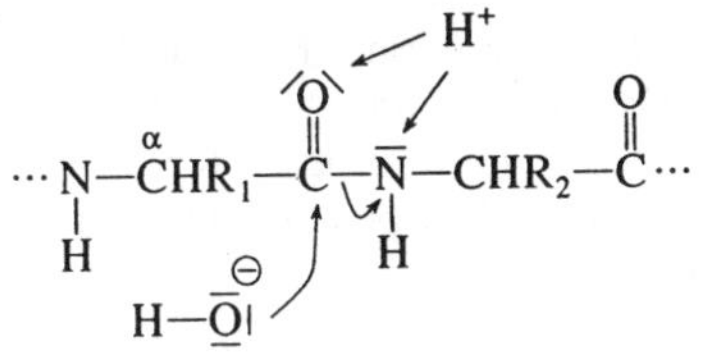

Gleichzeitige Wirkung von Basen und Säuren in einem Reaktionsgefäß schließt sich natürlich aus, da sich die Wirkung durch Neutralisation aufhebt. Ein Enzym kann eine optimale Aktivierung im Sinne gleichzeitiger Einwirkung von sauren und basischen Zentren, wie die Abbildung zeigt, durch räumliche Trennung erfüllen. Dies ist ein wesentlicher Grund für die große Geschwindigkeit enzymatischer Hydrolysen.

A 133.1
a) In Salzsäure erfolgt die Aktivierung durch Protonierung des Carbonyl-Sauerstoffatoms. Das schwach nucleophile Wasser greift das aktivierte Carbonyl-C-Atom an, die Peptidbindung wird gespalten:

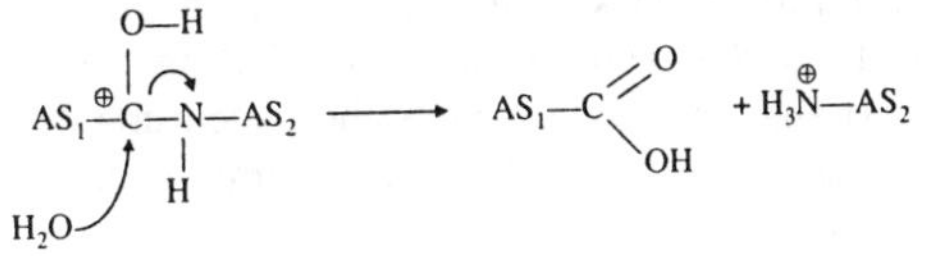

b) In Natronlauge wird die Peptidbindung nicht aktiviert. Das stark nucleophile Hydroxid-Ion greift das Carbonyl-C-Atom der Peptidbindung direkt an und es kommt zur Hydrolyse:

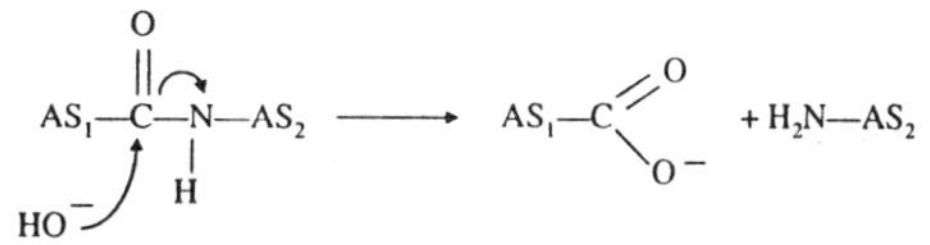

In vitro ist nur eine Aktivierung in Säure oder in Base möglich. Beides gleichzeitig geht nicht.
In vitro wendet das Enzym beide Möglichkeiten gleichzeitig an (Erhöhung der Reaktivität des Carbonyl-C-Atoms, starkes Nucleophil in hydrophober Umgebung unter Bildung einer reaktiven Anhydrid-Zwischenstufe).

17 Nucleinsäuren

Ein tiefergehendes Verständnis des Aufbaus der Nucleinsäuren setzt Kenntnisse der Kohlenhydrate, der aromatischen Heterocyclen, der Glykoside und Ester voraus. Die große biologische Bedeutung der Nucleinsäuren bei der Replikation und Proteinbiosynthese kann hier nur knapp dargestellt werden und beschränkt sich auf chemische Aspekte. Einige Untersuchungsergebnisse zur „Chemischen Evolution" runden das Kapitel ab und geben Einblick in ein aktuelles Forschungsgebiet.

17.1 Aufbau der Nucleinsäuren

Kommentare und Lösungen

134.1 —

134.2 Fischerprojektion siehe Lehrbuch 120.2.

134.3 —

134.4 Bei der basischen Hydrolyse wird nur die Esterbindung gespalten, so daß Nucleoside entstehen. Glykoside sind Acetale und daher alkalibeständig.

134.5 Für die Numerierung der Pentosen verwendet man im Unterschied zu den Heterocyclen Ziffern mit Strichen. Kurzschreibweise:

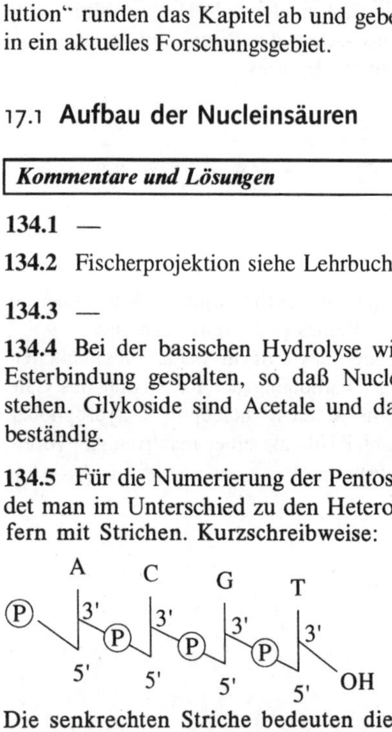

Die senkrechten Striche bedeuten die Pentosen, die Buchstaben stellen die Basen dar. Das Ⓟ in der diagonalen Linie entspricht einer Posphorsäurediesterbindung.
Diese Diagonale verbindet das Ende eines senkrechten Striches (= 5′-OH-Gruppe) mit der Mitte eines zweiten (= 3′-OH-Gruppe).

17.2 DNS-Doppelhelix

Kommentare und Lösungen

135.1 —

135.2 Die Replikation jeder DNS-Elternhelix beginnt gleichzeitig an zahlreichen Stellen und verläuft mit hoher Geschwindigkeit (etwa 5000 Nucleotide pro Sekunde). Der Beweis für die semikonservative Replikation wurde durch das klassische Isotopenexperiment von *Meselson* und *Stahl* erbracht.

17.3 Proteinbiosynthese

Kommentare und Lösungen

136.1 Die Esterbindung der Aminosäure an die 3′-OH-Gruppe der t-RNS erfolgt durch ein für jede Aminosäure charakteristisches Enzym nach folgendem Schema:

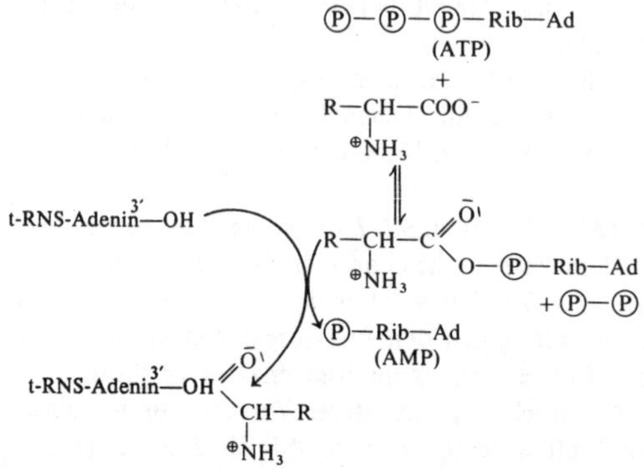

136.2 Außer den üblichen Basen treten in t-RNS einige ungewöhnliche Basen wie methylierte Derivate von A, C, G und U auf. Etwa die Hälfte der Basen sind gepaart und bilden Doppelhelices.

136.3 Sehr genau untersucht ist die Proteinbiosynthese der Bakterien E. coli.
Die Proteinbiosynthese beginnt mit Formylmethionin, fMet. Die Formylmethionin-t-RNS,. Met-t-RNS_f, unterscheidet sich von der t-RNS, die Methionin im Innern der Polypeptidkette einbaut (Symbol Met-t-RNS_m).

Auf einer m-RNS befinden sich mehrere Ribosomen, die gleichzeitig Peptidketten synthetisieren.

Proteine werden vom Amino- zum Carboxylende synthetisiert. Die m-RNS wird in 5′ → 3′-Richtung abgelesen. Die Ableserichtung wurde in einem zellfreien Proteinsynthesesystem mit einer synthetischen m-RNS der Sequenz

$$^{5'}\text{—A—A—A}\,(\text{—A—A—A})_n\text{—A—A—C}^{3'}$$

untersucht. AAA codiert Lysin, AAC Asparagin.

Das erhaltene Polypeptid war:

$$H_3N^+\text{—Lys—(Lys)}_n\text{—Asn—COO}^-$$

AAC wurde also zuletzt abgelesen, woraus folgt, daß die Ableserichtung 5′ → 3′ ist.

Kommentare und Lösungen

137.1 —

137.2 —

137.3 Durch Erhitzen von Methanal mit starken Basen wie z.B. Calciumhydroxid entstehen in einer Reihe aldolartiger Schritte verschiedene Monosaccharide:

$$CH_2{=}O + OH^- \rightleftharpoons |\overset{\ominus}{C}H{=}O + H_2O$$

$$H_2C{=}O + |\overset{\ominus}{C}H{=}O \rightleftharpoons |\overset{\ominus}{\underline{O}}{-}CH_2{-}CHO \xrightleftharpoons{H_2O\ OH^-} HO{-}CH_2{-}CHO$$

$$HOCH_2{-}CH{=}O + |\overset{\ominus}{C}H{=}O \rightleftharpoons HOCH_2{-}\underset{|\underline{O}|^{\ominus}}{CH}{-}CHO \xrightleftharpoons{H_2O\ OH^-}$$

$$HOCH_2{-}CHOH{-}CHO + |\overset{\ominus}{C}H{=}O \rightarrow\rightarrow\rightarrow HOCH_2{-}(CHOH)_3{-}CHO$$

Pentose

Die Bildung von Adenin läßt sich durch folgende Schritte erklären:

a) Trimerisierung von Blausäure:

$$H{-}C{\equiv}N| + H{-}C{\equiv}N \rightarrow H{-}\overline{N}{=}CH{-}C{\equiv}N|$$

$$HN{=}CH{-}C{\equiv}N| + H{-}C{\equiv}N \rightarrow |N{\equiv}C{-}\underset{NH_2}{HC}{-}C{\equiv}N$$

b) Addition von Ammoniak an Blausäure:

$$H{-}C{\equiv}N + NH_3 \longrightarrow H{-}\underset{NH_2}{C}{=}NH$$

c) Kondensation:

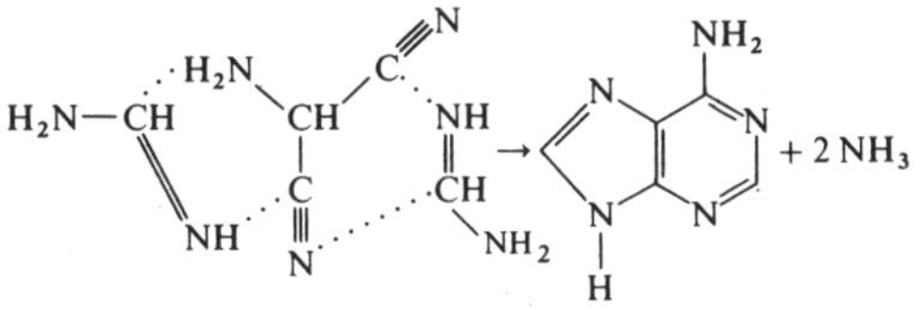

Adenin

137.4 —

18 Lipide

Der Abschnitt gibt eine Übersicht über die strukturelle Vielfalt der Lipide, wobei die biologische Funktion nur teilweise angesprochen wird.

18.1 Fette und Wachse

Kommentare und Lösungen

138.1 Im Gegensatz zu den hydrophoben Fetten enthalten Phosphoglyceride (Glycerinphosphatide) hydrophile und hydrophobe Molekülteile. Sie ähneln daher den Tensiden und bilden wie diese in wässeriger Lösung Micellen. In Zellmembranen sind Phosphatide in Form von Doppelschichten angeordnet.

Phosphoglyceride sind chemisch Phosphorsäurediester der allgemeinen Struktur:

$$G{-}O{-}\overset{\overset{O}{\|}}{\underset{|\underline{O}|^{\ominus}}{P}}{-}O{-}R$$

Die Alkoholkomponente G ist der Glycerolrest, der mit zwei Fettsäuren verestert ist:

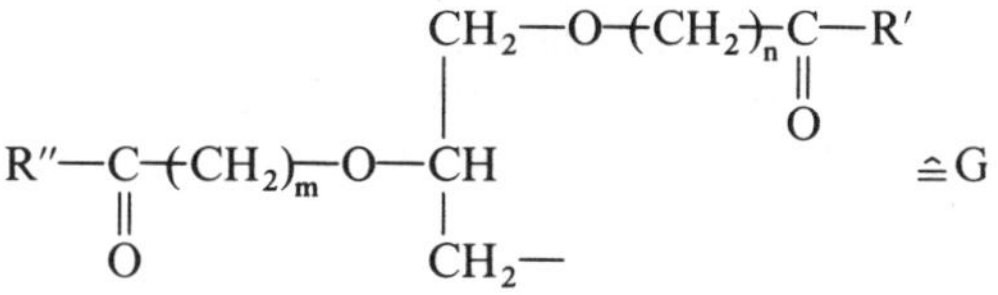

Als zweite Alkoholkomponente R treten verschiedene Alkohole auf, z.B.:

Colamin, $HO{-}CH_2{-}CH_2{-}NH_2$; $\underline{R} = {-}CH_2{-}CH_2{-}NH_2$

Cholin, $HO{-}CH_2{-}CH_2{-}\overset{\oplus}{N}(CH_3)_3$; $\underline{R} = {-}CH_2{-}CH_2{-}\overset{\oplus}{N}(CH_3)_3$

Serin, $HO{-}CH_2{-}\underset{\oplus NH_3}{CH}{-}COO^{\ominus}$; $R = {-}CH_2{-}CH_2{-}\underset{\oplus NH_3}{CH}{-}COO^{\ominus}$

Aufbau eines Phosphoglycerids:

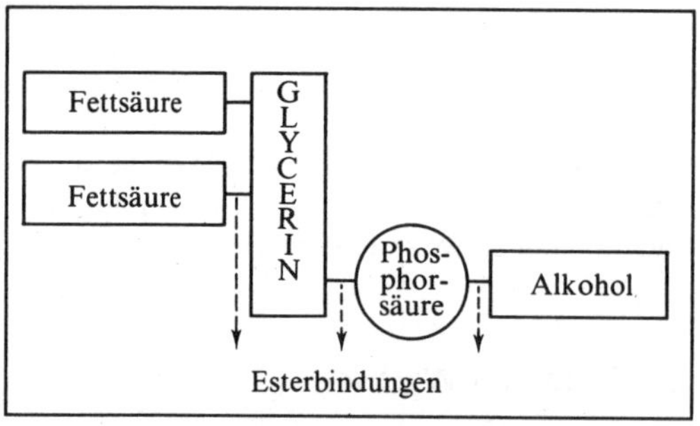

138.2 Zusammensetzung von Bienenwachs: 75% Palmitinsäuremyricylester, 10% Cerotinsäuremyricylester, 15% Paraffine. Myricylalkohol ist ein Gemisch aus den Alkoholen Triacontanol ($C_{30}H_{61}OH$) und Dotriacontanol ($C_{32}H_{35}OH$). Cerotinsäure ist ein nach IUPAC nicht mehr zugelassener Trivialname für die C_{26}-Carbonsäure Hexaconsansäure ($C_{25}H_{51}$—COOH).

Carnaubawachs:
Ester der Hexacosansäure mit Myricylalkohol.
Walrat:
Ester der Pamitinsäure mit Hexadecanol.

138.3 Prostaglandine sind eine Gruppe von C_{20}-Carbonsäuren, die erstmals 1957 aus der Prostata von Schafen isoliert wurde. Sie entstehen aus der essentiellen Fettsäure Arachidonsäure u. a. in den Leukocyten. Der Buchstabe F kennzeichnet die Struktur des 5-Ringes, der Index 2 die Anzahl der C=C-Doppelbindungen und α die Stellung der OH-Gruppe an C-Atom 9.

138.4 —

138.5 Die cis-Konfiguration der Doppelbindung in Fettsäuren hat eine Herabsetzung der Schmelztemperatur der Fette zur Folge, da die langen Kohlenwasserstoffreste sperrig sind und deshalb zwischen ihnen nur schwache *van der Waals* Anziehungskräfte möglich sind. Fettsäurereste mit trans-Doppelbindung können sich dagegen besser parallel aneinander lagern, so daß stärkere zwischenmolekulare Anziehungskräfte auftreten. Kurzformeln für Fettsäuren:

Stearinsäure 

Ölsäure 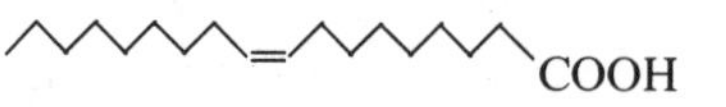

Linolsäure 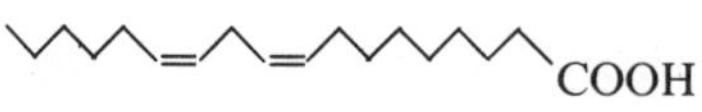

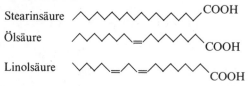

139.1/139.2/V 139.1 —

LV 139.2 Wegen der Giftigkeit und der krebserregenden Eigenschaft des Tetrachlorkohlenstoffs wurde Perchlorethen als Lösungsmittet verwendet.

Fett	Verseifungszahl (mg KOH/1 g Fett)	Iodzahl ($g\,I_2$/100 g Fett)
Kuhbutter	220 – 240	22 – 35
Schweineschmalz	195 – 200	48 – 68
Olivenöl	190 – 195	80 – 85
Leinöl	190 – 195	170 – 185
Palmkernöl	–	15 – 20
Erdnußöl	–	85 – 95
Baumwollsaatöl	190 – 195	103 – 111
Talg	190 – 195	22 – 35

18.2 Isoprenoide Naturstoffe

Kommentare und Lösungen

140.1 —

140.2 Die Konstitutionsformeln sind in Kurzschreibweise angegeben. Knoten- und Knickpunkte sowie Enden einer Linie bedeuten C-Atome, H-Atome sind jeweils zu ergänzen.

140.3 —

140.4 —

141.1 Bei gleichem oder ähnlichem Ringskelett variieren die verschiedenen Steroide stark in den Seitenresten, der Stereochemie und dem Sättigungsgrad der Ringe. Steroide mit alkoholischen Gruppen bezeichnet man als *Sterole*.

141.2 Zur Wiedergabe der Konfiguration werden Methylgruppen und H-Atome an den Ringknotenpunkten ausdrücklich als CH_3 bzw. H angegeben. Eine β-Konfiguration liegt vor, wenn Atome oberhalb der Ringebene liegen (durchgezogene Bindungsstriche oder Keil); α-Konfiguration liegt vor, wenn Atome unterhalb der Ringebene liegen.

141.3 6- und 9-Fluorderivate des Cortisons sind aktiver und zeigen weniger Nebenwirkungen.

141.4 —

141.5 —

19 Energie und Stoffwechsel

Der Behandlung einiger wichtiger Abbauwege im Stoffwechsel wird in diesem Kapitel der Abschnitt Coenzyme vorangestellt, da diese bei nahezu allen biochemischen Vorgängen eine wichtige Rolle spielen. Viele Coenzyme stehen mit Vitaminen in enger Beziehung. Aus diesem Grund werden in diesem Kapitel auch die Vitamine behandelt.

19.1 Coenzyme

Die klassische Definition des Katalysators trifft auf Coenzyme nicht zu, da sie nicht unverändert aus einer Reaktion hervorgehen. Coenzyme, die fest an das Enzym gebunden sind, bezeichnet man auch als *prosthetische Gruppe*. Die Bezeichnung Cofaktor und Cosubstrat werden oft auch synchron benutzt.

Kommentare und Lösungen

142.1 Das Schema hat orientierenden Charakter für die in 19.2. bis 19.5. dargestellten Abbauwege von Nährstoffen im Organismus. Endprodukte des Abbaus sind: CO_2, H_2O, ATP.

142.2 ATP überträgt keine „Phosphat-" und „Pyrophosphat-Gruppe", sondern die *Phosphoryl-* sowie die *Pyrophosphoryl*-Gruppe.

Phosphorylgruppe   Pyrophosphorylgruppe

Die Phosphorsäureanhydridbindungen im ATP werden als „energiereiche Bindungen" und das ATP selbst als „energiereiche Verbindung" bezeichnet. „Energiereiche" Bindungen sind im Sinne der Bindungsenthalpie keineswegs leicht zu spalten. Unter „energiereicher" Bindung versteht man in der Biochemie vielmehr eine Bindung, die unter Übertragung einer Gruppe auf einen Akzeptor gespalten wird, wobei die freie Enthalpie stark abnimmt (negatives $\Delta_R G$). Der Begriff „Gruppenübertragungspotential" ist für diesen Sachverhalt genauer als die Bezeichnung „energiereiche Bindung", die sich allerdings fest eingebürgert hat. Das Symbol ~ für die „energiereiche" Bindung wird hier nicht verwendet.

Strukturelle Grundlagen für das hohe Gruppenübertragungspotential von ATP:
1. Bei pH = 7 ist ATP vierfach negativ geladen. Durch Hydrolyse wird die hohe elektrostatische Abstoßung zwischen den negativ geladenen Gruppen vermindert.
2. Die Hydrolyseprodukte sind stärker durch Mesomerie stabilisiert als ATP.

142.3 ATP hydrolysiert in Abwesenheit eines Katalysators (Enzym) nur langsam.
Bei der Übertragung der Phosphoryl- und der Pyrophosphorylgruppe sowie des Adenosylrests entstehen neue „energiereiche Bindungen" (Anhydride oder Ester, wodurch die entstandenen Verbindungen für weitere Stoffwechselreaktionen aktiviert werden (s. 144.1, 147.1).

143.1 Bausteine des Coenzym A, die mit Adenosin-3'-phosphat-5'-diphosphat verknüpft sind:

$H_2N—CH_2—CH_2—SH$ 2-Aminoethanol (Cysteamin)

$H_2N—CH_2—CH_2—COOH$ β-Alanin

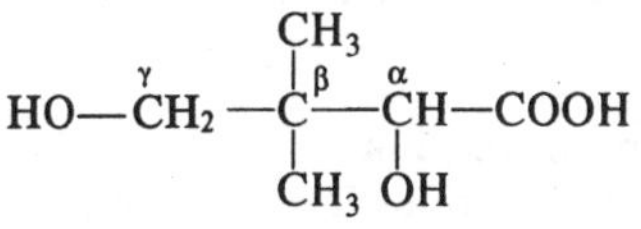

α,γ-Dihydroxy-β,β-dimethylbuttersäure (D-Pantoinsäure)

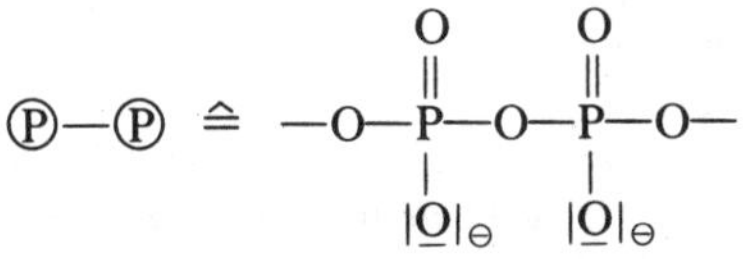

Das Amid aus β-Alanin und D-Pantoinsäure ist die Pantothensäure, ein wasserlösliches Vitamin.
Zwei wichtige biochemische Funktionen des Acetyl-Coenzym A:
1. Übertragung des Acetylrests, $CH_3—CO—$ (allgemein Acylrest R—CO—) auf nucleophile Moleküle, z. B. Moleküle mit alkoholischen OH-Gruppen:

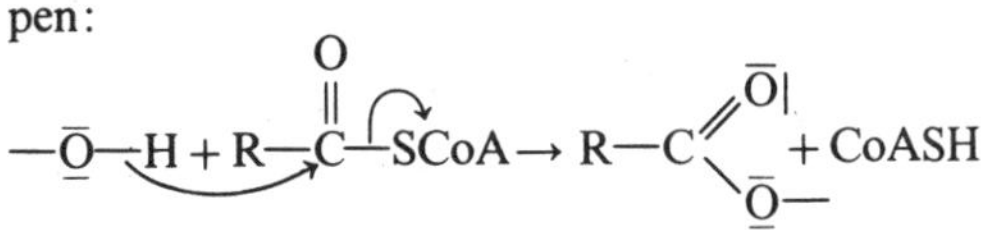

2. Abspaltung eines Protons von einer α-C—H-Bindung der Acetylgruppe. Nucleophile Addition des entstehenden Carbanions an Carbonylgruppen unter Bildung von C—C-Bindungen:

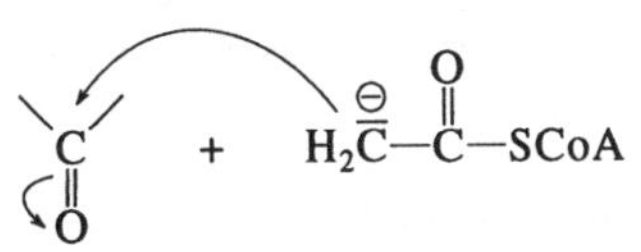

143.2 Die Bezeichnung Flavinnucleotide ist nicht korrekt, da keine N-Glykoside von Ribosephosphat, also keine Nucleotide, sondern Derivate des Zuckeralkohols Ribitol vorliegen. Wegen der Ähnlichkeit mit den eigentlichen Nucleotiden hat sich der Name jedoch eingebürgert. Der chemische Name für FMN ist 6,7-Dimethyl-9-ribityl-isoalloxazin.
Der reaktive Teil der Flavin-Nucleotide ist der Isoalloxazinring, dessen Grundgerüst aus einem reduzierten Pyrimidinring, einem Pyrazinring und einem Benzolring besteht:

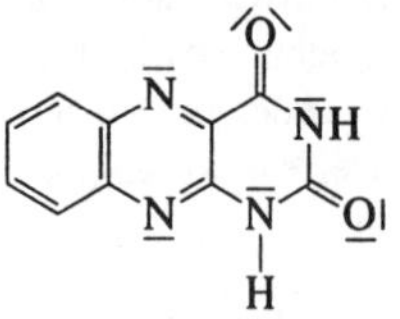

Alloxazin

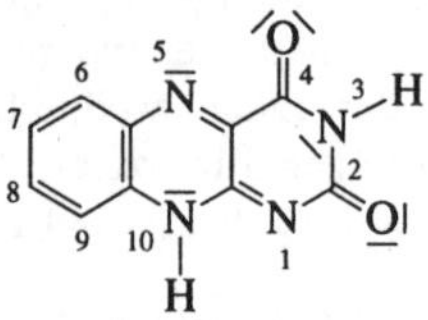

Isoalloxazin

Im Gegensatz zu NAD^+ übernimmt das FAD (FMN) beide H-Atome vom Substrat:

$$\text{Substrat}\langle^{H}_{H} + \text{FAD} \rightleftharpoons \text{FADH}_2 + \text{Substrat}$$

143.3 Es gibt Ubichinone mit unterschiedlicher Anzahl isoprenoider Seitenreste. Die Verbindungen wurden erstmals 1955 isoliert, 1958 gelang die Strukturaufklärung. Die Vorsilbe „Ubi" weist darauf hin, daß diese Verbindungen in der Natur weit verbreitet sind.
Da sich herausstellte, daß Ubichinone an biochemischen Redoxreaktionen beteiligt sind, bezeichnet man sie auch als Coenzyme *Q* (engl.: *q*uinone = Chinon).
Reduktion:

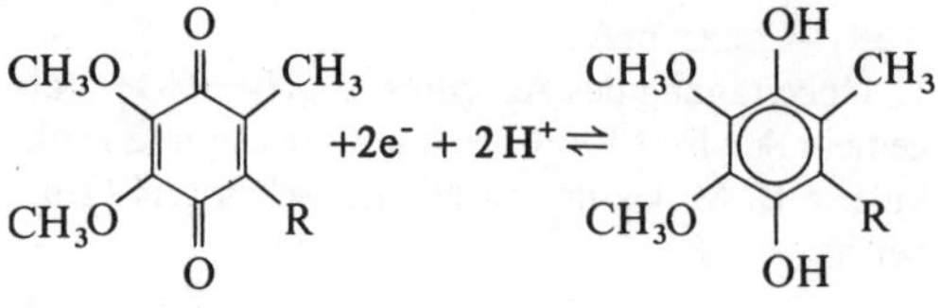

Oxidation:
$$\text{Substrat-H}_2 \rightleftharpoons \text{Substrat} + 2\,H^+ + 2e^-$$

143.4 Der reaktive Teil der Nicotinamid-Adenin-Dinucleotide ist das Nicotinsäureamid. Die Kurzschreibweise für das Coenzym ist NAD^+, obwohl das Molekül wegen der Protolyse der beiden Wasserstoffatome des Phosphorsäurerests negativ geladen ist. Bei der Oxidation (Dehydrierung) wird vom Substrat ein Hydrid-Ion ($H^+ + 2e^-$) direkt auf NAD^+ übertragen und ein Proton abgegeben.

V 143.1
Natriumdithionit, $Na_2S_2O_4$, reduziert Riboflavin (RF) zu Dihydroflavin (RFH_2), das nicht fluoresziert:

$$\overset{+III}{S_2}O_4^{2-} + 2\,H_2O \rightleftharpoons 2\,H\overset{+IV}{S}O_3^- + 2e^{\ominus} + 2\,H^{\oplus}$$

$$RF + 2\,H^{\oplus} + 2e^{\ominus} \rightleftharpoons RFH_2$$

Durch Oxidation mit Luftsauerstoff bildet sich Riboflavin zurück:

$$RFH_2 \rightleftharpoons RF + 2\,H^{\oplus} + 2e^{\ominus}$$

$$\tfrac{1}{2}\,O_2 + 2\,H^{\oplus} + 2e^{\ominus} \rightleftharpoons H_2O$$

Zum Redoxschema des Riboflavins siehe Abb. 143.2.
Die Abspaltung von Phosphorsäure aus FMN ergibt Riboflavin (Vitamin B2). Riboflavin wird als Lebensmittelfarbstoff E 101 verwendet.
Lit. NiU-Chemie 7 (1996).

19.2 Glykolyse und alkoholische Gärung

Die Entwicklung der Biochemie ist eng mit der Aufklärung der Glykolyse verbunden. Der entscheidende Schritt dabei war die Entdeckung der Gebrüder *Buchner* 1897, daß der Extrakt mechanisch zerstörter Hefezellen Rohrzucker in Alkohol umzuwandeln vermag. Damit wurde das seit 1860 von *Pasteur* vertretene Dogma widerlegt, daß Gärung nur durch lebende Zellen möglich ist.

Kommentare und Lösungen

144.1 Die Vorgänge bei der Glykolyse wurden 1940 aufgeklärt. Nach den an der Aufklärung beteiligten Forschern wird die Glykolyse auch als *Emden-Meyerhof*-Abbau bezeichnet.
Spaltung von Fructose-1,6-diphosphat:

a)

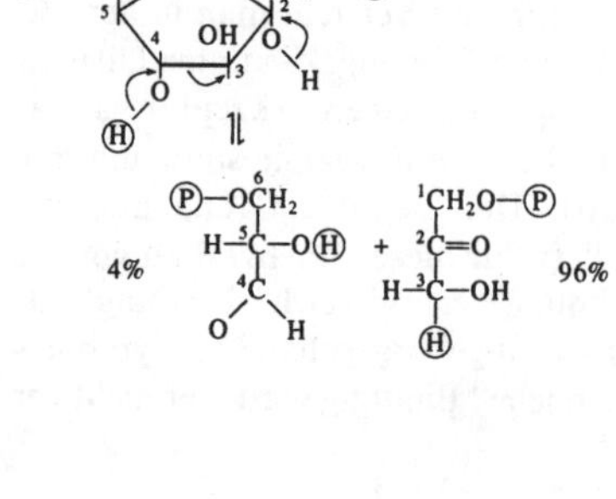

b)

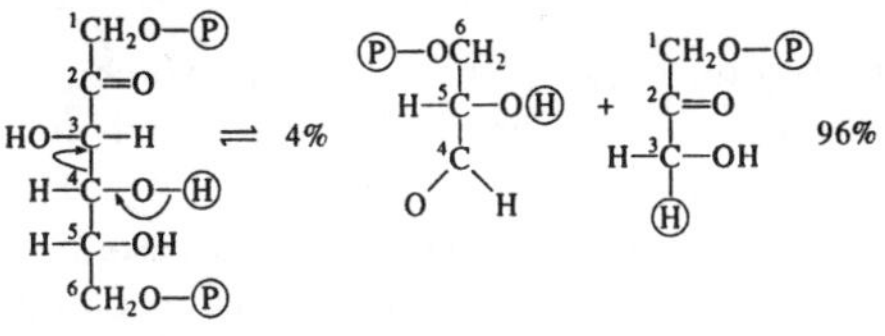

Im Gleichgewicht liegen 96 % Dihydroxyacetonphosphat und 4 % Glycerinaldehyd-3-phosphat vor, das sofort weiter umgesetzt wird.
Die Wasserabspaltung in Schritt 9 erhöht das Gruppenübertragungspotential der Phosphorylgruppe erheblich: Ein Enolphosphat ist im Gegensatz zu einem Alkoholphosphat „energiereich".

144.2/144.3 —

19.3 Citratzyclus

Beim Citratcyclus ist es zweckmäßig, das Prinzip an einem vereinfachten Schema, in dem nur die Zahl der C-Atome der am Cyclus beteiligten Carbonsäuren angegeben werden, zu verdeutlichen.

Kommentare und Lösungen

145.1 Der Citratcyclus wird auch Tricarbonsäurecyclus, Citronensäurecyclus oder nach seinem Entdecker *Krebs*cyclus genannt. Unter physiologischen Bedingungen liegen die Carbonsäuren weitgehend als Salze vor. Einen ersten Überblick über den Citratcyclus gibt das folgende vereinfachte Schema:

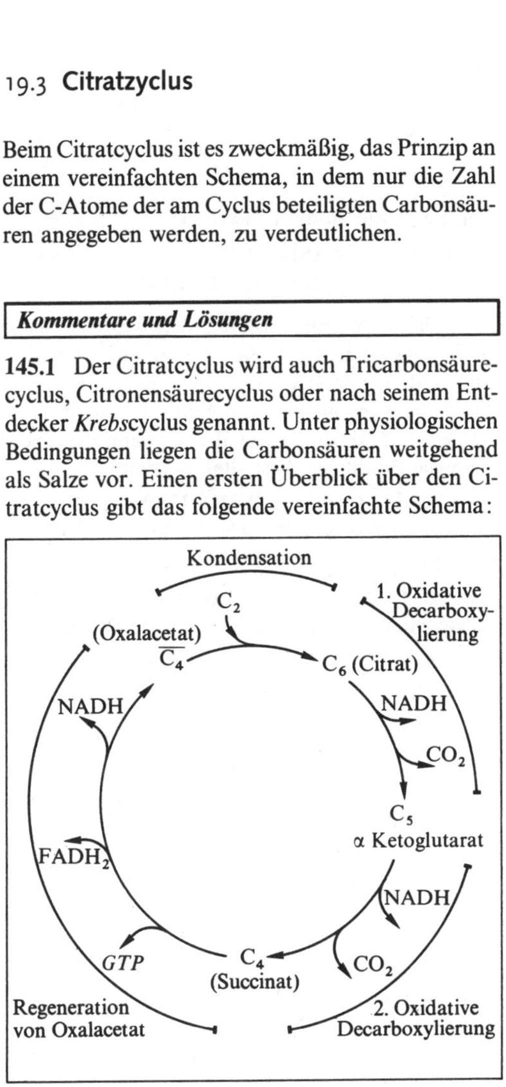

Zwei C-Atome treten in den Cyclus als Acetylgruppe ein und zwei C-Atome verlassen ihn als Kohlenstoffdioxid. Da Kohlenstoffdioxid eine höhere Oxidationsstufe des Kohlenstoffs darstellt als eine Acetylgruppe, müssen Oxidations-Reduktions-Reaktionen in diesem Zyklus ablaufen: Drei Hydrid-Ionen, also 6 Elektronen, werden auf 3 NAD^+ übertragen, zwei H-Atome, also 2 Elektronen werden auf FAD übertragen.

Gesamtreaktion:

$$\text{Acetyl-SCoA} + 3\,NAD^+ + FAD + GDP + P_i + 2\,H_2O \rightarrow 2\,CO_2 + CoASH + 3\,NADH + H^+ + FADH_2 + GTP$$

A 145.1

a) Bei Markierung an C-2 wird beim zweiten Durchlaufen des Cyclus die Radioaktivität durch Abspaltung von $^{14}CO_2$ eliminiert. Bei Markierung an C-3 (CH_3-Gruppe) bleibt eine Markierung von 50 % im Cyclus erhalten.

b)

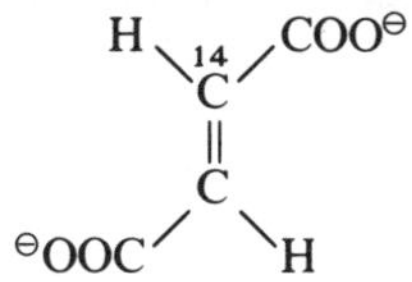

19.4 Atmungskette

Zum Verständnis der Atmungskette sind Kenntnisse über Redoxpotentiale erforderlich. Es wird hier nur das Prinzip, nicht aber die tatsächliche Situation in der Zelle beschrieben.

Kommentare und Lösungen

146.1 Cytochrome werden aufgrund ihrer Absorptionsspektren in die Typen a, b, c und d eingeteilt. Die Cytochrome b, c_1 und c enthalten als Coenzym wie Myoglobin und Hämoglobin das Eisenprotoporphyrin (Häm s. Lehrbuch 131.1). Im Cytochrom b ist das Häm nicht kovalent an das Protein gebunden. In den Cytochromen c und c_1 ist es dagegen über zwei Thioetherbindungen an das Protein geknüpft:

$$R{-}CH{=}CH_2 + HS{-}CH_2{-}R' \rightarrow R{-}CH(CH_3){-}S{-}CH_2{-}R'$$

Vinylgruppe des Häms — Cysteinrest des Proteins — Thioetherbindung

Cytochrom c und c_1. Das Häm ist kovalent mit zwei Cysteinresten des Proteins verbunden.

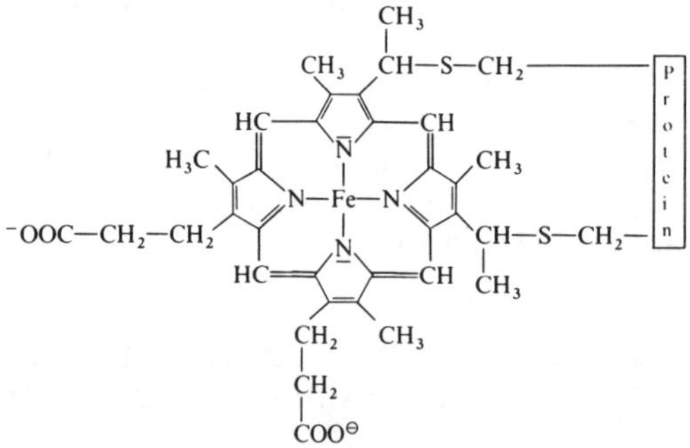

Protein

Die Cytochrome a und a_3 besitzen als Coenzym das Häm A. Zentralion im Cytochrom a_3 ist das Cu^{2+}-Ion. Im Unterschied zum Häm ist beim Häm A eine Methylgruppe durch die Formylgruppe und eine Vinylgruppe durch einen Kohlenwasserstoffrest ersetzt.
Um ein Molekül O_2 zu reduzieren sind 4 Elektronen erforderlich. Eine Hämgruppe transportiert nur ein Elektron. Es ist noch nicht genau bekannt, wie die 4 Elektronen zusammenkommen und O_2 reduziert wird.

146.2 —

146.3 Die Potential-Spannweite der Atmungskette ergibt sich aus den folgenden Redoxsystemen:

1. $\frac{1}{2}O_2 + 2H^+ + 2e^- \rightleftharpoons H_2O$; $\Delta E^{0\prime} = +0{,}82$ V

2. $NAD^+ + H^+ + 2e^- \rightleftharpoons NADH$; $\Delta E^{0\prime} = -0{,}32$ V

Schreibt man Gleichung 2 umgekehrt an (Vorzeichenumkehr von E_0') und addiert dann beide Gleichungen, so erhält man:

$\frac{1}{2}O_2 + NADH \rightarrow H_2O + NAD^+; \Delta E_0' = +1{,}14$V

Die freie Enthalpie dieser Oxidation berechnet man aus: $\Delta G^{0\prime} = n \cdot F \cdot \Delta E^{0\prime}$.

Das kalorische Äquivalent für die *Faraday*-Konstante ist 96,5 kJ/V · mol. Damit ergibt sich:

$\Delta G^{0\prime} = -2 \cdot 96{,}5 \cdot 1{,}14$ kJ/mol $= -220$ kJ/mol

146.4 —

19.5 Fettsäureabbau

Grundlagen für dieses Kapitel sind die Abschnitte 13.1. Monocarbonsäuren, 13.3. Veresterung und 18.1. Fette und Wachse.
Durch den Abbau von Fettsäuren wird besonders viel Energie gewonnen: Bei vollständiger Oxidation beträgt die Energieausbeute etwa 37,6 kJ/g, während sie bei Kohlenhydraten 16,7 kJ/g beträgt. Der Unterschied kommt daher, daß Fettsäuren in höher reduziertem Zustand und in nahezu wasserfreier Form (als Fette) gespeichert werden. Neben ihrem Abbau sind Fettsäuren vor allem als Bausteine für die Synthese von Phospholipiden und Glycolipiden wichtig.

Kommentare und Lösungen

147.1 Reaktionsgleichungen:

1. $RCOO^{\ominus} + ATP \rightleftharpoons R{-}CO{-}AMP + PP_i$

2. $R{-}CO{-}AMP + HS{-}CoA$
$\rightleftharpoons R{-}CO{-}SCoA + AMP$

Beide Schritte zusammen ergibt:

$R{-}COO^{\ominus} + CoASH + ATP$
$\rightleftharpoons R{-}CO{-}SCoA + AMP + PP_i$

Die Gleichgewichtskonstante der Reaktion liegt bei 1, da eine „energiereiche" Bindung gespalten wird und eine entsteht. Durch Hydrolyse von PP_i, die durch Pyrophosphatase katalysiert wird, wird die Gesamtreaktion irreversibel, da dann zwei energiereiche Bindungen gespalten werden:

$R{-}COO^{\ominus} + CoASH + ATP + H_2O$
$\rightarrow R{-}CO{-}SCoA + AMP + 2P_i$

Die aktivierten Fettsäuren werden mit Hilfe von Carnitin durch die innere Mitochondrien-Membran transportiert. Dazu wird die Acylgruppe auf die Hydroxylgruppe des Carnitins übertragen:

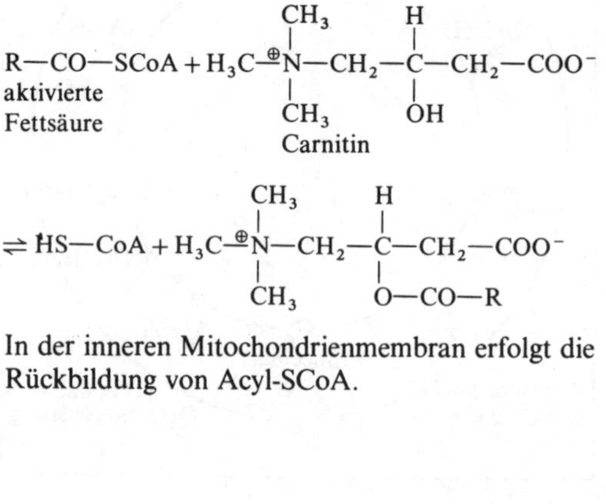

aktivierte Fettsäure
Carnitin

In der inneren Mitochondrienmembran erfolgt die Rückbildung von Acyl-SCoA.

147.2 Die Oxidationsstufe des β-C-Atoms ändert sich von −II auf II. Allgemeine Reaktionsgleichung für einen Durchgang im Fettsäureabbau-Cyclus:

$$CH_3\text{-}(CH_2)_n\text{-}CO\text{—}SCoA + FAD + NAD^+ + H_2O + CoASH \rightarrow CH_3\text{-}(CH_2)_{n-2}CO\text{—}SCoA + FADH_2 + NADH + H^+(aq) + CH_3\text{—}CO\text{—}SCoA$$

147.3 Wirkungsgrad der Fettsäureoxidation: Setzt man für 1 ATP etwa 30,5 kJ/mol ein, so ergibt sich ein Gewinn von 129 · 30,5 kJ/mol = 3935 kJ/mol. Die im Verbrennungskalorimeter gemessene Verbrennungsenthalpie der Palmitinsäure beträgt: $\Delta H_c^0 = -9790{,}6$ kJ/mol. Damit erhält man für den Wirkungsgrad: 3935/9790,6 ≈ 40 %. Dies ist die gleiche Größenordnung wie bei der Glykolyse, dem Citrat-Cyclus und der oxidativen Phosphorylierung. Gesamtgleichung des Palmitinsäureabbaus:

$$C_{15}H_{31}CO\text{—}SCoA + 7FAD + 7NAD^+ + 7\,CoASH + 7\,H_2O \rightarrow 8\,CH_3\text{—}CO\text{—}SCoA + 7\,FADH_2 + 7\,NADH + 7\,H^+(aq)$$

19.6 Vitamine

Die Vitamine sind strukturell so unterschiedlich, daß hier neben einigen allgemeinen Hinweisen nur auf das Vitamin A und C näher eingegangen wird. Beide Vitamine sind vom Alltag her besonders bekannt.

Kommentare und Lösungen

148.1 —

148.2 Das Redoxpotential des Systems beträgt $E^{0'} = 0{,}58$ V. Ascorbinsäure besitzt am chiralen C-5-Atom L-Konfiguration. Die Säurekonstante der OH-Gruppe an C-3 ist größer als die an C-2: $pK_{S1} \approx 4{,}2$; $pK_{S2} = 11{,}57$. Ursache hierfür ist die Mesomeriestabilisierung des Säureanions.

149.1 Die Bindung des Retinals an Opsin erfolgt über ein Imin (*Schiff*'sche Base, s. Lehrbuch 103.3):

$$\underset{\text{Retinal}}{C_{19}H_{29}\text{—}CH{=}O} + H_2N\text{-}(CH_2)_4\text{-}Opsin \xrightarrow{(H^+(aq))} \underset{\text{Rhodopsin}}{C_{19}H_{29}\text{—}CH{=}N\text{-}(CH_2)_4\text{-}Opsin} + H_2O$$

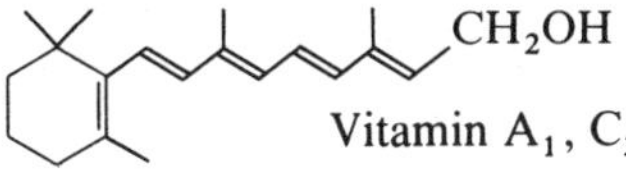

Vitamin A_1, $C_{20}H_{30}O$, (Retinol):

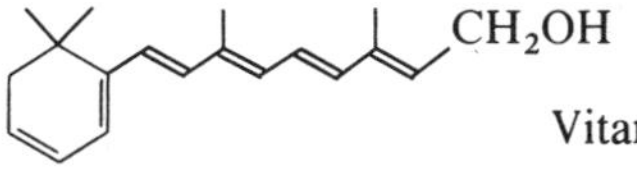

Vitamin A_2, $C_{20}H_{28}O$

149.2
Schema zur Regenerierung des 11-cis-Retinals

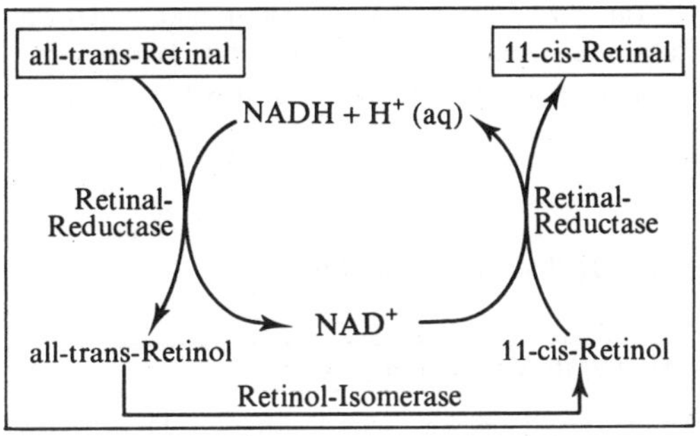
all-trans-Retinal
11-cis-Retinal
NADH + H⁺ (aq)
Retinal-
Reductase
Retinal-
Reductase
NAD⁺
all-trans-Retinol
11-cis-Retinol
Retinol-Isomerase

V 149.1

a) Ein Mol I_2 oxidiert ein Mol Ascorbinsäure; $c(I_2) = 0{,}05$ mol/l (≙ 0,1 N Iodlösung). Molare Masse von Vitamin C: M = 176,1 g/mol. 17,6 g Vitamin C in 500 ml Lösung ergibt eine Konzentration von $c = 0{,}02$ mol/l. 20 ml dieser Lösung verbrauchen 8 ml Iodlösung der Konzentration $c = 0{,}05$ mol/l.

b) Dichlorindophenol ist als Natriumsalz im Handel: $C_{12}H_6Cl_2NNaO_2 \cdot 2\,H_2O$, M = 326,11 g/mol

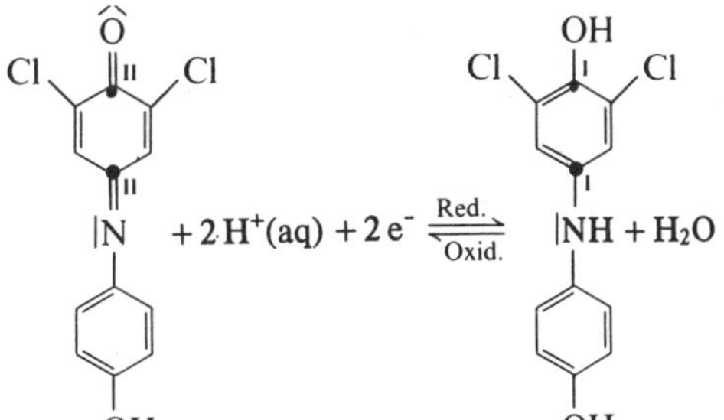
O
Cl
Cl
N
+2H⁺(aq) + 2e⁻
Red.
Oxid.
OH
Cl
Cl
NH + H₂O
OH
OH

blau farblos

Dichlorphenolindophenol

ROHSTOFFE, SYNTHESEPRODUKTE, UMWELT

20 Erdöl, Erdgas, Kohle

Voraussetzung für die Behandlung des Themas Erdöl, Erdgas, Kohle, sind die Kohlenwasserstoffe der Kapitel 7, 8 und 9. Aus der umfangreichen Literatur zu diesem Thema kann man nützliche Zahlenangaben, Fließschemas und Bildmaterial entnehmen. Eine kleine Literaturauswahl wird hierfür angegeben.

20.1 Destillation von Erdöl

Kommentare und Lösungen

150.1 Physikalische Grundlagen der Destillation siehe 4.5. Vor Eintritt in den Destillationsturm muß das Erdöl meist noch von Salzwasser befreit werden. Ein Destillationsturm enthält etwa 50 Fraktionierböden. Um die Wärme der abfließenden Produkte möglichst weitgehend auf das eintretende Rohöl zu übertragen und dadurch den Heizölverbrauch im Destillationsofen niedrig zu halten, sind Destillationsanlagen mit einem System von Wärmeaustauschern versehen.

150.2 —

150.3 Schwefel ist im Rohöl in Form von Schwefelwasserstoff und organischen Schwefelverbindungen enthalten.

$R{-}SH + H_2 \longrightarrow RH + H_2S$

Mercaptane

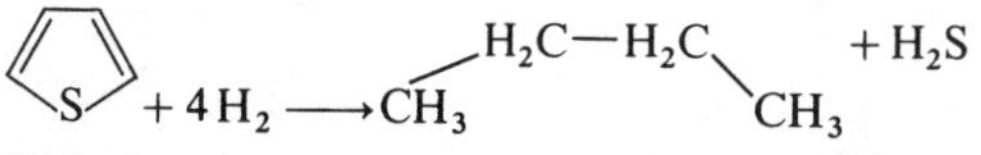

S
+ 4 H₂
H₂C—H₂C
CH₃
CH₃
+ H₂S

Thiophen

Der in der Claus-Anlage anfallende Schwefel wird zur Herstellung von Schwefelsäure verwendet.

20.2 Thermisches und katalytisches Cracken

Kommentare und Lösungen

151.1 —

151.2 C—C-Bindungen brechen zuerst auf, da sie weniger fest sind als C—H-Bindungen. Die Höhe der Spalttemperatur und die Dauer der Verweilzeit im Crackofen richten sich nach der Art des eingesetzten Produkts und dem Verarbeitungsziel. Je langsamer man aufheizt und je länger die hohe Spalttemperatur einwirkt, um so mehr entsteht fester Kohlenstoff.

Produkte des thermischen Crackens von Naphtha

Produkte	Massenanteil in %
Methan	13,8
Wasserstoff	1,0
Acetylen	0,3
Ethen	24,2
Ethan	4,6
Propen	17,0
Propan	1,2
C_4-Fraktion	10,7
C_5- und höhere Kohlenwasserstoffe	22,6 (60 % Aromaten)
Rückstand	4,6

V 151.1 Es gibt perlförmige und pulverförmige Crackkatalysatoren. Es ist zu beachten, daß das Paraffinöl bei starkem Erhitzen mit dem Brenner auch ohne Katalysator gecrackt wird. Abbildungen industrieller Crackanlagen siehe Literatur. Zusammensetzung eines typischen Crackkatalysators (Mobil Oil): SiO_2 73 %, Al_2O_3 23,5 %, Na_2O 0,25 %, Re_2O_3 2,15 % (Seltene Erden), SO_4^{2-} 1,1 %.

20.3 Benzin

Kommentare und Lösungen

152.1 „Platforming" ist eine Abkürzung für „Platinum-Reforming" und bedeutet Molekülumwandlung über Platin. Durch das katalytische Reformieren wird die Qualität des Benzins verbessert. Das Verfahren dient außerdem zur Gewinnung aromatischer Kohlenwasserstoffe (siehe 20.4.). Der beim Platforming anfallende Wasserstoff wird Entschwefelungsanlagen zugeführt. Das Reformieren erfordert schwefelfreie Ausgangsstoffe, da die Platinkatalysatoren durch Schwefelverbindungen vergiftet werden.

152.2 Unter der Alkylierung eines Alkans mit einem Alken versteht man die Addition des Alkans an die C=C-Doppelbindung des Alkens. Mechanismus der Alkylierung von Isobutan mit Propen:

a) Protolyse

$$CH_3-CH=CH_2 \xrightarrow[HSO_4^-]{H_2SO_4} CH_3-\overset{\oplus}{C}H-CH_3$$

b) Hydridübertragung

$$CH_3-\overset{\oplus}{C}H-CH_3 + CH_3-\underset{CH_3}{\overset{CH_3}{|}}{C}-H \longrightarrow$$

$$CH_3-\overset{\oplus}{\underset{CH_3}{\overset{CH_3}{|}}}C + \underset{H_3C}{\overset{H_3C}{\searrow}}CH-\overset{\oplus}{C}H_2$$

$$+ CH_3-CH_2-CH_3$$

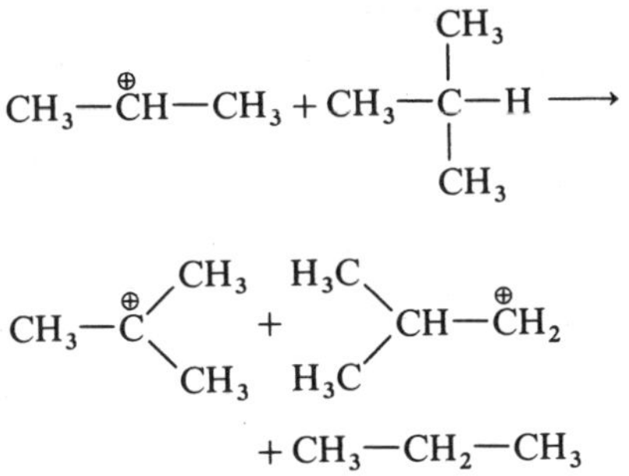

c) Elektrophile Addition

$$CH_2=CH-CH_3 + \underset{CH_3}{\overset{H_3C}{\searrow}}\overset{\oplus}{C}\overset{CH_3}{\swarrow} \xrightarrow{①}\xrightarrow{②}$$

① $CH_3-\underset{CH_3}{\overset{CH_3}{|}}C-CH_2-\overset{\oplus}{C}H-CH_3$

② $CH_3-\underset{CH_3}{\overset{CH_3}{|}}C-\underset{CH_3}{\overset{|}{C}H}-\overset{\oplus}{C}H_2$

$$\underset{H_3C}{\overset{H_3C}{\searrow}}CH-\overset{\oplus}{C}H_2 + CH_2=CH-CH_3 \xrightarrow{③}$$

③ $\underset{H_3C}{\overset{H_3C}{\searrow}}CH-CH_2-CH_2-\overset{\oplus}{C}H-CH_3$

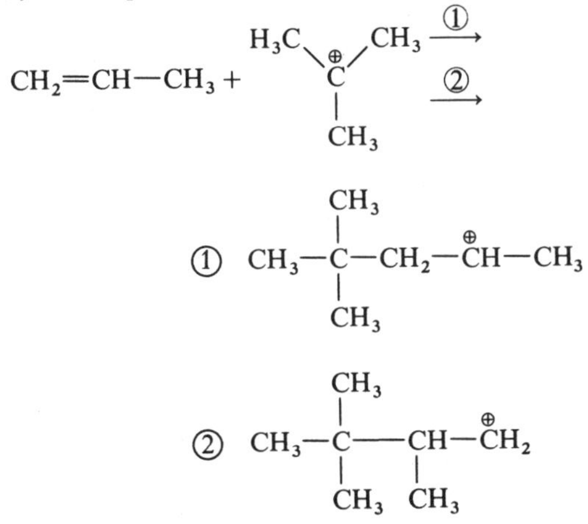

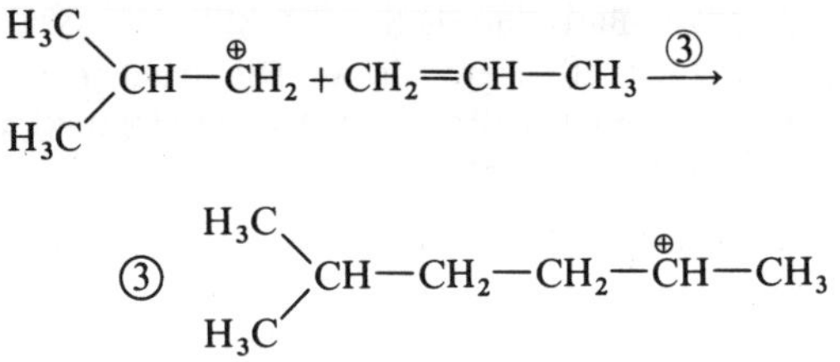

d) Hydridübertragung

① $+ CH_3-\underset{CH_3}{\overset{CH_3}{|}}C-H \longrightarrow$

$CH_3-\underset{CH_3}{\overset{CH_3}{|}}C-CH_2-CH_2-CH_3 + \underset{CH_3}{\overset{H_3C}{\searrow}}\overset{\oplus}{C}\overset{CH_3}{\swarrow}$
60–80%

② $+ CH_3-\underset{CH_3}{\overset{CH_3}{|}}C-H \longrightarrow$

$CH_3-\underset{CH_3}{\overset{CH_3}{|}}C-\underset{CH_3}{\overset{|}{C}H}-CH_3 + \underset{CH_3}{\overset{H_3C}{\searrow}}\overset{\oplus}{C}\overset{CH_3}{\swarrow}$
7–11%

③ $+ CH_3-\underset{CH_3}{\overset{CH_3}{|}}C-H \longrightarrow$

$\underset{H_3C}{\overset{H_3C}{\searrow}}CH-CH_2-CH_2-CH_2-CH_3 + \underset{CH_3}{\overset{H_3C}{\searrow}}\overset{\oplus}{C}\overset{CH_3}{\swarrow}$
10–30%

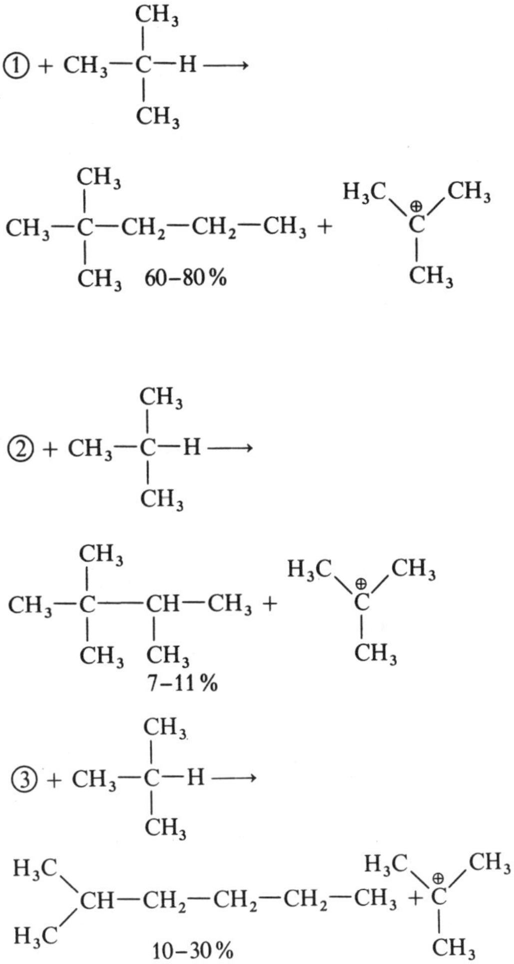

Damit die Hydridübertragung gegenüber einer Polymerisierung bevorzugt ist, muß ein großer Überschuß an Isobutan verwendet werden. Technische Bedeutung für die Benzingewinnung hat auch die Alkylierung von Isobutan mit Isobuten.

152.3 *Tert*-Butylmethylether (TBME), $\vartheta_b = 55\,°C$, bildet keine Etherperoxide wie Diethylether und wird als Lösungsmittel sowie als Antiklopfmittel im Benzin verwendet.

152.4 Mechanismus der Dimerisierung von Isobuten:

a) Protonierung

$$CH_2=C(CH_3)_2 \; \xrightleftharpoons[HSO_4^-]{H_2SO_4} \; CH_3-\overset{\oplus}{C}(CH_3)_2$$

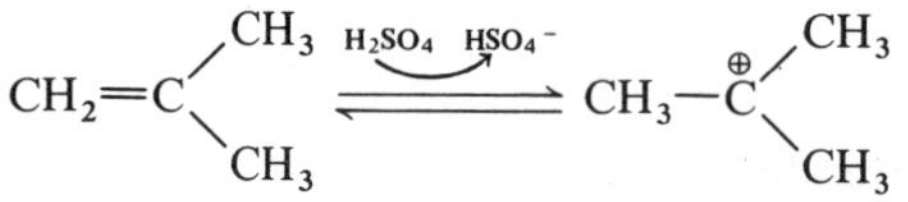

b) Elektrophile Addition

$$CH_3-\overset{\oplus}{C}(CH_3)_2 + CH_2=C(CH_3)_2 \rightleftharpoons CH_3-C(CH_3)_2-CH_2-\overset{\oplus}{C}(CH_3)_2$$

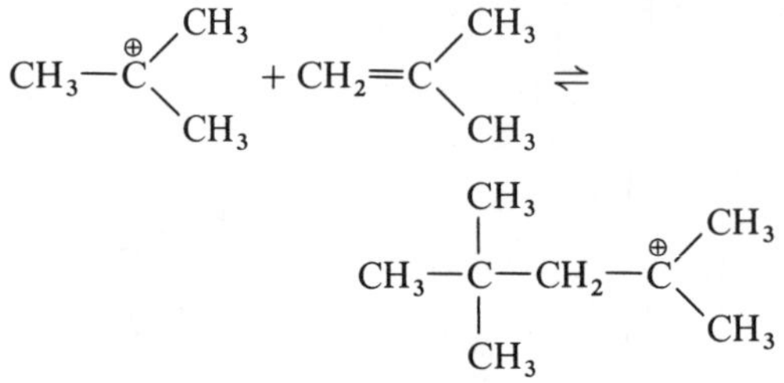

c) Eliminierung eines Protons

$$CH_3-C(CH_3)_2-CH_2-\overset{\oplus}{C}(CH_3)_2 \; \xrightleftharpoons[H_2SO_4]{HSO_4^-} \;$$

$$CH_3-C(CH_3)_2-CH=C(CH_3)_2 \quad +$$

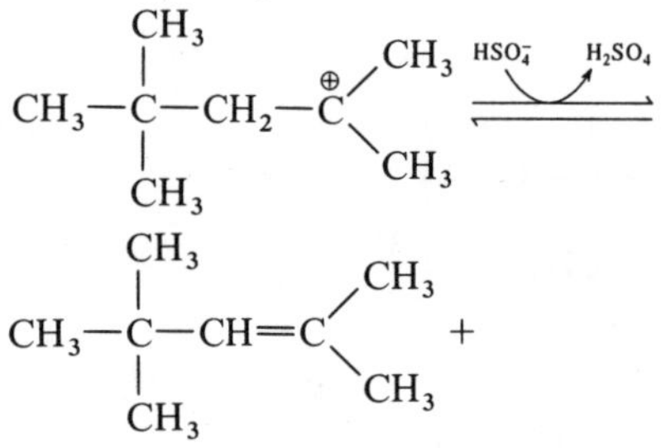

2,4,4-Trimethylpent-2-en

$$CH_3-C(CH_3)_2-CH_2-C(CH_3)=CH_2$$

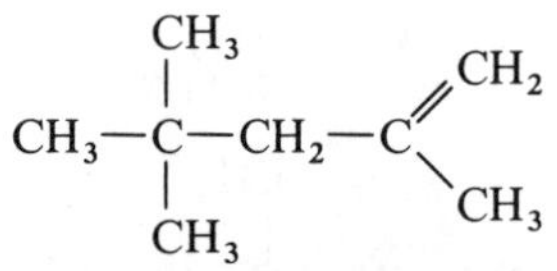

2,4,4-Trimethylpent-1-en

Für die Reaktion ist die richtige Schwefelsäurekonzentration wichtig. Ist die Säure zu verdünnt, erfolgt eine Addition von Wasser zu tert.-Butanol. Verwendet man zu konzentrierte Säure, so bilden sich höhermolekulare Produkte.

152.5 Die Vorsilbe „Iso" ist beschränkt auf
$(CH_3)_2CH-(CH_2)_{\overline{n}}-H$ mit $n = 1-3$.

20.4 Petrochemische Grundstoffe

Die Herstellung von Primärchemikalien erfolgt zum Teil in der chemischen Industrie, zum Teil auch in Raffinerien, also in der Mineralölindustrie. Methan nimmt eine gewisse Sonderstellung ein, da es als Primärchemikalie direkt zu den Endprodukten verarbeitet wird, aber auch als Rohstoff zur Gewinnung von Synthesegas dient.

Kommentare und Lösungen

153.1 Reaktionsgleichungen zur Herstellung von Synthesegas:

a) Steam-Reforming

$CH_4 + H_2O \rightarrow CO + 3\,H_2$ oder

$-(CH_2)_n + n\,H_2O \rightarrow n\,CO + 2n\,H_2$

b) Partielle Oxidation von Kohlenwasserstoffen:

$2-(CH_2)_n + n\,O_2 + n\,H_2O \rightarrow n\,CO + 3n\,H_2 + n\,CO_2$

153.2/153.3 —

Acetylen-Stammbaum

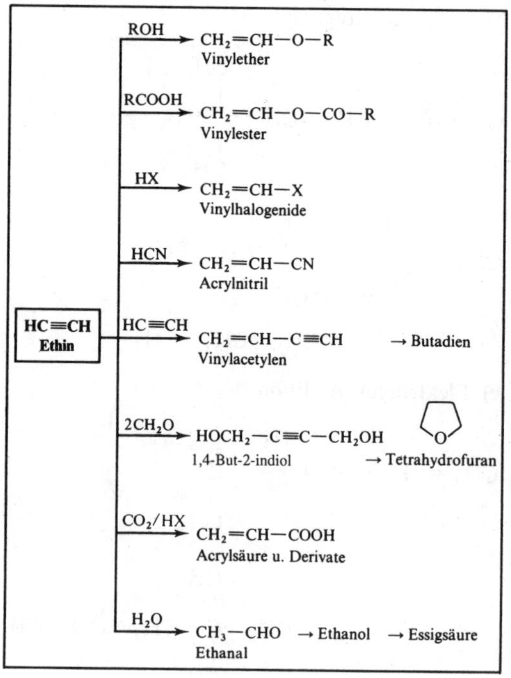

C_4-Kohlenwasserstoffe
Bei der Ethen/Propen-Erzeugung fallen als Nebenprodukte C_4-Kohlenwasserstoffe an, die als Primärchemikalien ebenfalls große Bedeutung haben.

Verbindung	Massenanteil
Butan	3%
Isobutan	10%
But-1-en	15%
Isobuten	28%
cis-But-2-en	5%
trans-But-2-en	6%
Butadien	42%

Zusammensetzung der C_4-Fraktion. Pro Tonne Naphtha fallen 100 kg C_4-Kohlenwasserstoffe an.

20.5 Chemische Grundstoffe aus Kohle

Kommentare und Lösungen

154.1 Die Verkokung von Kohle bezeichnet man auch als *Entgasung*. Während bei der Entgasung Koks zurückbleibt, strebt man bei der *Kohlevergasung* die vollständige Umwandlung des festen Brennstoffs in Gas an.

Calciumcarbid-Herstellung:

$$CaO + 3\,C \rightarrow CaC_2 + CO;\quad \Delta_R H^0_m = 466\ kJ \cdot mol^{-1}$$

$$CaO_2 + 2H_2O \rightarrow Ca(OH)_2 + C_2H_2;\quad \Delta_R H^0_m = -129{,}7\ kJ \cdot mol^{-1}$$

$$CaC_2 + N_2 \xrightarrow{1100\,°C} CaCN_2 + C;\quad \Delta_R H^0_m = -291\ kJ \cdot mol^{-1}$$

Calciumcyanamid, $CaCN_2$ (Kalkstickstoff), ist ein wichtiges Düngemittel. Es bildet im Boden mit Wasser und Bakterien Ammoniak:

$$CaCN_2 + 3\,H_2O \rightarrow CaCO_3 + 2\,NH_3$$

Die Herstellung von Acetylen über Calciumcarbid wird durch die Produktion von Kalkstickstoff wirtschaftlicher.

154.2 Die Kohlenmonoxid-Hydrierung nach *Fischer-Tropsch* wurde 1923 bis 1925 entwickelt, 1932 erstmals großtechnisch erprobt und 1935 industriell eingeführt. Die ursprünglich teuren Kobaltkatalysatoren konnten im Laufe der Weiterentwicklung des Verfahrens durch billigere Eisenkatalysatoren ersetzt werden. Das *Fischer-Tropsch*-Verfahren ist sehr kapitalintensiv und nur bei billiger Einsatzkohle durchführbar. Aussichtsreich scheint das Verfahren von Mobil Oil, bei dem Synthesegas zuerst in Methanol überführt wird, das mit Zeolith-Katalysatoren unter Dehydratisierung zu Kohlenwasserstoffen mit hohem Aromatenanteil umgesetzt wird.

154.3 Kohle bietet als Chemierohstoff aus chemischer Sicht nahezu die gleichen Möglichkeiten wie Erdöl. Trotz Weiterentwicklung der Kohleverarbeitungstechnologien ist das Veredelungspotential der Kohle jedoch geringer, als das des Erdöls.

Fraktionen des Steinkohlenteers.

Fraktion	Temperatur in °C	Bestandteile
Leichtöl 1%–2%	80–170	Benzol, Toluol, Xylole, Trimethylbenzole, Styrol Cyclopentadien, Inden, Hydrinden, Pyridin, Anilin, Thiophen
Mittelöl 10%–12%	170–230	Naphthalin, Phenol, Kresole, Xylenole, Toluidine, Chinolin Isochinolin
Schweröl 8%–10%	230–270	Acenaphthen, Fluoren, Dibenzofuran, Indol, Alkylnaphthaline (Naphthalin, Phenol und deren Homologe, Basen der Indol-, Chinolin- und Isochinolin-Reihe)
Anthracenöl 18%–25%	270–350	Anthracen, Phenanthren, Fluoren, Carbazol, Acridin, Phenanthridin
Teerpech 55%		Pyren, Chrysen, Fluoranthren, Homologe des Carbazols, höhermolekulare, rußartige Verbindungen, mehrkernige Aromaten

154.4 Umrechnung des Massenanteils in Teilchenzahlen. Beispiel Anthrazit:

$$n(C) = \frac{m}{M} = \frac{92\,g}{12\,g \cdot mol^{-1}} = 7{,}6\ mol$$

7,6 mol Kohlenstoff entsprechen der Teilchenanzahl N:

$N = n \cdot N_A = 7{,}6 \cdot N_A$.

Für Wasserstoff erhält man durch analoge Rechnung: $N = 3{,}8 \cdot N_A$ H-Atome.
Auf 7,6 C-Atome kommen also 3,8 H-Atome, auf 100 C-Atome somit $\frac{7{,}6}{3{,}8} \cdot 100 = 50$ H-Atome.

20.6 Ethen als Basis großtechnischer Synthesen

In diesem Abschnitt wird auf das Ethen als Primärchemikalie näher eingegangen und von den vielen Synthesewegen exemplarisch die Umsetzung zu Ethanal behandelt.

Kommentare und Lösungen

155.1 —

155.2 —

LV 155.1 Die Addition der einzelnen Schritte der Direktoxidation des Ethens zu Ethanal ergibt:

$$C_2H_4 + \frac{1}{2}O_2 \longrightarrow CH_3CHO$$

Der Luftsauerstoff ist jedoch nicht, wie die Gleichung vortäuscht, an der Oxidation des Ethens beteiligt. Der Sauerstoff im Ethanal stammt vielmehr aus dem in wässriger Lösung gebildeten Palladium-Katalysator-Komplex.

21 Kunststoffe und Textilfasern

In diesem Kapitel wird die Synthese von Kunststoffen durch Polykondensation, Polymerisation und Polyaddition beschrieben. Außerdem wird die Energetik und die Kinetik von Polyreaktionen, die Abhängigkeit der Eigenschaften von Polymeren von ihrer Struktur und die Verarbeitung von Rohkunststoffen behandelt.

21.1 Polykondensation

Kommentare und Lösungen

156.1 —

156.2 Die Molekülmasse von Makromolekülen kann durch Messung des osmotischen Drucks, durch Bestimmung der Sedimentationsgeschwindigkeit in der Ultrazentrifuge und durch Viskositätsmessungen ermittelt werden. Zur Bestimmung der Molekülmassen-Verteilung müssen die Makromoleküle zunächst getrennt werden. Dies ist schwierig, weil sich die Moleküle nur in ihrer Größe, nicht aber chemisch unterscheiden. Eine wichtige Trennmethode ist die Gelchromatographie. (Vergleiche Kap. 4.6.3. und Kommentar zu Abb. 39.1).

156.3 —

156.4 —

157.1 In saurer Lösung wird der Formaldehyd durch Protonierung elektrophiler:

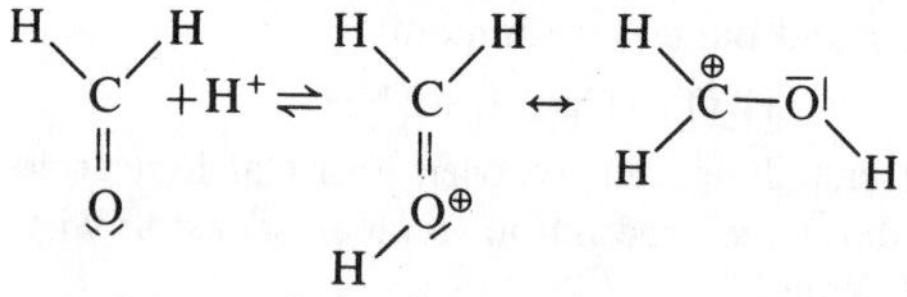

In basischer Lösung reagiert Phenol zu Phenolat. Phenolat wird leichter elektrophil substituiert als Phenol (vergleiche A 83.6).

V 157.1

a) Es entsteht eine braune Schmelze.

b) Die Reaktion ist eine Grenzflächenkondensation der jedoch keine technische Bedeutung zukommt. Da hier das sehr reaktionsfähige Alkandisäuredichlorid eingesetzt wird, läuft die Reaktion an der

Grenzschicht der beiden flüssigen Phasen spontan ab. Der freiwerdende Chlorwasserstoff reagiert zu Salzsäure und wird durch die Carbonationen neutralisiert.

LV 157.2 Die Reaktionen sind stark exotherm und verlaufen manchmal sehr heftig.

Bei **a)** entsteht ein rötlich weißer Duroplast, bei **b)** entsteht ein weißer Duroplast.

Melaminharze. Durch Polykondensation von Formaldehyd mit Melamin werden ebenfalls Aminoplasten hergestellt (Beispiel: Resopalplatten).

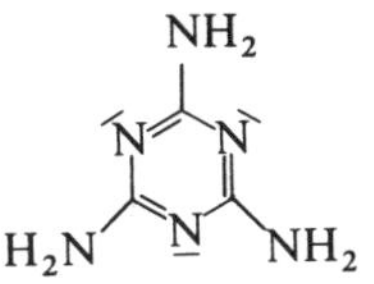

Melamin

21.2 Polymerisation

Zur Polymerisation von Formaldehyd vergleiche Kap. 12.7.

Kommentare und Lösungen

158.1 Der Polymerisationsgrad hängt von der O_2-Konzentration ab. Mit steigender Konzentration nimmt die Zahl der Startradikale zu und die Kettenlänge sinkt.

158.2 Es ist sinnvoll, zwischen der Bildung der Startradikale (siehe Abb. 158.1 und Abb. 158.3) und der eigentlichen Startreaktion, also der Anlagerung des Radikals an das Monomere zu unterscheiden.

158.3 Die leichte thermische Spaltung von Dibenzoylperoxid beruht auf der geringen Bindungsenthalpie der O—O-Bindung und auf der Mesomeriestabilisierung des gebildeten Radikals. Bei Azoverbindungen entsteht als sehr stabiles Produkt gasförmiger Stickstoff.

158.4 —

V 158.1 Es bildet sich ein farbloser, harter Thermoplast. Zur Herstellung von Styropor vgl. Ergänzungen.

159.1 —

LV 159.1 Bei der Polymerisation entsteht eine braune Schmelze. Wenn zuviel Natrium eingesetzt wird, bildet sich eine mehr oder weniger viskose Flüssigkeit. In diesem Fall werden durch eine zu hohe Konzentration der Caprolactan-Anionen zu viele Polymerketten gestartet, so daß der mittlere Polymerisationsgrad niedrig ist.

Ergänzung

Polymerisation von Ethen. In einen 250 ml-Dreihalskolben gibt man 150 ml Petrolether (T) und spült zur Verdrängung der Luft kurz mit Ethen (F^+) durch. Dann fügt man 10 ml Butyllithium (C, F) und 1 ml Titantetrachlorid (C) zu. Es entsteht eine schwarze Suspension. Nach etwa 30 Minuten, wenn eine schwer zu rührende Masse entstanden ist, wird die Ethenzufuhr eingestellt. Die Polymerisation ist exotherm, so daß die Mischung während der Reaktion schwach siedet. Der Katalysator wird durch Zutropfen von 30 ml Butanol (Xn) vernichtet. Danach wird das Polymerisat in einer Nutsche abgesaugt und zunächst mit einer Mischung gleicher Volumina konzentrierter Salzsäure (C) und Ethanol (F) und dann mit Wasser gewaschen. Verwendet man an Stelle von Butyllithium als Katalysator Diisobutyl-aluminiumhydrid (DIBAH), so erhält man ein farbloses Polymerisat.

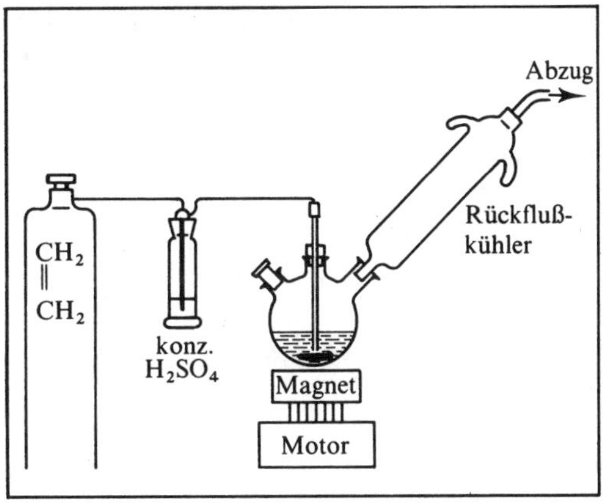

Technische Herstellung von Styropor. Durch Polymerisation von Styrol in Gegenwart von Pentan stellt man perlförmiges Polystyrol her, das Pentan enthält (Massenanteil 6 bis 16 %). Beim Verarbeiten erwärmt man in einer geschlossenen Form. Das Pentan wird gasförmig und bläht den erweichten Thermoplast auf. Dabei verschmelzen die Einzelperlen und die Gesamtmasse paßt sich der vorgegebenen Form an.

Mechanismus der Koordinationspolymerisation. Obwohl sich in den letzten 25 Jahren zahlreiche Veröffentlichungen mit dem Verlauf von Koordinationspolymerisation befassen, ist der Mechanismus dieser Reaktion nicht eindeutig geklärt. Das Grundkonzept, die Koordination des Monomeren und der Polymerkette an einen Titan-Aluminium-Komplex mit einer Einschiebung des Monomeren zwischen das Titanatom und die Polymerkette (Insertionsmechanismus) erscheint jedoch gesichert.
Für lösliche Katalysatoren haben *G. Henrici-Olive* und *S. Olive* einen Mechanismus entwickelt. Durch Reaktion von Dicyclopentadienyl-titandichlorid mit Ethylaluminiumdichlorid in Toluol erhielten sie u.a. einen katalytisch wirksamen Komplex in dem das Titan oktaedrisch koordiniert ist:

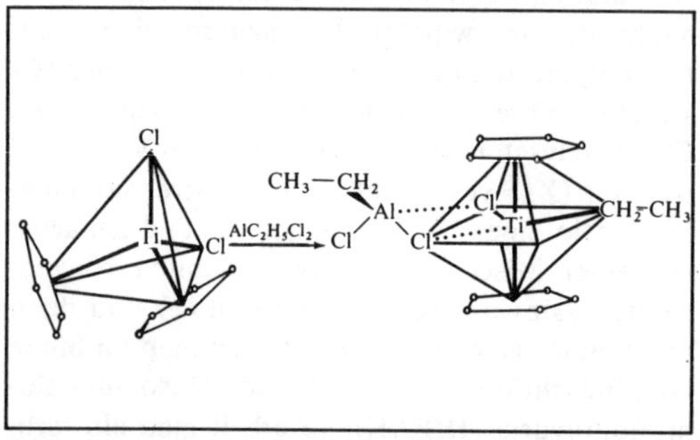

Bei der Polymerisation wandert das an das Titan gebundene Ende der Polymerkette als Radikal an das in *cis*-Stellung angelagerte monomere Ethen. Anschließend wird an der von der Polymerkette verlassenen Koordinationsstelle ein neues Monomeres angelagert:

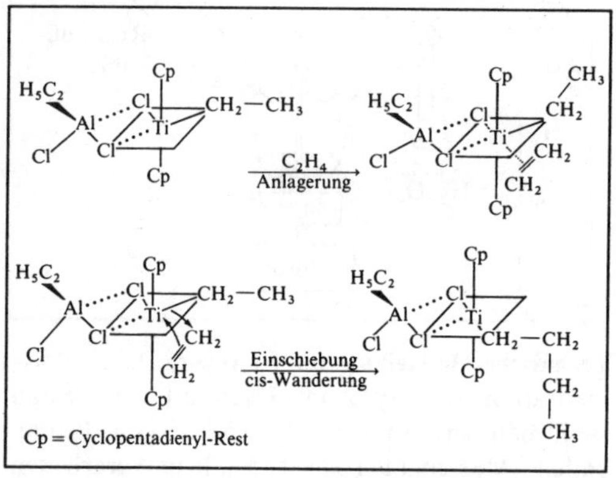

Die in der Industrie durchgeführten Reaktionen sind heterogen. Es wird vermutet, daß die Reaktionen mit festem Katalysator ähnlich verläuft wie oben beschrieben wurde. Dabei wird darauf hingewiesen, daß Titan(III)-Verbindungen besonders gute katalytische Eigenschaften haben. Im $TiCl_3$-Gitter besetzen aber die Titanatome oktaedrische Gitterplätze, so daß an den Bruchflächen der Kristalle die Bildung katalytisch aktiver Titan-Aluminium-Komplexe mit oktaedrischer Anordnung der Liganden und freien Koordinationsstellen denkbar ist.

21.3 Polyaddition

Kommentare und Lösungen

160.1 Der Alkohol wird nucleophil an das Isocyanat addiert. Die dabei gebildete Zwischenstufe lagert sich durch Übergang des Protons vom Sauerstoffatom der Alkoholkomponente auf das Stickstoffatom zum Urethan um.

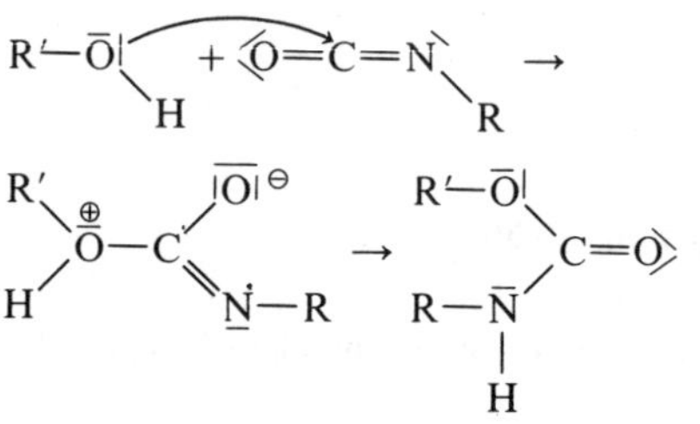

160.2 —

160.3 —

V 160.1 —

LV 160.2 Man erhitzt die Probe in einem waagerecht eingespanntes Reagenzglas. Flüssige und gasförmige Produkte werden über ein Winkelrohr in ein Reagenzglas mit Ansatzrohr geleitet und dort identifiziert.

Untersuchungsmerkmale von Kunststoffen

Kunststoff	Brennbarkeit	Rußbildung	Flammenfärbung	Geruch	Abbauprodukte	
					Gase	Reaktion mit Bromwasser
Polyethylen	brennbar schmilzt	nicht rußend	leuchtend gelb mit blauem Kern	schwach nach Paraffin	CO_2	keine
Polyvinyl-chlorid	schlecht brennbar nicht tropfend	rußend	gelb, leuchtend	stechend (HCl)	CO_2, HCl	keine
Styropor	brennbar, schrumpft zusammen, schmilzt	stark rußend	leuchtend	nach Leucht-gas, Styrol	CO_2	Entfärbung
Plexiglas	brennbar, knisternde Flamme	nicht rußend	leuchtend	süßlich	CO_2	Entfärbung
Schaumgummi	brennbar, schrumpft zusammen, tropft	nicht rußend	leuchtend	nach Leucht-gas	CO_2, NH_3	keine
Gummi	brennbar	stark rußend	leuchtend	Gummi	CO_2	Entfärbung
Polyamid	schlecht brennbar schmilzt	nicht rußend	bläulich gelb, fahl	nach verbrann-tem Horn	CO_2, NH_3	keine
Bakelit	schlecht brennbar, verkohlt	kaum rußend	hell, je nach Füllstoff	Phenol	CO_2	keine
Aminoplast	schlecht brennbar, verkohlt	kaum rußend	fahl, je nach Füllstoff	fischartig	CO_2, NH_5	keine
Siliconschlauch	brennbar, weißer Rauch und weißer Rückstand (SiO_2)	nicht rußend	leuchtend	geruchlos	CO_2	keine

Ergänzung

Epoxidharze. Durch Reaktion von *Epichlorhydrin* mit Diphenolen entstehen duroplastische Kunststoffe, die als Epoxidharze bezeichnet werden. Die Reaktion verläuft in alkalischer Lösung; als Diphenol wird meist *2,2-Bis(p-hydroxyphenyl)-propan* (Dian) eingesetzt. Primär erfolgt eine Addition des Phenols an die Epoxidgruppe. Unter Abspaltung eines Chlorid-Ions entsteht aus dem Addukt ein neues Epoxid, das mit Diphenol in entsprechender Weise weiterreagiert.

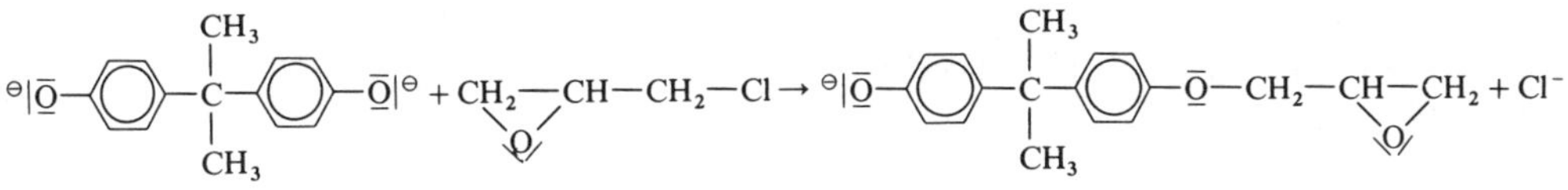

Technisch werden zunächst Vorpolymere mit endständigen Epoxidringen hergestellt. Diese Vorpolymere können durch Reaktion mit Diaminen verlängert werden, mit Triaminen erhält man eine Vernetzung. Epoxidharze haben große Bedeutung als Klebstoffe für Metalle, Holz und Keramik (z. B. UHU-plus). Außerdem sind sie wesentliche Komponenten von Einbrennlacken.

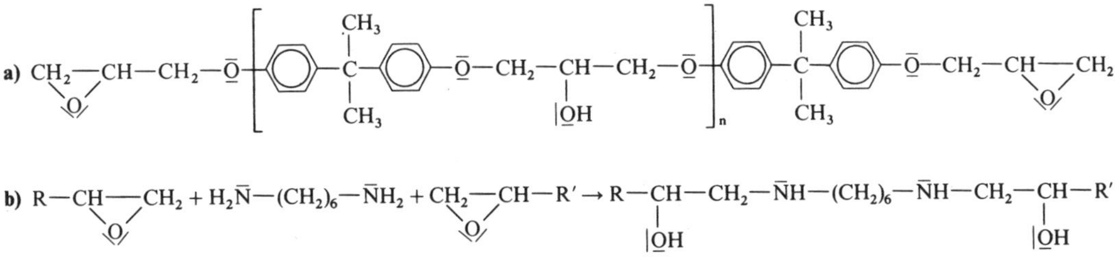

Synthese von Epoxidharzen. **a)** Vorpolymer, n = 5 bis 12, **b)** Verlängerung von Vorpolymeren mit einem Diamin.

21.4 Silicone

Zur Chemie des Siliciums siehe auch Kap. 2.8.

Kommentare und Lösungen

161.1 —

161.2 —

161.3 —

21.5 Struktur und Eigenschaften von Kunststoffen

Kommentare und Lösungen

162.1 Außer isotaktischen und ataktischen Polymeren gibt es noch syndiotaktische Polymere. In syndiotaktischen Makromolekülen haben asymmetrische C-Atome, die in der Polymerkette aufeinander folgen, jeweils die entgegengesetzte Konfiguration.

162.2 —

162.3 Vergleiche auch Kap. 18.2 und Abb. 140.4.

V 162.1

a) Es entsteht ein weicher PVC-Film.

b) Die Weichmachermoleküle werden durch das Methanol wieder herausgelöst, der PVC-Film wird hart. An Stelle des nach a) hergestellten Materials kann auch eine weiche PVC-Folie (z. B. Tischdecke) verwendet werden.

21.6 Verarbeitung von Kunststoffen

Kommentare und Lösungen

163.1 —

163.2 Zur Herstellung halbsynthetischer Textilfasern aus Cellulose vergleiche S. 125.

163.3 —

Ergänzung

Vulkanisation. Die beim Erhitzen von Kautschuk mit Schwefel ablaufenden Reaktionen sind nicht völlig geklärt. Hydrierter Kautschuk läßt sich nicht vulkanisieren, die C=C-Doppelbindungen sind daher wesentlich für die Reaktion. Im Verlauf der Vulkanisation nimmt die Anzahl der Doppelbindungen ab, es erfolgt jedoch nicht einfach eine Addition an die C=C-Doppelbindung, da mehr Schwefelatome eingebaut werden, als Doppelbindungen vorhanden sind. Erst bei einem Massenanteil von 32 % gebundenem Schwefel lassen sich keine Doppelbindungen mehr nachweisen. Im Vulkanisat ist außerdem nur ein Teil des Schwefels gebunden, der Rest liegt als freier Schwefel vor.

Der Angriff des Schwefels erfolgt vermutlich auf die allylische C—H-Bindung und auf die C=C-Doppelbindung unter Bildung einer Kettenvernetzung:

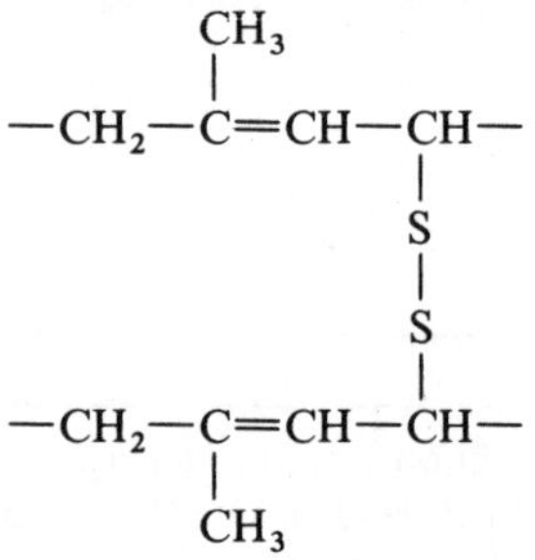

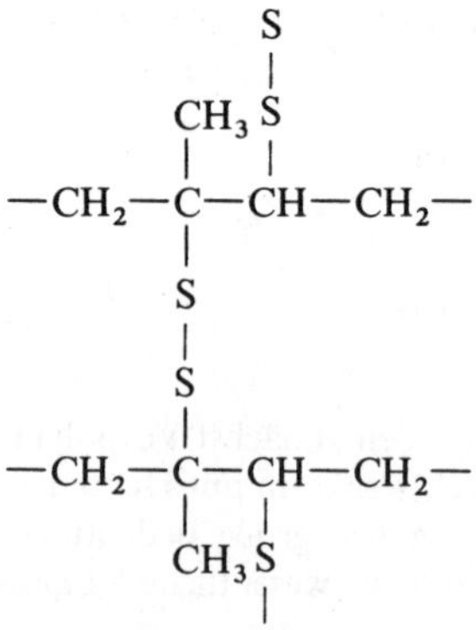

In der Praxis verwendet man neben Schwefel Vulkanisationsbeschleuniger sowie zusätzliche Katalysatoren (ZnO). Ein wichtiger Beschleuniger ist Mercaptobenzothiazol:

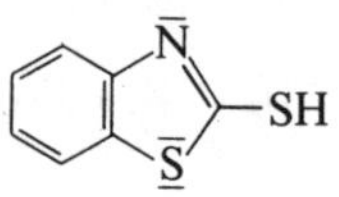

Materialien zur Herstellung von PKW-Reifen

Bestandteil	Massenanteil
Elastomer: Styrol-Butadien-Kautschuk Polybutadien	44 % 18,5 %
Füllstoff: Ruß	31 %
Vulkanisationsmittel: Schwefel	1,5 %
Vulkanisationsaktivator: Zinkoxid	3 %
Vulkanisationsbeschleuniger Alterungsschutzmittel Ermüdungsschutzmittel Verarbeitungshilfsmittel	2 %

22 Farbstoffe und Textilfärbung

Die Absorption elektromagnetischer Strahlung des sichtbaren Bereichs, auf der die Farbigkeit eines Stoffes beruht, wurde bereits in 6.1. im Zusammenhang mit der Absorptionsspektroskopie behandelt.

22.1 Struktur und Farbe

Kommentare und Lösungen

164.1 Das Schema zeigt die Verhältnisse für Ethen ($\lambda_{max} = 165$ nm), Butadien ($\lambda_{max} = 217$ nm) und Hexatrien ($\lambda_{max} = 258$ nm).

Energieschema des Grund- und angeregten Zustands von Systemen mit n konjugierten Doppelbindungen: Die Konjungation stabilisiert den angeregten Zustand stärker als den Grundzustand.

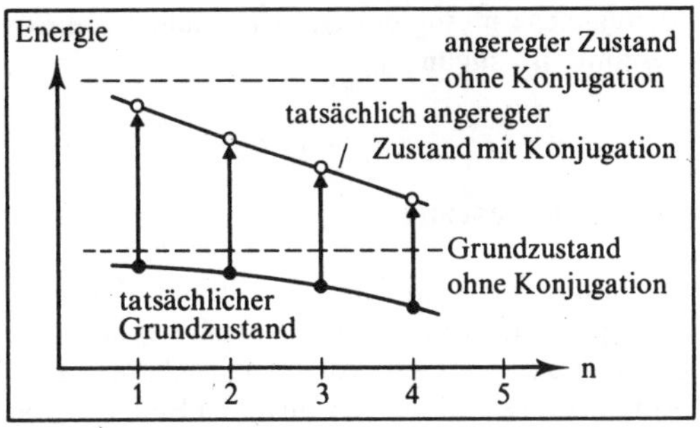

164.2

Zum Vergleich:

$\lambda_{max} = 204$ nm

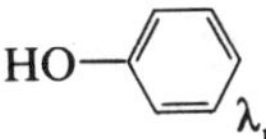
$\lambda_{max} = 211$ nm

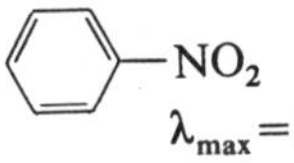
$\lambda_{max} = 270$ nm

Es ist zu beachten, daß das Absorptionsmaximum eines Stoffes nicht unbedingt im sichtbaren Bereich liegen muß, damit ein Stoff farbig ist. Farbigkeit entsteht schon, wenn die breite Absorptionsbande sich in den sichtbaren Bereich erstreckt.

Absorptionskurve einer Verbindung mit Absorptionsmaximum im UV-Bereich. Die Verbindung ist gelb, da blaues Licht absorbiert wird.

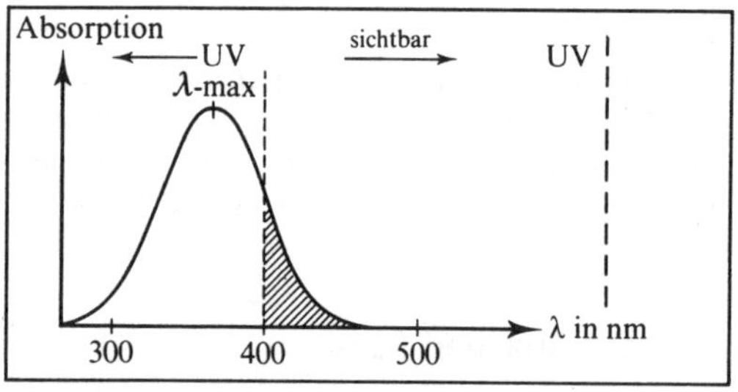

164.3 Die Delokalisation von π-Elektronen ist besonders groß, wenn wie bei den Polymethinen an den Enden des Systems ein Elektronenpaar-Akzeptor und ein Elektronenpaar-Donator vorhanden ist. Im Gegensatz zu den Polyenen lassen sich für die Polymethine zwei gleichwertige mesomere Grenzformeln angeben.

A 164.1 Der Farbstoff **a)** absorbiert längerwellig, da die mesomeren Grenzformeln gleichwertig sind. **b)** ungleiche mesomere Grenzformeln (Ladungstrennung ist ungünstig).

22.2 Lumineszenz

Im Gegensatz zur Farbigkeit von Stoffen, die durch Absorption elektromagnetischer Strahlung des sichtbaren Bereichs zustande kommt, entsteht die Farbe bei Lumineszenzerscheinungen durch Emission von Strahlung. Das Thema Lumineszenz kann auch am Ende des Kapitels 22 behandelt werden.

Kommentare und Lösungen

165.1 Das Termschema zeigt, daß der erste Triplettzustand T_1 energieärmer als der erste angeregte Singulettzustand S_1 ist. Der Grund hierfür ist, daß die interelektronische Abstoßung im Triplettzustand geringer ist. Dies entspricht der *Hundschen Regel,* die nicht nur für Atome sondern auch für Moleküle gilt und die besagt, daß bei der Besetzung zweier Orbitale mit zwei Elektronen die Konfiguration mit parallelem Spin stabiler ist als die mit antiparallelem Elektronenspin.
Beim Sauerstoffmolekül stellt der Triplettzustand den Grundzustand des Moleküls dar (s. 16.2.). Der Singulettzustand ist um 92 kJ/mol energiereicher.

165.2 Leuchtstäbe als Notleuchten, die ein Nebenprodukt der Weltraumforschung sind, können von der Firma Roth, Karlsruhe, bezogen werden.

165.3 Durch Erhitzen würden alle Ethenmoleküle angeregt, so daß nur Reaktionen zwischen angeregten Molekülen möglich wären.

V 165.1 Die grünliche Fluoreszenz ist bei Vorschalten von blauem und grünem Glas sichtbar, sie verschwindet bei gelbem oder rotem Glas. Die grüne Fluoreszenzstrahlung kann nur durch Licht gleicher oder größerer Frequenz angeregt werden.

LV 165.2 Nach der Zugabe des Wasserstoffperoxids beobachtet man zuerst eine rötliche und nach wenigen Sekunden eine bläuliche Lumineszenzerscheinung.

22.3 Synthese von Farbmitteln

Die in diesem Abschnitt ausgewählten Synthesen einiger Farbstoffe sind experimentell leicht durchführbar. An Hand der Synthesen können Reaktionsmechanismen besprochen werden.

Kommentare und Lösungen

166.1 Das Nitrosylkation No^+ liegt nur in sehr stark saurer Lösung vor.

166.2 Bei Alkyldiazonium-Ionen ($R—N_2^+$) ist keine derartige Mesomerie möglich, sie wird daher instabiler.

166.3 Die Kupplungsfähigkeit eines Diazonium-Ions nimmt mit steigendem pH-Wert ab, die eines Amins mit steigendem pH-Wert zu. Der Grund hierfür sind folgende Protolysegleichgewichte:

$$Ar—\overset{\oplus}{N}{\equiv}N| + OH^-(aq) \rightleftharpoons Ar—N{=}N—OH$$

kuppelt — kuppelt nicht

$$Ar—NH_2 + H^+(aq) \rightarrow Ar—NH_3^{\oplus}$$

kuppelt — kuppelt nicht

Amine kuppeln im allgemeinen in schwach saurem pH-Wert am schnellsten. Phenole kuppelt man am besten in schwach basischer Lösung, da Phenolate erheblich reaktiver sind als Phenole:

$$Ar—OH + OH^- \rightleftharpoons ArO^{\ominus} + H_2O$$

kuppelt langsam — kuppelt schneller

V 166.1 Für den glatten Verlauf der Diazotierung sind aufgrund der vorgelagerten Gleichgewichte zwei Äquivalente einer Mineralsäure erforderlich:

$$Ar{-}NH_2 + 2\,HCl(aq) + NaNO_2(aq) \longrightarrow$$
$$Ar{-}N_2^{\oplus}Cl^- + NaCl(aq) + 2\,H_2O$$

Ein Überschuß von Natriumnitrit vermindert die Stabilität der Diazonium-Ionen und begünstigt bei Kupplungsreaktionen die Bildung von Nebenprodukten wie Nitroso- und Diazo-Verbindungen. Überschüssiges Nitrit läßt sich mit Iodkalium-Stärke-Papier nachweisen und durch Zugabe von Harnstoff entfernen:

$$H_2N{-}CO{-}NH_2 + HNO_2 \rightarrow$$
$$H_2N{-}COOH + N_2 + H_2O$$

Sulfanilsäure ist in saurem Medium schwer löslich, in basischer Lösung jedoch löslich. Die Diazotierung erfolgt daher nach der „*indirekten Methode*": Das Amin wird in basischer Lösung mit Natriumnitrit gelöst und dann mit Salzsäure versetzt.

167.1 —

167.2 —

167.3 *Herstellung von Phenolphthalein:* In einem Reagenzglas fügt man zu etwa 0,1 g Phenol (Phenol ist cocarcinogen!) und 0,1 g Phthalsäureanhydrid einen Tropfen konzentrierte Schwefelsäure hinzu. Man erwärmt bis eine Schmelze entsteht. Nach etwa drei Minuten läßt man abkühlen und versetzt bis zur basischen Reaktion mit verdünnter Natronlauge. Die Synthese beruht auf einer Friedel-Crafts-Acylierung.

V 167.1 Der Synthese von Chinizarin liegt eine Friedel-Crafts-Acylierung zugrunde.

V 167.2 Die Synthese verläuft über eine Friedel-Crafts-Acylierung.

22.4 Indikator-Farbstoffe

Kommentare und Lösungen

168.1 Zur Aufnahme der Kurven wurde eine Konzentration von $c = 10^{-5}\ mol \cdot l^{-1}$ verwendet.

168.2 Die Protonierung erfolgt an dem Stickstoffatom, das mit dem sulfonierten Benzolkern verbunden ist, da in diesem Fall eine Mesomeriestabilisierung erfolgt.

168.3 Mesomere Grenzformeln des Methylenblaus:

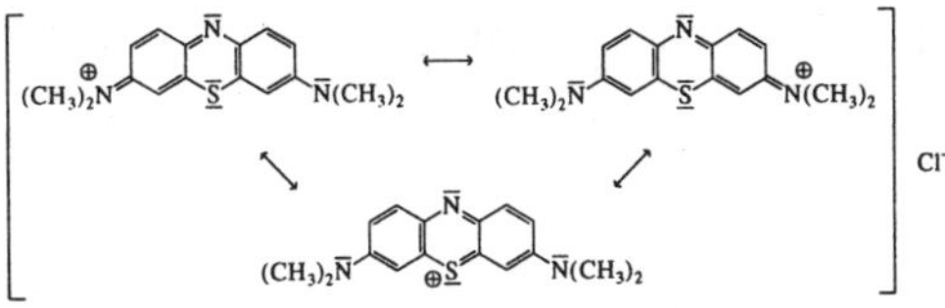

Redoxschema des Methylenblaus:

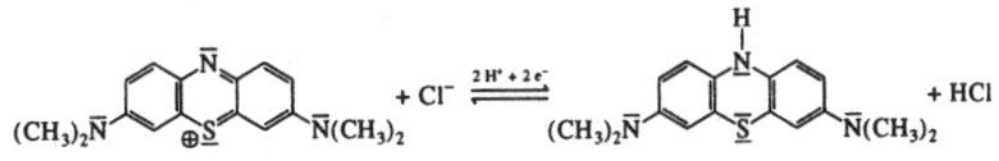

farblos
(Leukomethylenblau)

168.4 Eriochromschwarz T ist ein dreizähniger Indikatorligand: $M = Ba^{2+}$, Ca^{2+}, Mg^{2+} u. a. Die N=N-Doppelbindung besitzt *trans*-Konfiguration

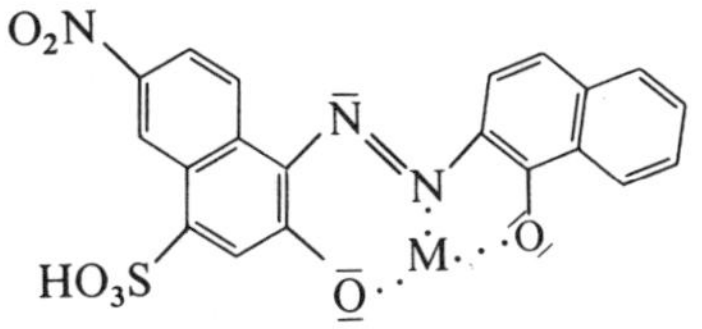

Die Farbänderung des Indikators bei der Härtebestimmung des Wassers durch Titration mit Ethylendiamintetraessigsäure (EDTA, Titriplex III) läßt sich schematisch auf folgende Weise darstellen:

Ca^{2+}-, Mg^{2+}-Komplex mit Eriochromschwarz T	rot

+ EDTA

Ca^{2+}-, Mg^{2+}-Komplex mit EDTA	+	Eriochromschwarz T
farblos		blaugrün

Der stärkere Komplexbildner EDTA bindet im Laufe der Titration die in Lösung vorhandenen Metallionen. Wenn keine Metallionen mehr vorhanden sind, wird der Indikatorkomplex zerstört und der Farbumschlag tritt auf.

168.5 Bei pH 13 wird Phenolphthalein wieder farblos, da durch die Addition eines $OH^{\ominus}$-Ions die π-Elektronendelokalisation nicht mehr möglich ist.

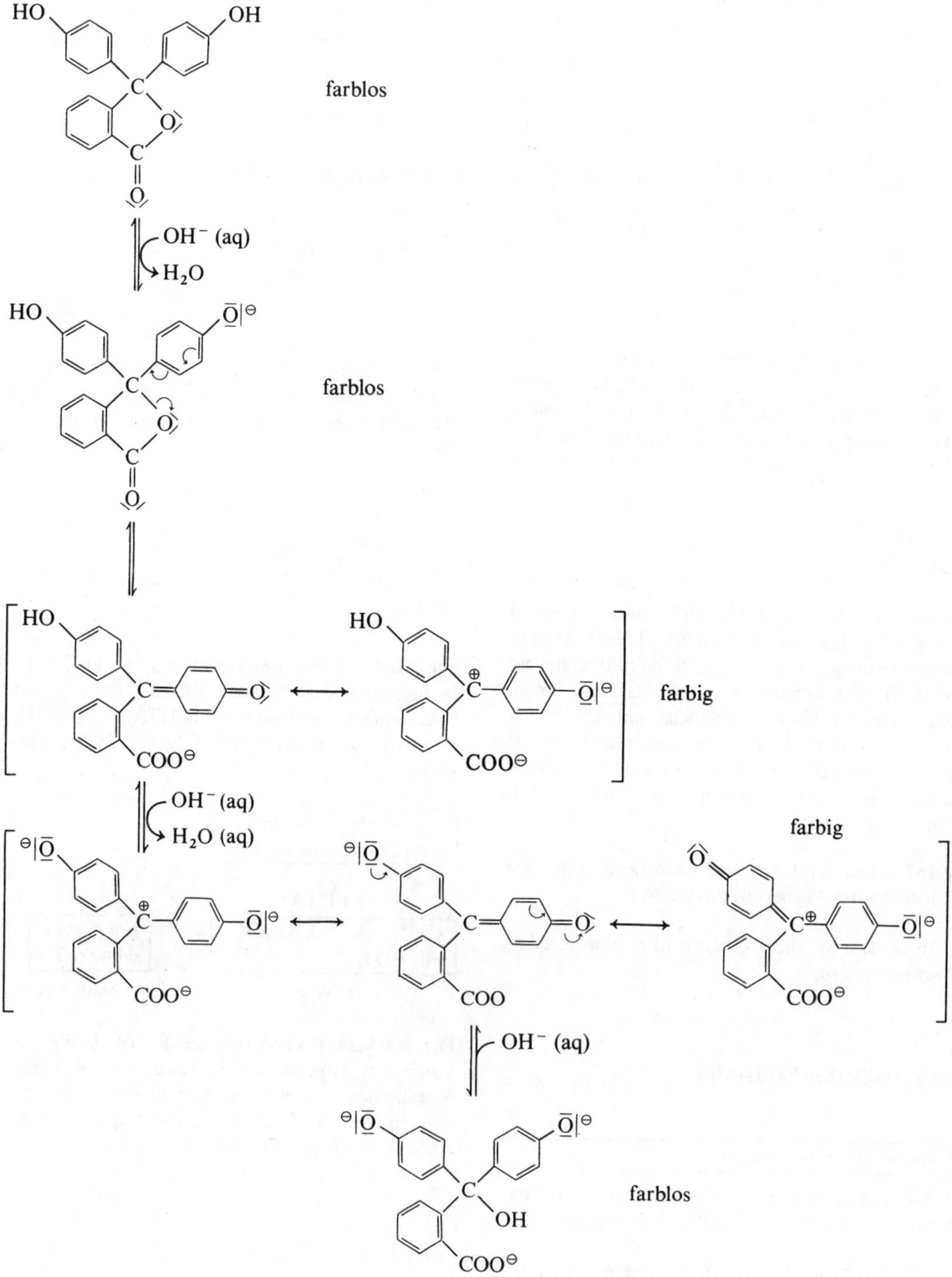

22.5 Färbung von Textilfasern

Die Haftung eines Farbstoffes auf einer Faser läßt sich durch die Struktur von Farbstoff und Faser verstehen. Die Behandlung der Färbung von Textilfasern setzt daher die Kenntnis des Aufbaus der verschiedenen Faserarten voraus (15.4. Baumwolle, 16.1., 16.3. Wolle, Seide, 21.1., 21.2. Chemiefasern). Aus der Vielzahl der beschriebenen Färbemethoden kann in beliebiger Reihenfolge eine Auswahl getroffen werden. Zur Erzielung optimaler Färbungen bedarf es längerer Färbezeiten als in den Versuchen angegeben.

Kommentare und Lösungen

169.1 Hauptbestandteil des Scharlachfarbstoffes ist die Kermessäure:

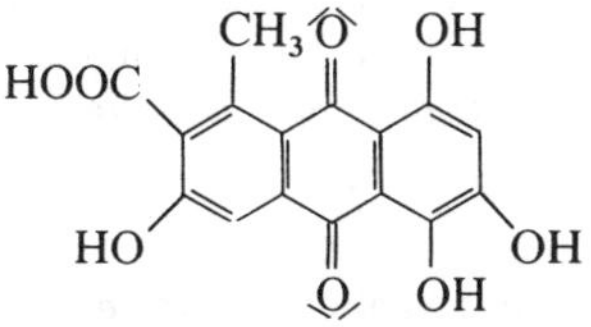

Ein bedeutender tierischer Farbstoff war auch das Karminrot, das aus Cochenille-Läusen, die auf Kakteen leben, gewonnen wurde. Karminrot wurde mit der Eroberung Mexikos durch Cortez 1512 bei den Azteken entdeckt. Der schwungvolle Handel mit Karminrot endete 1894 als ein Syntheseweg für den Farbstoff gefunden wurde.

169.2 Bei den angegebenen Strukturformeln handelt es sich um eine von mehreren möglichen mesomeren Grenzformel.

169.3 —

V 169.1 Ricinusölsäure (Ricinolsäure):

$CH_3—(CH_2)_5—CH(OH)—CH_2—CH{=}CH—(CH_2)_7—COOH$;

Türkischrotöl:

$$CH_3\text{—}(CH_2)_5\text{—}\underset{\displaystyle OSO_3H}{\underset{|}{CH}}\text{—}CH_2\text{—}CH{=}CH\text{—}(CH_2)_7\text{—}COOH$$

22.5.1 Direkt- und Küpenfärbung

Kommentare und Lösungen

170.1/170.2 —

170.3 Die Farbe des Indigos wird auf polare mesomere Grenzstrukturen, die am Grundzustand beteiligt sind, zurückgeführt. Damit wird auch die relativ hohe Schmelztemperatur des Indigos erklärt (ϑ_m = 390 °C).

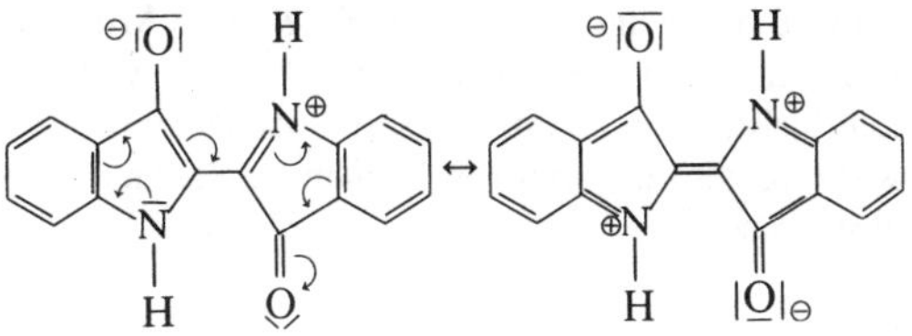

V 170.1 Oxidation von Natriumdithionit:

$$\overset{III}{S_2}O_4^{2-}\,(aq) + 4\,OH^-\,(aq) \rightleftharpoons 2\,\overset{IV}{S}O_3^{2-}\,(aq) + 2\,H_2O + 2e^-$$

In saurer Lösung zerfällt Natriumdithionit:

$$2S_2O_4^{2-}\,(aq) + H_2O \rightleftharpoons S_2O_3^{2-}\,(aq) + 2\,HSO_3^-\,(aq)$$

V 170.2 —

V 170.3 Durch Erwärmen mit Natronlauge und Zinkstaub wird Anthrachinon reduziert und geht mit tiefroter Farbe als Dinatriumsalz in Lösung. Die „Leukoverbindung" ist in diesem Fall also farbig. Mit Luftsauerstoff erfolgt Reoxidation und Abscheidung von Anthrachinon.

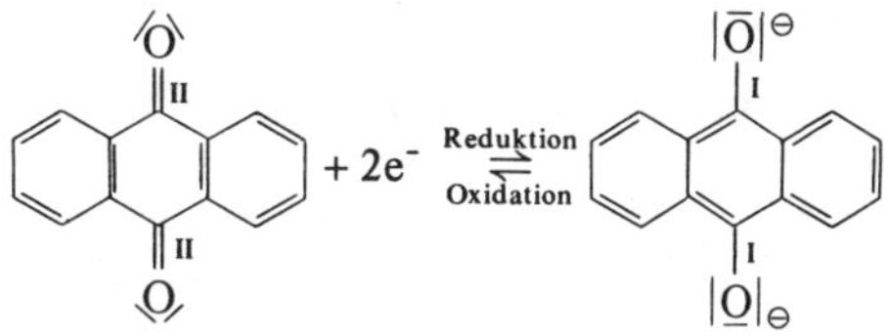

farblos rot

22.5.2 Entwicklungs- und Dispersionsfarbstoffe

Kommentare und Lösungen

171.1 Es entsteht ein stabiles konjugiertes 18π-Elektronensystem.

171.2 Das farblose Naphthol AS ist das Anilid der 2-Hydroxynaphthoesäure (AS = Anilid-Säure). Es löst sich in Natronlauge als Naphtholat und zieht in dieser Form auf Cellulose auf. Die ersten Azo-Entwicklungsfarbstoffe erhielt man durch Eintauchen der so vorbehandelten Faser in Diazoniumsalz-Lösungen bei 0°C. Diese Farbstoffe nannte man daher „Eisfarben". Mit der Entwicklung stabiler Diazoniumsalze wurde die Färbung dann bei Zimmertemperatur durchgeführt.

Färbung mit einem Azoentwicklungsfarbstoff. Man verrührt etwa 1 g Naphthol AS-D in 5 ml Ethanol, 2 ml verdünnter Natronlauge und 1 ml Türkischrotöl. Zu dieser Mischung gibt man 100 ml heißes Wasser und taucht in die erhaltene Lösung einen Ring Baumwollgarn ein. Nach etwa 5 Minuten überführt man das Garn in eine Lösung von 2 g Echtfärbesalz in 100 ml Wasser. Nach kurzer Einwirkung wird das Garn in kochender Seifenlösung ausgewaschen.

171.3 —

V 171.1 Triethylenglykol
$HO\text{-}(CH_2\text{—}CH_2\text{—}O)_3H$; $\vartheta_b = 287\ °C$

V 171.2 Lurafixblau:

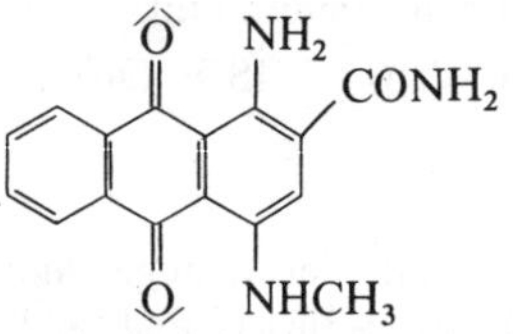
NH2
CONH2
NHCH3

Weitere Versuche mit Dispersionsfarbstoffen: Siegel, „Neue Entwicklungen auf dem Farbstoffgebiet", Bayer Leverkusen (ohne Jahresangabe).

22.5.3 Saure und basische Farbstoffe

Kommentare und Lösungen

172.1 —

172.2 Der Färbung liegen folgende Reaktionen zugrunde:

$^{\ominus}OOC\text{—}\square\text{—}NH_3^{\oplus} + HX \longrightarrow$
Fasermolekül Säure
$HOOC\text{—}\square\text{—}NH_3^{\oplus}X^-$

$HOOC\text{—}\square\text{—}NH_3^{\oplus}X^- + FA^- \rightarrow$
Farbstoff-Anion
$HOOC\text{—}\square\text{—}NH_3^{\oplus}FA^-$

172.3 Die radikalische Polymerisation von Acrylnitril wird durch Kaliumperoxydisulfat initiiert:

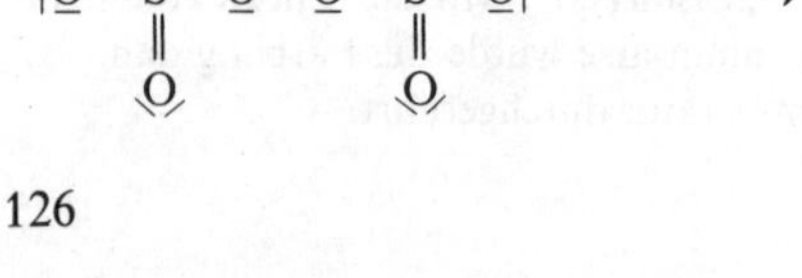
Fe2+(aq)
Fe3+(aq)

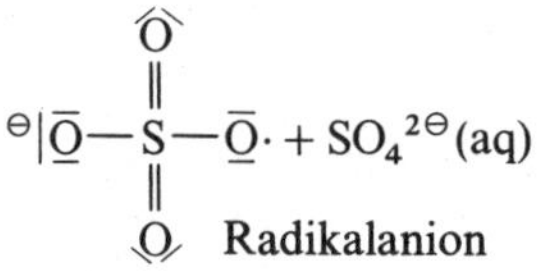
+ SO4 2⊖(aq)
Radikalanion

Acrylnitril ist cancerogen.

A 172.1
Säurefarbstoffe sind negativ geladen und haften daher nicht auf Fasern, die keine positiven Ladungen tragen.

V 172.2 Dieser Versuch zeigt, daß ein Textilfarbstoff nicht für jede Textilfaser verwendbar ist. Es wird nur Wolle und Seide angefärbt.

Färbung mit Eosin. Man löst eine Spatelspitze Eosin in heißem Wasser, gibt 5 g Natriumsulfat sowie 1 ml Eisessig hinzu. In das Färbebad gibt man Naturseide oder Wolle und erhitzt bis zum gelinden Sieden. Nach etwa 10 Minuten kann man das Garn bereits herausnehmen und mit Wasser auswaschen.

22.5.4 Metallkomplex und Reaktivfarbstoffe

Kommentare und Lösungen

173.1 Der Farbstoff hat den Handelsnamen Palatinechtblau GGN (BASF). Färbeversuch damit siehe „Kleines Färbepraktikum", BASF (ohne Jahresangabe), S. 6.

173.2 Der Bildung des Farbstoffs liegt eine nucleophile Substitution des Chloratoms im heteroaromatischen Trichlortriazin zugrunde. Beispiel für einen anderen Reaktivfarbstoff:

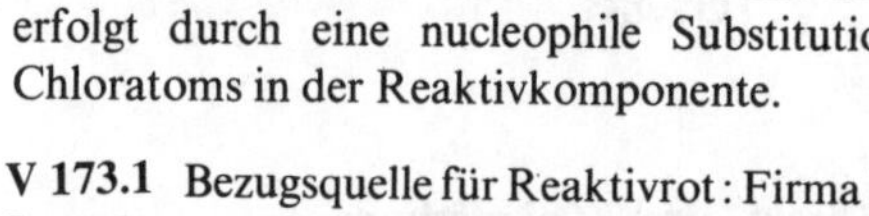
Ⓕ—SO2—CH=CH2 + HO—Cellulose →
Ⓕ—SO2—CH2—CH2—O—Cellulose

Ⓕ = Farbstoffkomponente.

Vinylsulfon-Farbstoffe (Remazol, Hoechst 1957)

173.3 Das Aufziehen des Farbstoffs auf die Faser erfolgt durch eine nucleophile Substitution des Chloratoms in der Reaktivkomponente.

V 173.1 Bezugsquelle für Reaktivrot: Firma Bayer-Leverkusen. Bei pH 5 findet keine Reaktion mit der Faser statt, der Farbstoff läßt sich fast vollständig wieder herausspülen. Ein gewisser Teil des Reaktivfarbstoffs reagiert auch mit Wasser und nicht mit der Cellulose. Nach dem Färbeprozeß muß dieser Anteil gründlich herausgewaschen werden.

23 Tenside

Ausgangspunkt zur Behandlung der Tenside sind die Herstellung, Struktur und Eigenschaften der Seifen. Darauf aufbauend können synthetische Tenside oder physikalische Grundlagen der Wirkungsweise eines Tensids besprochen werden. Da bei der Wirkung eines Tensids kolloidchemische Vorgänge eine wichtige Rolle spielen und wegen der allgemeinen Bedeutung der Kolloide wird in 23.4. ein allgemeiner Überblick über Organische Kolloide gegeben.

23.1 Seifen

Siehe hierzu die Abschnitte 13.1. Monocarbonsäuren, 13.3. Veresterung, 13.4. Carbonsäurederivate sowie 18.1. Fette.

Kommentare und Lösungen

174.1 Zur Veranschaulichung der Größenverhältnisse von hydrophiler und hydrophober Gruppe in einem „Seifenmolekül" ist ein Kalottenmodell geeignet.

174.2 Siehe hierzu V 175.1.

V 174.1 —

LV 174.2 Durch Kochen am Rückfluß wird ein Verspritzen heißer Natronlauge vermieden. Beim Abnutschen muß die in der Seife haftende Natronlauge mit wenig kaltem Wasser ausgewaschen werden.

23.2 Synthetische Tenside

Kommentare und Lösungen

175.1 Bei nichtionischen Tensiden enthält der hydrophile Molekülteil hydratisierbare Sauerstoffatome.

175.2 Herstellung nichtionischer Tenside:

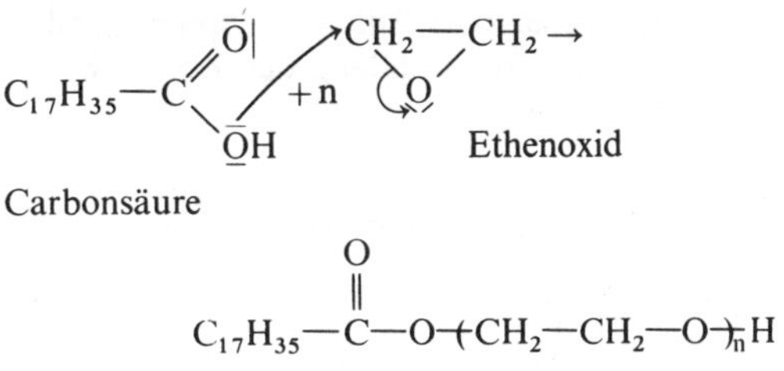

$$C_{17}H_{35}-C\begin{matrix}\bar{O}|\\ \\OH\end{matrix} + n \; \overset{CH_2-CH_2}{\underset{O}{\frown}} \rightarrow$$

Carbonsäure $\qquad\qquad$ Ethenoxid

$$C_{17}H_{35}-\overset{O}{\overset{\|}{C}}-O\text{-}(CH_2-CH_2-O)_n\text{-}H$$

$$C_{12}H_{25}-\overset{}{\underset{H}{O}} + n \; \overset{CH_2-CH_2}{\underset{O}{\frown}} \rightarrow$$

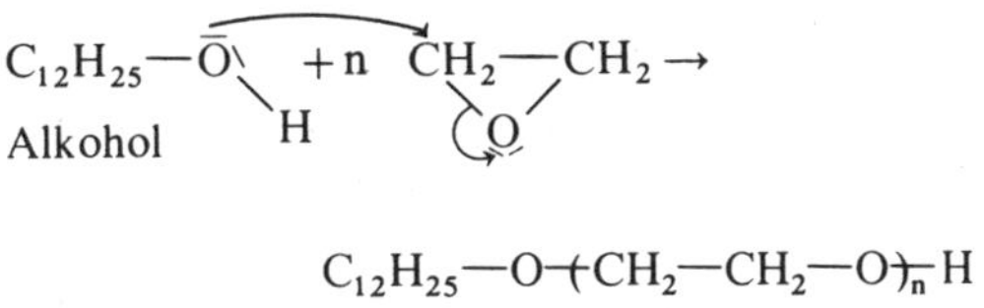

Alkohol

$$C_{12}H_{25}-O\text{-}(CH_2-CH_2-O)_n\text{-}H$$

Herstellung kationischer Tenside:

$$(CH_3)_3N| + C_{16}H_{33}-Cl \rightarrow CH_3-\underset{CH_3}{\overset{CH_3}{\overset{|}{N^{\oplus}}}}-C_{16}H_{33} + Cl^{-}$$

Trimethyl- $\quad$ 1-Chlorhexa-
amin $\qquad\quad$ decan

Herstellung von Amphotensiden:

$$C_{12}H_{25}-\overset{CH_3}{\underset{CH_3}{N}} + Cl-CH_2-COOH \rightarrow$$

Dimethyl-
dodecylamin $\qquad$ Chloressigsäure

$$C_{12}H_{25}-\underset{CH_3}{\overset{CH_3}{\overset{|}{N^{\oplus}}}}-CH_2-COO^{\ominus}$$

Herstellung von Alkylbenzolsulfonaten (ABS):

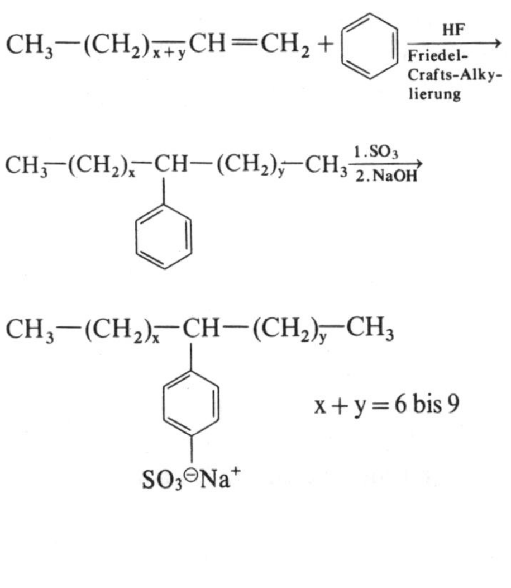

$$CH_3-(CH_2)_{\overline{x+y}}CH=CH_2 + \bigcirc \xrightarrow[\text{Friedel-Crafts-Alkylierung}]{HF}$$

$$CH_3-(CH_2)_x-\underset{\bigcirc}{CH}-(CH_2)_y-CH_3 \xrightarrow{1.\,SO_3}_{2.\,NaOH}$$

$$CH_3-(CH_2)_x-\underset{\underset{SO_3^{\ominus}Na^{+}}{\bigcirc}}{CH}-(CH_2)_y-CH_3$$

$x+y = 6$ bis 9

Unter den Bedingungen der *Friedel-Crafts*-Alkylierung bilden sich aus 1-Alkenen verschiedene Carbenium-Ionen, so daß die Verknüpfung mit dem Benzolring statistisch entlang der Kohlenwasserstoffkette erfolgt:

$$R-(CH_2)_n-CH_2-CH=CH_2 \underset{}{\overset{HX \ X^-}{\rightleftharpoons}}$$

$$R-(CH_2)_n-\underset{}{CH}-\overset{\oplus}{CH}-CH_3$$

$$\underset{HX}{\overset{X^\ominus}{\Updownarrow}}$$

$$R-(CH_2)_n-CH=CH_y-CH_3 \underset{}{\overset{HX \ X^-}{\rightleftharpoons}}$$

$$R-(CH_2)_n-\overset{\oplus}{CH}-CH_2-CH_3 \xrightarrow{usw.}$$

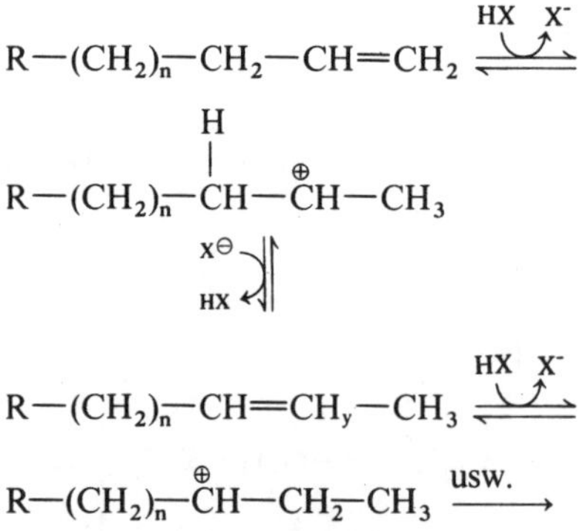

Aliphatische Alkylsulfonate werden durch Sulfoxidation von Alkanen hergestellt:

$$R-H + SO_2 + 1/2\,O_2 + \rightarrow R-SO_3H$$
$$R-SO_3H + NaOH \rightarrow R-SO_3^\ominus Na^+ + H_2O$$

Die früher angewandte Sulfochlorierung ($SO_2 + Cl_2$) von Alkanen hat keine große Bedeutung mehr.

175.3 —

V 175.1 Siehe hierzu 174.2.

V 175.2 —

23.3 Wirkungsweise von Tensiden

Kommentare und Lösungen

176.1 Durch die Besetzung der Oberfläche mit Tensidmolekülen nimmt die zwischenmolekulare Anziehung zwischen Wassermolekülen in der Oberflächenregion ab. Als Folge davon wird die Oberflächenspannung geringer und das Benetzungsvermögen des Wassers größer.

176.2 Daß die verstärkte elektrische Aufladung durch Anion-Tenside nicht die einzige Ursache für die Schmutzablösung ist, erkennt man daran, daß auch nichtionogene Tenside schmutzlösend wirken. Phasen der Schmutzablösung:

– Zusammenhängende Schmutzschicht
– Tensidmoleküle dringen in die Schmutzschicht ein und brechen sie allmählich auf
– Tensidmoleküle umgeben Schmutzpartikel
– Die schmutzfreie Faser wird mit Tensidmolekülen benetzt.

V 176.1 —

Ergänzung

Definition der Oberflächenspannung: Die Kraft, die notwendig ist, um eine Flüssigkeitslamelle in einem Drahtrahmen zu vergrößern, ist proportional der doppelten Länge l des Drahtbügels, weil die Lamelle eine vordere und eine hintere Oberfläche besitzt. Der Proportionalitätsfaktor σ wird als Oberflächenspannung definiert.

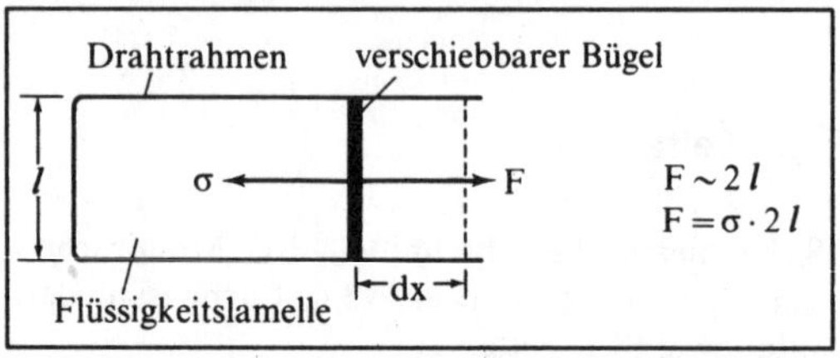

$F \sim 2l$
$F = \sigma \cdot 2l$

Um den Bügel um die Strecke dx zu verschieben, ist die Arbeit $F \cdot dx$ erforderlich:

$F \cdot dx = \sigma \cdot 2 \cdot l \cdot dx$

Da $2 \cdot l \cdot dx$ gleich der neugeschaffenen Oberfläche ist, ist σ auch identisch mit der Arbeit pro Einheitsoberfläche. Einheit (SI): $\frac{N \cdot m}{m^2} = N \cdot m^{-1}$.

23.4 Organische Kolloide

Kommentare und Lösungen

177.1 Herstellung der Eiweiß-Lösung: Man versetzt das Eiklar eines rohen Hühnereies mit 100 ml Wasser, schüttelt gut durch und filtriert durch einen Trichter mit Glaswolle. Vom Filtrat gibt man soviel zu einem Liter Wasser, daß sich die erhaltene Lösung visuell möglichst nicht von einer Kochsalz-Lösung unterscheidet.
Herstellung einer Tensid-Lösung: Eine Tensid-Lösung wird so weit verdünnt, bis sie sich vom Aussehen her nicht von einer Kochsalz-Lösung unterscheidet. Evtl. Filtrieren und länger verschlossen stehen lassen, damit sich Schwebeteilchen absetzen.

177.2 In einer Emulsion sind nicht alle Teilchen gleich groß: es liegt also kein mono-, sondern ein polydisperses System vor.
Da die äußere Phase einer Öl-in-Wasser-Emulsion (Ö/W-Emulsion) aus Wasser besteht, kann sie mit

Wasser weiter verdünnt werden. Eine Wasser-in-Öl-Emulsion (W/Ö-Emulsion) kann dagegen nicht weiter mit Wasser verdünnt werden. Bei Teilchendurchmessern von etwa 10^{-4} cm bis 10^{-6} cm sehen Emulsionen wie klare Lösungen aus, bei größeren Teilchendurchmessern sehen sie infolge von Lichtstreuung milchigtrüb aus.

177.3 Bringt man ein Tensid in Wasser, so sind Vorgänge, bei denen der hydrophobe Teil dem Wasser entzogen wird, energetisch begünstigt. Ein derartiger Vorgang ist die Besetzung der Oberfläche mit Tensidmolekülen und die Micellbildung.
In nichtwässrigen Lösungen haben die Micellen einen umgekehrten Aufbau. Dies spielt bei chemischen Reinigungen eine Rolle, wo durch Zugabe von etwas Wasser zum Reinigungsbad wasserlöslicher Schmutz entfernt wird.

177.4 —

Ergänzung

Zahlenbeispiel zur Grenzflächenvergrößerung: 1 ml Öl schwimmt in Kugelform in Wasser. Bei dieser Annahme beträgt die Oberfläche des Öltropfens und damit die Grenzfläche 4,83 cm² ($V = \frac{4}{3}\pi r^3$, $0 = 4\pi \cdot r^2$). Wird das Öl emulgiert, so erhält man bei einem Teilchendurchmesser von 10^{-2} mm eine Grenzfläche von 6000 cm², bei einem Teilchendurchmesser von 10^{-3} mm eine Grenzfläche von 60000 cm². Zur Oberflächenvergrößerung muß man Arbeit aufwenden, da man entgegen der Anziehungskräfte der Teilchen neue Teilchen an die Oberfläche heranführen muß. Emulgatoren helfen, den Arbeitsaufwand zu erniedrigen.

23.5 Waschmittel

Kommentare und Lösungen

178.1 —

178.2 Vergrauungsinhibitoren wie Carboxymethylcellulose verhindern, daß sich der von der Faser abgelöste Schmutz wieder auf der Faser absetzt. Sie haben eine ähnliche Struktur wie die Faser und setzen sich nach dem Schlüssel-Schloß-Prinzip auf der Faseroberfläche fest.

178.3 Umrechnung der Gesamthärte in Masse Calciumoxid:

$$m(\text{CaO}) = n(\text{CaO}) \cdot M(\text{CaO})$$
$$= 1{,}3 \text{ mmol} \cdot \text{l}^{-1} \cdot 56 \cdot 10^{-3} \text{ g} \cdot \text{mmol}^{-1}$$
$$= 73 \text{ mg} \cdot \text{l}^{-1} \text{ CaO}$$

Umrechnung der Gesamthärte in Masse Ca^{2+}-Ionen:

$$m(\text{Ca}^{2+}) = \frac{M(\text{Ca}^{2+})}{M(\text{CaO})} \cdot m(\text{CaO})$$
$$= \frac{40 \text{ g} \cdot \text{mol}^{-1}}{56 \text{ g} \cdot \text{mol}^{-1}} \cdot 73 \text{ mg} = 52 \text{ mg}$$

179.1 Natriumperborat ist im kristallisierten Zustand eine Peroxoverbindung und nicht wie früher angenommen eine Anlagerungsverbindung von Wasserstoffperoxid und Wasser an Natriummetaborat ($NaBO_2 \cdot 3H_2O \cdot H_2O_2$). In Wasser erfolgt Hydrolyse der O—O-Bindungen unter Bildung von Wasserstoffperoxid.
In basischer Waschmittel-Lösung entstehen Perhydroxid-Ionen, H—O—O$^{\ominus}$, die besonders ab 60 °C organische Farbstoffe oxidativ zerstören (z. B. Flecken aus Obst, Rotwein, Kakao oder Tee) und damit entfernen.
Versuch zur Bleichmittel-Wirkung in Waschpulver: Man gießt je 30 ml Rotwein zu 200 ml siedendem Wasser und zu 200 ml einer Waschmittel-Lösung. Bei der Waschmittel-Lösung beobachtet man Entfärbung.

179.2 —

179.3 Weißtöner absorbieren i. a. UV-Strahlung zwischen 340 nm und 380 nm und emittieren beim Übergang vom angeregten Zustand in den Grundzustand bei 420 nm bis 460 nm. Für die verschiedenen Fasertypen und Waschtemperaturen benötigt man unterschiedliche Weißtöner, die jeweils auf die Faser aufziehen.

V 179.1 *Bereitung von Titanylsulfat:* Man erhitzt 1 g Titandioxid, TiO_2, zusammen mit 2 ml konzentrierter Schwefelsäure im Reagenzglas bis sich reichlich weiße Dämpfe bilden. Nach dem Abkühlen verdünnt man mit einem Liter Wasser und filtriert.

a) $H_2O_2 + TiO^{2+} \rightarrow [TiO_2]^{2+} + H_2O$
Titanylperoxyl-Ion, gelb

Ergänzung

Versuch: Wirkung von Pentanatriumtriphosphat als Komplexbildner.

Man gibt zu 500 ml hartem Leitungswasser etwa 10 ml konzentrierte Kernseifenlösung. Zu der erhaltenen Suspension von wasserlöslicher „Kalkseife“ gibt man eine verdünnte Pentanatriumtriphosphat-Lösung oder eine Waschmittel-Lösung bis sich der Niederschlag aufgelöst hat.

24 Arzneimittel

Die Bedeutung und soziale Auswirkung der Organischen Chemie bezogen auf die Arzneimittel kann nur exemplarisch behandelt werden. Für eine experimentelle Bearbeitung bietet sich vor allem Aspirin an.

Kommentare und Lösungen

180.1 Die gebräuchlichsten Wege zu neuen Arzneimitteln sind:

1. Isolierung oder Synthese von Naturstoffen.

2. Molekülumwandlung von Naturstoffen oder bekannten Arzneistoffen.

3. Suche nach Antimetaboliten.

4. Untersuchung von Arzneistoffmetaboliten.

5. Auswertung von klinischen Zufallsbefunden.

6. Biologische Prüfung nicht zielgerichteter synthetischer Stoffe („blindes Screening“).

7. Untersuchung biochemischer Mechanismen im Organismus.

180.2 —

24.1 Sulfonamide und Penicilline

Kommentare und Lösungen

181.1 Von mehr als 6000 Derivaten des Sulfanilamids, die nach der Entdeckung des Prontosils entwickelt wurden, haben nur etwa 15 Verbindungen Eingang in die therapeutische Praxis gefunden.

181.2 Der heterocyclische Teil der Folsäure leitet sich vom Pteridin ab, das aus einem Pyrimidin- und einem Pyrazinring aufgebaut ist:

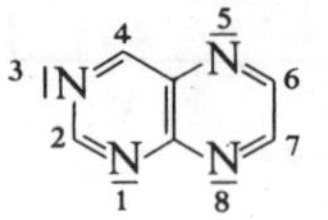

181.3 —

V 181.1 —

24.2 Schmerzmittel

Kommentare und Lösungen

182.1 Die Carboxylierung von Phenol ist eine elektrophile Substitution am Aromaten. Vereinfachtes Schema der *Kolbe-Schmitt*-Reaktion:

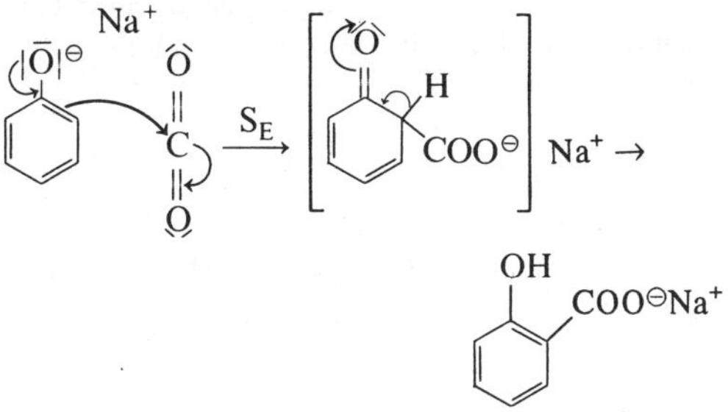

Bei der Reaktion spielt die Komplexbildung mit dem Metallion eine Rolle.
Die Acetylierung der Salicylsäure wird durch Säuren oder Basen katalysiert. Sie stellt eine nucleophile Substitution am ungesättigten C-Atom dar:

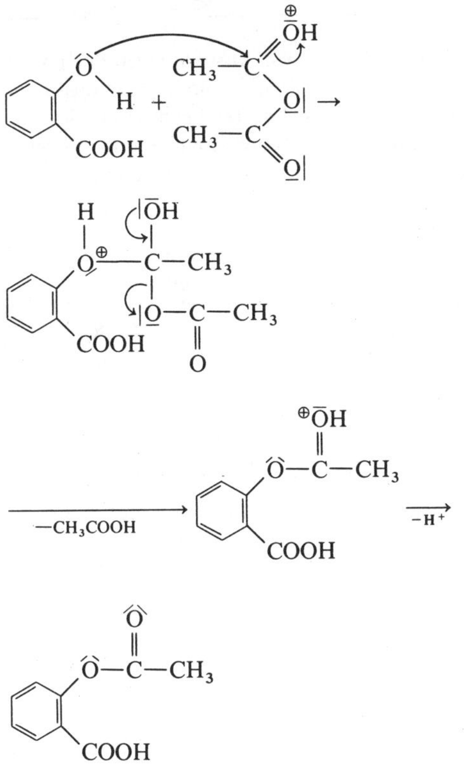

182.2 —

V 182.1 *M* (Salicylsäure) = 138 g/mol; 2 g Salicylsäure ≙ 0,0145 mol; 5 ml Acetanhydrid ≙ 0,0535 mol;

a) Theoretische Ausbeute: 2,6 g Aspirin

b) ϑ_m (Salicylsäure) = 158 °C; ϑ_m (Aspirin) = 135 °C

c) Reines Aspirin gibt mit Fe^{3+}-Ionen keine Violettfärbung

V 182.2 Stöchiometrische Gleichung für die Rücktitration:

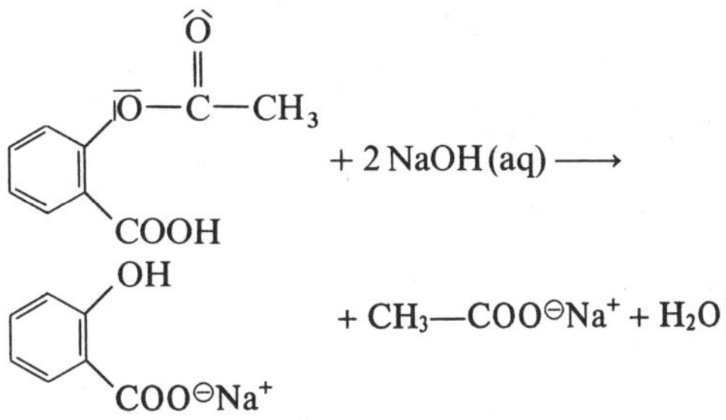

24.3 Schlafmittel und Drogen

Kommentare und Lösungen

183.1 Synthese von Barbituraten aus disubstituierten Malonsäureester und Harnstoff:

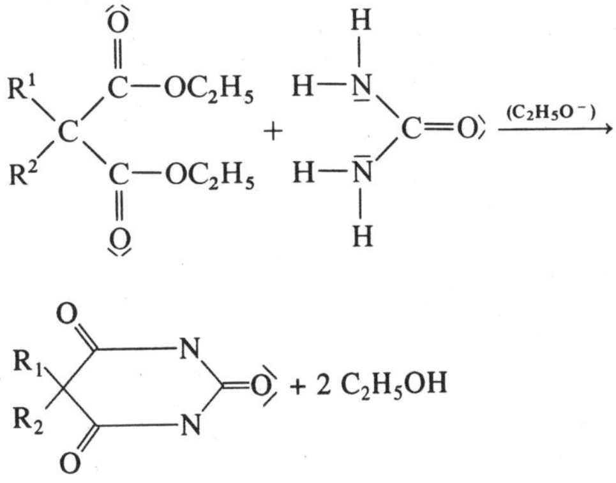

183.2 —

183.3 —

183.4 —

25 Chemie und Umwelt

In diesem Kapitel werden exemplarisch einige Umweltprobleme angesprochen, die insbesondere mit der Organischen Chemie in Zusammenhang stehen. Die einzelnen Abschnitte können auch direkt mit vorangegangenen Kapiteln kombiniert werden.

25.1 Luftverunreinigung

Kommentare und Lösungen

184.1 —

184.2 —

184.3 MIK-Werte sind Richtwerte ohne Rechtsverbindlichkeit. Sie werden von der VDI-Kommission „Reinhaltung der Luft" festgelegt und zwar so, daß nach dem aktuellen Wissensstand unterhalb dieser Werte keine nachteiligen Wirkungen für Menschen, Tiere und Pflanzen auftreten.

Ergänzung

Wichtige Spurengase in der Troposphäre

Spurengas	Emission weltweit in 10^9 kg/a	anthropogener Anteil in %	mittlere Lebensdauer
NO_x	160	80	1 d
SO_2	400	40	4 d
CO	3400	90	1-3 m
KW (ohne CH_4)	1000	10	–
CH_4	500	60	8-16 a

25.2 Photochemische Smogbildung durch Autoabgase

Kommentare und Lösungen

185.1 Es sind nur einige Schritte der komplexen und noch nicht völlig geklärten Vorgänge angegeben. Für die NO_2-Rückbildung ist auch die Umsetzung von NO mit Peroxiden wichtig: Peroxide + NO → Oxide + NO_2.

Vereinfachtes Schema zur Entstehung von Smog

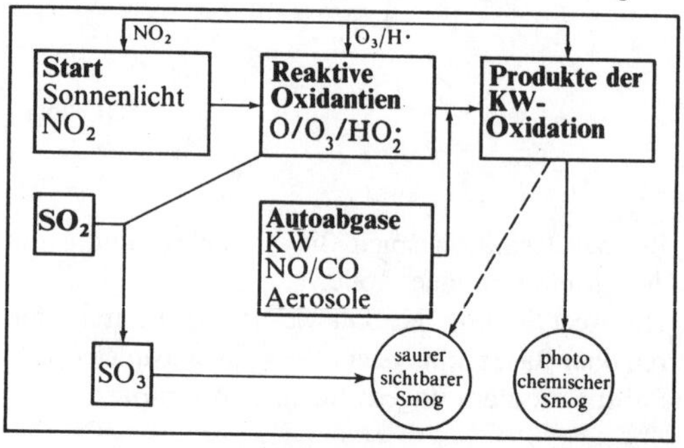

185.2 Die gefährlichen Auswirkungen der photochemischen Smogbildung durch Autoabgase ist keinesfalls auf Los Angeles beschränkt. Sie sind nach Mitteilung des Umweltbundesamts in Berlin aufgrund durchgeführter Untersuchungen auch in der BRD ein Problem.

185.3 Zusammensetzung der Abgase bei Vollast und hoher Drehzahl zum Vergleich.

NO_x:	4000 ppm	CO:	1–5%
CO_2:	12–13%	H_2	0,1–0,2%
H_2O:	10–11%	Kohlenwasserstoffe:	100–300 ppm
O_2:	0,1–0,4%		

Die Stickstoffoxide, primär das Stickstoffmonoxid, bilden sich bei den während der Explosionen im Zylinder herrschenden hohen Temperaturen aus elementarem Stickstoff und Sauerstoff.

25.3 Umweltrisiko durch Fluorchlorkohlenwasserstoffe

Kommentare und Lösungen

186.1 Die Gesamtmenge des Ozons in der Atmosphäre ist recht gering. Würde man das Gas in einer einzigen Schicht vereinigen und auf eine Atmosphäre komprimieren, so wäre diese Schicht nur 2 mm bis 4 mm dick.

186.2 Die angegebenen Reaktionsschritte werden nach ihrem Entdecker als *Chapmann*-Mechanismus bezeichnet.

186.3 Über die Größenordnung des Abbaus von Ozon durch FCKW gehen die Meinungen teilweise weit auseinander. Zum Abbau des Ozons trägt auch Stickstoffmonoxid, NO, bei:

$$O_3 + NO \rightarrow O_2 + NO_2$$
$$NO_2 + O \rightarrow NO + O_2$$
$$\overline{O_3 + O \rightarrow 2\,O_2}$$

Stickstoffmonoxid entsteht auf natürliche Weise durch Reaktion von angeregten Sauerstoffatomen mit Distickstoffmonoxid, N_2O:

$$N_2O + O^* \rightarrow 2\,NO$$

Das Distickstoffmonoxid wird im Boden durch biologischen Abbau von Nitraten gebildet. Da es inert ist, dringt es bis in die Stratosphäre vor. Stickstoffmonoxid, NO, wird auch von Überschallflugzeugen emittiert. Ihre Auswirkungen auf den Ozonabbau in der Stratosphäre sind umstritten. Beispiele für FCKW siehe 85.3.

25.4 Cancerogene Chemikalien

Mit diesem Abschnitt soll auf die Krebsgefährdung durch Umwelt- und Laborchemikalien hingewiesen werden. Detaillierte Informationen über die Entstehung von Krebs können dabei natürlich nicht gegeben werden. Anorganische Chemikalien werden nicht berücksichtigt.

Kommentare und Lösungen

187.1/187.2/187.3 —

25.5 Chemischer Pflanzenschutz

Kommentare und Lösungen

188.1 —

188.2 Der Synthese, die schon 1873 bekannt war, liegt eine elektrophile Substitution zugrunde. Für die Entdeckung der insektiziden Eigenschaften des DDT im Jahre 1939 erhielt *P. Müller* 1948 den Nobelpreis.

188.3/188.4 —

189.1 Urethane sind Ester der frei nicht beständigen Carbamidsäure

Zulässige Höchstmenge an Cabaryl in Äpfeln.
Die Europäische Gemeinschaft (EG) schlägt 2,5 ppm, die Weltgesundheitsorganisation der Vereinten Nationen (WHO) schlägt 5 ppm vor.

Land	Höchstmenge in ppm
Australien	0,2
Bundesrepublik	1,0
Japan	2,5
Niederlande	3,0
Schweiz	3,0
Israel	5,0
USA	10,0

189.2/189.3/189.4 —

189.5 Der Anwendung von Pflanzenschutzmitteln liegen folgende Sicherheitsstufen zugrunde:

1. In Langzeitversuchen an Tieren über zwei Jahre lang wird der Grenzwert des Stoffes ermittelt, der keinerlei Wirkung zeigt („no effect level").

2. Den am Tier ermittelten „no effect level" setzt man für den Mensch auf ein hundertstel herab und erhält so den ADI-Wert.

3. Multipliziert man den ADI-Wert mit dem durchschnittlichen Körpergewicht eines Menschen (70 kg) und teilt durch die übliche Verzehrmenge pflanzlicher Lebensmittel pro Tag von 400 g, so erhält man, ausgedrückt in ppm, die „duldbare Menge" eines Pflanzenschutzmittels in Lebensmitteln.

4. Die gesetzlich zulässigen Höchstmengen an Rückständen in Lebensmitteln liegen in der Regel noch unter den „duldbaren Mengen".

25.6 Untersuchung organischer Gewässerverschmutzung

Kommentare und Lösungen

190.1 Bestimmung der Permanganat-Zahl: 100 cm^3 einer Wasserprobe werden mit 15 cm^3 Kaliumpermanganat-Lösung, $c = 0{,}002\ mol \cdot l^{-1}$ und 5 cm^3 verdünnter Schwefelsäure versetzt und 10 Minuten zum Sieden erhitzt, wobei verdampfendes Wasser ersetzt wird. Zur Probe, die noch gefärbt sein muß, gibt man 15 cm^3 Oxalsäure-Lösung, $c = 0{,}005\ mol \cdot l^{-1}$ und titriert die noch heiße Lösung mit Kaliumpermanganat-Lösung, $c = 0{,}002\ mol \cdot l^{-1}$, bis zur ersten bleibenden Rosafärbung. Statt der $KMnO_4$-Werte kann man auch den O_2-Verbrauch ($mg \cdot l^{-1}$) angeben: die $KMnO_4$-Werte sind hierfür durch vier zu teilen.

V 190.1 In dem Abwasservolumen von 5 m^3 sind bei einem BSB_5-Wert von 7,5 $g \cdot l^{-1}$ insgesamt 37,5 kg organische Verschmutzung enthalten. Das entspricht 625 Menschen.

V 190.2 Wenn kein abgeschrägter Glasstopfen zur Verfügung steht, kann ein Gummistopfen verwendet werden. Stöchiometrische Gleichung für die Titration von Iod mit Thiosulfat-Lösung:

$$2\ S_2O_3^{2-} + I_2 \rightarrow S_4O_6^{2-} + 2\ I^-$$

Eine Natriumthiosulfat-Lösung der Konzentration $c = 0{,}01\ mol \cdot l^{-1}$ entspricht einer 0,01 N-Lösung. In 1 ml $Na_2S_2O_3$-Lösung der Konzentration $c = 0{,}01\ mol \cdot l^{-1}$ sind 10^{-5} mol $S_2O_3^{2-}$-Ionen enthalten, es entspricht also 1 ml $Na_2S_2O_3$-Lösung 0,08 mg O_2.
Einen fertigen Reagentiensatz zur Bestimmung von Sauerstoff nach Winkler bietet die Firma Merck.

25.7 Waschmittel und Umwelt

Kommentare und Lösungen

191.1/191.2/191.3/191.4 —